50年精选

畜禽病案剖析200例

陈羔献 著

河南科学技术出版社

·郑州·

图书在版编目（CIP）数据

50年精选畜禽病案剖析200例/陈羔献著. —郑州：河南科学技术出版社，2011.6
ISBN 978-7-5349-4770-4

Ⅰ.①5… Ⅱ.①陈… Ⅲ.①畜禽-动物疾病-病案-分析 Ⅳ.①S85

中国版本图书馆CIP数据核字（2011）第066548号

出版发行：河南科学技术出版社
地址：郑州市经五路66号 邮编：450002
电话：（0371）65737028 65788631
网址：www.hnstp.cn
策划编辑：陈 艳
责任编辑：陈 艳
责任校对：王晓红
封面设计：张 伟
版式设计：栾亚平
责任印制：朱 飞
印 刷：郑州文华印务有限公司
经 销：全国新华书店
幅面尺寸：170 mm×240 mm 印张：16 字数：300千字
版 次：2011年6月第1版 2011年6月第1次印刷
定 价：28.00元

如发现印、装质量问题，影响阅读，请与出版社联系。

前言

我国改革开放几十年来，畜牧业获得了巨大发展，特别是猪、鸡、奶牛、肉牛、宠物犬、肉用羊等家畜、家禽的饲养量以几倍、数十倍，甚至数百倍的速度迅猛递增。

畜牧业的发展离不开兽医工作者的辛勤劳动，他们日日夜夜地奔赴在农村养殖业的第一线，精心地关注着各类动物的健康状况，为它们防疫接种、卫生检疫、疾病诊疗和细心护理，防控了疫病的发生，贯彻了“预防为主、防治结合、中西医药兼施、土洋并举”的防治措施，挽救了病危动物的生命，减少了死亡率，阻制了疫病的蔓延与流行。此外，国家为了促进兽医事业的不断提高，投入了大量人力、物力和财力，在兽医专业教育、科研和技术推广诸多方面已作出了显著的贡献，并培养出数十万计既有较高科技水平，又有一定实践经验的新型兽医事业接班人，作者从心底里感到高兴和欣慰，故愿将自己从事兽医临床工作50年的经验和教训，精心挑选出200个畜禽病案，结合兽医理论知识加以整理，写出这本《50年精选畜禽病案剖析200例》一书，奉献给同道们参考和交流。

本书共分七章，内容包括猪、禽、牛、羊、宠物犬、猫、马属动物、兔及其他经济动物的病案。每章每个病例均分三部分叙述，即病例基本情况、病例诊疗经过、病例剖析与体会。

本书主要介绍了大量常见多发病和少量奇特病与疑难杂症，都是通过会诊，协助同行们共同商榷、探讨才解决了诊疗中所遇到的困难和问题。同时，在介绍疾病中，均阐述了每个病例的发病原因、症状特点，诊断与鉴别诊断方法，以及有效的防治措施与精心护理的参考要点，结合病情实际情况，用现代兽医学理论知识加以分析，提出作者的个人见解进行剖析，可能对兽医科研、教学与临床实际工作者有一些帮助和启迪，这是作者多年来所期盼的愿望。

本书在写作过程中，由于实践经验不足，理论水平有限，难免有错误和不当之处，敬请各位兽医专家，院校兽医专业师生和基层广大兽医工作者批评、指正。在此深表谢意。此外，为了便于读者了解作者的主要经历，请参阅本书最后一页“后记”所简介的内容。

著者　陈羔献

2011年5月

目录

第一章 猪病病例

一、猪瘟

1. 病例基本情况

河南省某市某大猪场养猪 1 600 头，近 5 天来有 35 ~ 50 千克的肉猪呈现发热、流清涕、不食或少食症状，经场内兽医会诊，初诊为猪流感，治疗 6 天后，死亡 23 头，病情未能控制，邀作者到现场会诊。

2. 病例诊疗经过

（1）病例观察与剖检：

①病例观察：共有病猪 38 头，经检查体温 40. 5 ~ 41. 5 ℃，曾注射 30% 安乃近，配合青霉素，首次注射后病猪暂时降温，吃几口饲料，次日体温反弹上升，多数病猪大便干燥，仍能来回走动，体表无出血点，无眼眦等变化。随即抽血送检，做猪瘟抗体检测，抗体滴度均低于 1:16。

②剖检：急宰 35 千克病猪 1 头，可见淋巴结肿大，切面外翻多汁，边缘出血，胆囊、膀胱黏膜点状出血，其他无明显的猪瘟典型剖检变化，当时在场兽医认为判定猪瘟依据不足，随即又急宰 40 千克的病猪 1 头，肺呈大理石样病变，淋巴结边缘出血，脾脏出血性梗死，但肾及喉头、膀胱未见出血点。确诊为非典型性猪瘟。

（2）治疗及防疫：

①对体温、采食正常的猪群普遍再进行 1 次猪瘟疫苗的紧急防疫注射；加强全场消毒工作。

②对体温增高、少食或不食的病猪，每日每头肌内注射猪 α - 基因工程干扰素，每千克体重 0. 02 毫升，每日 1 次，连用 3 天；人用林可霉素，每 10 千克体重 2 毫升，每日 2 次肌内注射，连用 3 ~ 5 天病情基本得到控制，仅死亡 2 头。

③中药疗法：发病初期用银翘解毒散；病中后期用清瘟败毒散有较好的辅助疗效。

3. 病例剖析与体会

（1）当今猪病十分复杂，呈现五大特征：

①非典型性症状突出，如猪瘟以非典型性猪瘟居多。

②混合感染明显，作者送检 200 头病猪血清，在郑州牧业工程高等专科学校做实验室血清学诊断，包括猪瘟、蓝耳病、细小病毒病、圆环病毒病等多项目检测结果表明，一头病猪或一个猪场的病猪，几乎为病毒性感染和细菌性感染同时发生，有的还并发血液原虫病。

③过去重要的传染病已降为次要的传染病。例如猪丹毒等传染病，因为青霉素对治疗猪丹毒有特效，在生产过程中如兽医治病或饲料药物添加中青霉素已被广泛采用，其发病率较低故降为次要传染病。

④过去次要的传染病又上升为常发的传染病，如大肠杆菌病、传染性胸膜肺炎等。

⑤新病不断出现。由于目前市场营销活跃，加上生猪的迅猛增加，从国内外、省内外引进新品种，改良本地猪种，提倡饲养瘦肉型猪，生猪流动频繁，蓝耳病、圆环病毒病、伪狂犬病、附红细胞体病等新病进入猪场，一则传染病流行面积扩大，加上少部分农村老兽医由于很少学习新知识、新技术，用老诊断方法对付新引入的病猪，常导致误诊、误治。如何解决矛盾，一是更新知识，二是在化验条件缺乏时，请专家会诊或抽血化验，弄清病种，再进行治疗，可减少误诊、误治的情况发生。

（2）当今生产猪瘟疫苗的厂家有几十个，用哪个厂家的疫苗最好，作者不可能肯定回答，建议养猪户做以下思考。

①你过去曾用过某厂的猪瘟疫苗，你认为哪个厂家疫苗最好（未曾发生过猪瘟病的）就可以坚持使用。

②采用 2 ~ 3 个厂家生产的同型号猪瘟疫苗，将你的猪群分组，分别注射某个厂家的疫苗，通过对比试验，你可获得正确答案。

③也可用 2 ~ 3 个厂家的猪瘟疫苗，各按每头 1 头份计算，混合使用，其中必有 1 个有效的疫苗，对预防猪瘟病的发生有一定好处。

（3）对猪瘟疫苗的保存、运输、使用剂量及方法：应根据说明书的规定正确运用。但实践中作者发现有些用户不按要求办事，出现如下问题，应加以克服，以免影响生猪的防疫效果。

1）按规定，每头猪不论大小，一律用猪瘟疫苗 1 头份。可是超量使用的现象或不科学的使用疫苗比比皆是，例如：

①有的用户按每头 5 ~ 10 头份用药，他们认为药量加大，免疫效果会更好，

其实，这是个误区。

②某县有个养猪户生气地说："某兽医劝我对新生仔猪吃奶前做超前免疫，我用了猪三联疫苗，每头仔猪注射3头份，2小时内1窝13头仔猪全部死亡。因为按资料介绍，猪瘟疫苗对超前免疫的仔猪是有较好的预防猪瘟病的作用，规定注射量为1~2头份，实践证明是有效的，但并没有提倡使用猪三联疫苗，因为猪丹毒、猪肺疫制成的菌苗对新生仔猪有一定毒力和损伤作用，从而导致猪只死亡"。

③某县一位养猪户说："怕小猪出生后患猪瘟病，就在老母猪产前10天，给母猪1次性注射50头份量的猪瘟疫苗，当分娩时，15头新生仔猪全为死胎。"他很后悔。

④某农村老兽医买回1瓶猪瘟疫苗，先给自家养殖的3头猪及亲戚家养的5头猪按要求稀释后注射，作者问他，用不完的疫苗怎样处理？他回答说明天再给其他养猪户使用。又问他，疫苗还能使用吗？他当时满脸通红。

⑤一位养猪户，在兽医那里买了1瓶猪瘟疫苗，将疫苗装在他的裤兜里，手上拿着兽医给其他动物输液时剩下的药液200毫升，说回家后可作为稀释疫苗用。

⑥又见过某个体兽医，在门诊部将猪瘟疫苗稀释后分装若干小瓶，他说：可为饲养少量猪的客户购买，从表面上看是方便群众，其实质是为了多收入，不负责任。

⑦有某家出售兽药的商店，1次进入20件猪瘟及新城疫冻干疫苗但没有冷藏设备。作者责问时，他说马上就拉走了，时过5天作者又去该商店购药发现仅卖出3件，其他仍放在室内，作者说这样太不符合存贮要求。回答是：你看咱店里地方小，这么多疫苗放入1个冰箱内有困难，如果我们有大型冷冻贮藏室就好了。这说明这些商人只顾个人收入，不顾养猪户的疾苦。

2）有部分养殖户询问作者："我给生猪打过猪瘟疫苗，为什么还发生猪瘟呢"？分析原因可能除上述不按疫苗使用的规定要求外，还发现有的养猪户错误地认为每隔几天注射1次猪瘟疫苗就不易发病了，其实他不知道疫苗是一种抗原，注射猪体后，5~7天才产生抗体，如果频繁注药，可发生抗原与抗体的中和反应，反而导致免疫失败。另外，某省畜牧局曾在4个地区给2 000头生猪仅接种猪瘟疫苗，不接种其他疫苗，经半个月后检测抗体水平，有46%的生猪抗体滴度在1∶16以下，免疫力偏低，就其原因分析，除了上述不规范的用苗因素外，是否有病毒变异或出现新的毒株，间或生产环节中监测不够严密，应引起高度重视。

（4）按国际及国内对猪瘟防控的要求，要彻底消灭本病，首先要消除传染源，并切断传染途径，增强生猪免疫力。因此，对病死猪及其污染物应彻底焚烧或深埋，不提倡治疗。

（5）教科书上介绍的猪瘟病，都属典型的症状和剖检变化，学生学到理论知识后往往遇到非典型性猪瘟就不敢作出猪瘟的正确诊断。所谓典型的猪瘟包括：

①一般症状是体温升高至 40.5～41.5 ℃，不食或少食，眼有脓性分泌物，先屙干屎后拉稀，病后期还呈现粪中带血，甚至卧地不起，体表皮肤上有针尖大小的出血点，指压不褪色。

②剖检变化有五大特征：肺呈大理石样病变；淋巴结肿大，切面外翻多汁，边缘出血；脾脏边缘出血性梗死；肾表面及喉头、胆囊、膀胱等处有针尖大小的出血点；久病的猪只，常见回盲口黏膜上有纽扣状或轮状突起的溃疡病灶。目前，由于养殖户多数已重视猪瘟疫苗的注射工作，猪只均有一定免疫力，故非典型性猪瘟比例较大，多数皮肤不见出血点，也无脓性眼屎，但剖检变化只出现 3～4个典型病灶，作者认为可以作出非典型性猪瘟病的初步诊断。

二、*仔猪圆环病毒病*

1. 病例基本情况

河南省原阳县某村有两个养猪专业户，分别喂养断奶后的仔猪 65 头和 48 头，仔猪先后呈现精神不振，低热、食欲不佳，被毛粗乱，生长发育不良，进行性消瘦，贫血，皮肤苍白，肌肉无力，有的表现咳嗽，喷嚏，下痢，体表淋巴结肿大，病猪多为 10～15 周龄，曾被当地兽医诊断为慢性胃肠炎，肌内注射庆大霉素、维生素 B_1，部分发热病猪注射 10% 复方氨基比林，配合青霉素。治疗 3 天后病猪开始死亡，止不住拉稀，一家死猪 12 头，另一家死猪 18 头。畜主决定带 2 头病猪邀作者诊治。

2. 病例诊疗经过

首先采集病猪血液，送到郑州牧业工程高等专科学校猪病诊断室做多项血清学检验，同时急宰病猪，观察病例剖检情况。见到间质性肺炎及黏脓性支气管炎变化，肺脏肿胀，间质增宽，质坚硬似橡皮样，其上面散在有大小不等的褐色实变区，肝变硬，发暗。肾轻度水肿，呈灰白色，皮质部有白色病灶，脾脏稍肿胀，胃的食管区黏膜水肿，有大片溃疡形成，结肠充血、出血。全身淋巴结肿大 4～5 倍，切面为灰黄色，可见出血。特别是腹股沟、纵隔、肺门和肠系膜与颌下淋巴结病变明显。根据实验室诊断和临床症状及剖检变化，总体印象是病猪以系统进行性功能衰竭为特征，故确诊为仔猪圆环病毒病。

治疗措施：加强饲养管理和卫生消毒工作；每头仔猪按每千克体重用猪 α－基因工程干扰素 0.02 毫升，每日肌内注射 1 次，连用 3 天；同时每头肌内注射丁胺卡那霉素，每 10 千克体重 2 毫升，每日 2 次，连用 3～5 天。通过 3 天治疗获得满意疗效。

3. 病例剖析与体会

（1）猪圆环病毒病是由猪圆环病毒Ⅱ型感染，以免疫抑制为主要危害的一种病毒性传染病。临床表现较为复杂，对免疫器官有严重的侵害性，目前已有疫苗出售，但无特效治疗药物，一旦暴发流行，养猪业将会遭受巨大的经济损失。作者多年来采用猪α-基因工程干扰素提高猪体免疫力，配合一些对症疗法可收到明显的治疗效果。

（2）圆环病毒病不分猪龄大小均可发病，但以断奶后的仔猪发病率最高。通常于断奶后2~3天或1周开始发病，发病率为20%~60%，病死率为5%~35%。猪皮炎和肾病综合征通常发生于12~14周龄的猪，发病率为12%~14%，病死率为5%~14%。猪间质性肺炎主要危害6~14周龄的猪，发病率为2%~30%，病死率为4%~10%。

（3）圆环病毒病还能侵害妊娠中、后期的老母猪或1周龄以内的小猪。母猪繁殖障碍主要发生于初产母猪，产木乃伊胎占所产仔猪总数的15%，产死胎占8%，经产母猪一般无异常症状，繁殖能力正常。传染性先天性震颤多见于初产母猪所产的仔猪，常于出生后7天内发病。通常哺乳仔猪很少发病。

三、新生仔猪舞蹈病

1. 病例基本情况

郑州市北郊柳林镇一养猪专业户，用架子车拉了8头病仔猪来到郑州牧业工程高等专科学校动物医院就诊。据畜主阐述：昨夜老母猪产下12头新生仔猪，当时全活，看似正常，3小时后逐渐发现小猪四肢不停地蹦蹦跳跳，行为异常，不吃母乳，天亮前已死亡4头，下余8头，希望救治。

2. 病例诊疗经过

就诊时作者又发现死猪1头，其他7头病猪表现为双侧性肌肉痉颤，轻者仅发生于耳、尾部，重者可见四肢上下跳动，体躯发抖，甚至全身痉颤，体温低热或正常，随即剖检病死猪，无明显眼观变化，仅见小脑脑膜有轻度充血、出血、水肿等炎性病变，诊断为舞蹈病（又称抖抖病，先天性痉颤病）。由于本病尚无有效疫苗及特效治疗药物，病死率很高，作者试用下方取得了显著疗效。方剂：每头仔猪肌内注射10%磺胺嘧啶钠2毫升、维丁胶性钙2毫升、复方氨基比林2毫升，每日2次，痉颤严重者还肌内注射安定0.5~1毫升，每日1次。经过3~5天治疗，患猪全部治愈。

3. 病例剖析与体会

（1）本病为散发性传染，多见于成窝的新生仔猪发病。例如郑州牧业工程高等专科学校学生在扶沟县、遂平县实习期间也遇到过本病，学生们也按作者介绍的治疗方法试治，同样取得满意疗效。

（2）据有关资料介绍，本病是由母猪受到痉颤病毒感染后使新生仔猪发生肌肉痉挛性收缩和颤抖的一种垂直传播性疾病。该病毒可在猪肾原代细胞上进行培养，培养物接种于孕母猪，可使产后的新生仔猪发生痉颤病。

（3）本病以仔猪易感多发，成猪多呈现隐性经过，公猪通过交配传染母猪，母猪通过胎盘传给仔猪。母猪经产一窝病猪后就不再产生此类病仔猪。仔猪之间不发生相互传染。发病的仔猪多见于 1～4 天死亡，超过 1 周者，症状可逐渐减轻或消失。有的痊愈后仍留有后遗症。

四、小猪李氏杆菌病

1. 病例基本情况

河南省某大猪场兽医到郑州牧业工程高等专科学校送检 15～20 千克重的病猪 2 头，要求做病原学鉴定，并要求提供治疗方法。据来校兽医反映，该场数千头猪中发生小猪不吃不喝、低热、咳喘、卧地不起等症状，经各种药物治疗 3～5 天无效，已死亡 26 头，尚有 35 头病猪呈病危状态。

2. 病例诊疗经过

经郑州牧业工程高等专科学校微生物教研室做病原微生物检验，3 天后确诊为李氏杆菌病。在获取诊断书前 3 天，作者临床观察了病猪 1 头，剖检病猪 1 头，体温 41.2 ℃，呼吸粗厉，伴有咳嗽和腹泻，精神不振，食欲减损，头、背、下腹部皮肤发紫，初出现乱走、转圈等神经症状，甚至口吐白沫，后期卧地不起。剖检的病猪，脑及脑膜充血，水肿；肺充血，水肿；心内外膜出血，肝有灰白色坏死灶等。

治疗方法：肌内注射 10% 磺胺嘧啶钠 10 毫升，每日 2 次；林可霉素 4 毫升，肌内注射，每日 2 次；安定注射液 2 毫升，肌内注射，每日 1 次，坚持 3 天治疗后，病猪采食、精神、呼吸道症状明显好转，能站立和自由活动，说明李氏杆菌病的诊断可以确立，随即通知该场兽医按上述治疗方案抓紧处置场内病猪。又经 5 天后，35 头病危猪除 2 头死亡外，其他病猪基本痊愈。

3. 病例剖析与体会

（1）本病的病原为产单核细胞李氏杆菌，球杆状，有鞭毛，多单个或成对存在，革兰染色呈阳性，耐盐腌、热及青霉素，对一般消毒药物敏感。

（2）各种年龄的猪只均可发生，以冬春季多发，主要通过消化道、呼吸道及破损的皮肤、黏膜传播。病程数日，幼猪病死率很高，成猪则多能耐过。

（3）本病的诊断应根据该病多危害仔猪和妊娠母猪，症状上出现脑神经紊乱、败血、流产、血中单核细胞增多；剖检可见肝坏死和心肌炎，实验室检查：可将血、肝、脑组织涂片，可发现呈 V 形排列的小杆菌，也可借助细菌分离培养和动物感染实验来确诊本病。

（4）本病尚无接种用疫苗，只能在搞好环境卫生、消灭鼠类、消毒水源等措施上下工夫。磺胺类药物或土霉素等抗生素均有较好疗效。病猪兴奋不安时可配合使用安定或氯丙嗪等镇静剂。

五、母猪卵巢萎缩长期不孕

1. 病例基本情况

河南省某县农业示范场场长邀作者到该场给1头2年内常发情屡配不准的母猪去势，改为肉用猪饲养。

2. 病例诊疗经过

首先进行体检，未发现异常变化，即按民间方法给母猪去势。即采用“大挑花法”在肷部做一切口，先用食指伸入腹腔以“倒子肠法”未能牵出卵巢，随即扩创刀口，以手的食指伸入正中线后下腹部卵巢处探查，仍然感觉不到有卵巢的存在，最后只能在后下腹部正中线做一新的切口，当打开腹腔时，见到有两侧大如鸭卵样的细颈囊尾蚴，随即摘除，才知道两侧卵巢被囊尾蚴压迫萎缩，如花生米大小，发育受阻，是该母猪长期不孕的主要原因。根据场长的意见，将卵巢去势后改为肉用猪饲养。

3. 病例剖析与体会

（1）母猪去势，一般按民间习惯，对小母猪去势用“小挑花法”，对大母猪去势用“大挑花法”。本病例实属罕见，如果能在下腹部做切口，就避免了上述的麻烦。

（2）猪囊尾蚴是绦虫生活史中的一个幼年发育阶段，在猪体内常被感染的囊尾蚴病有三种：其一为寄生在横纹肌内的猪囊尾蚴病，是人畜共患的重要疾病之一；其二为棘球蚴病，寄生部位在肺或肝内，影响脏器的功能；其三为细颈囊尾蚴病，寄生部位在腹腔内肝被膜上或大网膜、肠系膜或卵巢系膜上。细颈囊尾蚴虫体生活史（又称发育史），请参考有关资料。

（3）细颈囊尾蚴病在世界上分布很广，凡养狗的地方，家畜一般都易感染本病。我国各地多种动物均可发现本病，以猪、羊最多见，其次为黄牛、水牛及牦牛。本病尚无特效治疗方法。虫体多于腹腔手术或屠宰时被发现，如将病猪开腹取虫或口服吡喹酮尚有一定疗效。虫体数量少者不影响健康，过多时则营养不良、消瘦、抗病力下降。

六、猪囊尾蚴病

1. 病例基本情况

河南省某县城关镇南关外大队一位养猪户请求作者出诊。主诉：患猪经常“亮舌”（舌尖外露），近日采食减少，吞咽困难，猪体重由109千克下降到95

千克。怕因病导致收购单位拒收。

2. 病例诊疗经过

该猪形体貌似健康，膘满肉肥，但细看两肩显著外张，臀部异常肥胖宽阔，体中部窄细，整个猪体从背面观呈哑铃状。翻开两眼睑，结膜下有绿豆大的半透明囊状物，右眼1个，左眼2个。头面部检查，右口角外见舌尖外露约2.5厘米，长，检查舌体，肥胖且伸缩不灵活，翻转舌头，见舌腹侧面舌肌表面有米粒大小的半透明囊状物数十个，故确诊为猪囊尾蚴病。并按照既往经验，如果屠宰检查病猪肉，可见到用手一抖，肉内的猪囊尾蚴就像下雨样滴落于地面，说明感染特别严重，建议畜主将病猪处死，进行深埋或烧焚，严禁食用或出售。

3. 病例剖析与体会

（1）本病多见于散养、环境卫生条件较差的猪。例如，有些贫困地区能见到所谓的“连茅圈”进行生猪饲养。所谓“连茅圈”是指人用的厕所与猪圈相连，人在厕所内排大便，粪便可落入猪圈内，让猪吃粪便。目前农村已进行厕所改造，故发病率已大大减少。

（2）本病是人畜共患的侵袭性寄生虫病，其虫体生活史请参考有关资料。

（3）感染猪一般无明显症状，极严重感染的病猪有营养不良，生长迟缓，贫血，肌肉水肿，走路时前肢僵硬，后肢不灵活，舌肌有囊尾蚴（绦虫的幼虫）时舌体膨胀、“亮舌”、头面部呈大胖脸形，整个猪体从背面观呈哑铃状或葫芦形。个别病猪因“囊尾蚴迷路”，虫体也可侵入皮下、脑、眼、心、肝、腹膜等部位，呈现共济失调、呼吸困难、叫声嘶哑、视力消失等症状。

人感染猪带绦虫（成虫）时会日渐消瘦，有时恶心、呕吐、腹泻、腹痛，粪便中有时见到绦虫节片，呈扁平、白色，取粪便做涂片，进行显微镜检查，发现绦虫卵。

（4）目前诊断本病主要是观察外部形态是否有异常变化。例如，生猪收购站，常检查眼、舌，发现囊尾蚴即可确诊，也可采用免疫诊断法，如皮肤变态反应，间接血凝实验，酶联免疫吸附实验和免疫荧光抗体实验等，不过这些方法需要一定的实验设备条件和必备的实验操作技能。

（5）本病治疗难度较大，可试用如下药物：

①依维菌素，每千克体重用0.02毫升，肌内或皮下注射。每日1次，连用3天。

②吡喹酮，每千克体重用30～60毫克，每日口服1次，连用3天。

③丙硫苯咪唑，每千克体重30毫克，每日口服1次，连用3天。

（6）预防本病应注意以下几点：

①猪囊尾蚴病的预防：应改造“连茅圈”，消灭生猪吃人粪的不科学饲养方法；提倡科学养猪，搞好环境卫生工作；加强肉品卫生检验与卫生行政执法，对

屠宰场、猪肉店必须严格管理，特别是有人将带虫的病猪肉偷卖或非法经营病猪肉，应坚决取缔。

②预防人患绦虫病：应加强宣传工作，不吃、不卖含猪囊尾蚴的病猪肉；患者的粪便应做无害化处理（堆积生物热发酵法或沼气池发酵法）；对确诊的患者，应及时驱虫；当发现病猪肉，应按肉食品卫生要求，可根据猪肉内含囊尾蚴的数量对病猪肉进行如下处理，即每40平方厘米猪肉切面上含有3个以下虫体或钙化点者作冷冻或盐腌处理后出售；含有3个以上时高温处理后出售；含有6～10个者，作工业用油或销毁处理。

七、猪棘头虫病

1. 病例基本情况

河南省某县城关乡某养猪户，饲养肉猪23头，体重均为30～40千克。据畜主介绍：近月来猪群食欲日渐减少，精神不振，消化不良，生长发育缓慢，有的病猪腹痛，不愿活动，喜卧，下痢或便血。曾被当地兽医诊断为慢性胃肠炎。经过数日抗炎、止痛、活胃等中、西药物治疗不见明显好转，又怀疑是否有肠道寄生虫病，试用敌百虫驱虫，每千克体重0.1克，拌入饲料中内服，给猪群进行驱虫，但结果只见粪便中有少量猪蛔虫。故邀作者前往会诊。

2. 病例诊疗经过

病猪体温正常，症状表现与畜主叙述相似，随即进行粪便虫卵检查。方法是：取粪便5～10克加水10倍量混合，搅拌均匀，用铜筛过滤。滤后静置30分钟后小心倒去上层液体，再加水与沉淀物拌匀，再静置。按上述方法反复加水沉淀数次，直到上层液体透明为止。然后再小心地倒去上层液体，以吸管自容器底部吸取沉淀物，滴于载玻片上，加盖玻片镜检，发现许多长椭圆形、有四层卵壳、黑褐色、表面有许多小沟穴、卵内含有带小刺的棘头蚴的棘头虫卵，故确诊为棘头虫病。

治疗措施：按以往经验，寄生在小肠内的棘头虫尚无特效的驱虫药，因为该虫头部有许多小钩，钩住肠壁，十分牢固。采取两种驱虫药，将病猪分为2组，各用一种驱虫药观察哪种药物有效，其结果如下：

①驱虫净（四咪唑）：按每千克体重30毫克内服，对成虫有一定驱除效果，但对幼虫无效。

②左旋咪唑：按每千克体重20毫克内服，也有一定疗效。

此外，作者还做了一项试验，对症状严重、粪检虫卵较多的病猪3头，先后在左肷部（横卧保定）切一个5厘米的切口，并打开腹腔，用食指勾出小肠于切口外，按“倒肠法”分肠段以手触摸肠腔内有无虫体，发现虫体，即在小肠上切一个小孔，用止血钳钳出肠外，当虫体取出后，在肠孔四周进行荷包缝合，将肠口闭合，再将肷部切口，按腹壁常规缝合法，关闭腹腔，使手术终结。此法比驱虫药治疗的疗效更令人满意，但对猪体有一定损伤，可供同仁们参考、试用。

3. 病例剖析与体会

（1）棘头虫病是由猪蛭形巨吻棘头虫寄生在猪小肠（主要是空肠）引起的一种寄生虫病。河南省豫南发病率较高，我国长江流域的部分地区也曾发生过本病，对养猪业造成一定损失。

（2）棘头虫是一种大型、长圆柱状的线虫，呈灰白、灰红或稍黄色，前端大，尾部细。虫体前端有一个吻突，吻突上生有5～6列强大向后弯曲的小钩。虫体体表有明显的环纹。雄虫较短，长5～7厘米；雌虫较长，为30～38厘米。卵呈长椭圆形，深褐色，两端尖，有四层卵壳。虫卵对外界抵抗力很强，可在土壤中生存2～3个月，棘头虫在中间宿主体内可保持生活力达2～3年。

（3）按个人经验，每当剖检患本病的病猪时，可见到小肠壁上有成虫吸着或被虫体破坏的炎性病灶。有的病猪小肠浆膜上有灰黄或暗红色小结节或见到肠壁虫体固着部发生化脓或穿孔，凡穿孔者，病猪引起急性腹膜炎而死亡。

八、猪蛔虫引起胆管阻塞

1. 病例基本情况

郑州市金水区柳林镇某养猪户，用架子车拉来一头约25千克的病猪就诊。主诉：该猪生长缓慢，近几天突然食欲大减，喜卧，呕吐，皮肤发黄，尿黄。当地兽医诊断为黄疸型肝炎，已用肝泰乐等中、西药物治疗1周仍无明显疗效，黄疸、消瘦更加严重。

2. 病例诊疗经过

病猪体温正常，明显消瘦、贫血、黄疸、卧地不愿走动，听诊胃肠音极弱，粪便稀软。经粪便虫卵检查（漂浮法），有多量蛔虫卵，随即用左旋咪唑片，按每千克体重20毫克内服，翌日早晨排出蛔虫3条（成虫），但全身症状更加严重，下午1时死亡。经剖检，主要发现胆囊内及胆管中有6条大小不等的蛔虫，并阻塞胆管，最后确诊为蛔虫性胆管阻塞症。

3. 病例剖析与体会

（1）猪蛔虫的成虫，通常寄生在猪的小肠内，幼虫寄生在呼吸道内，是一种常见多发的线虫病。蚯蚓是猪蛔虫的贮藏宿主，因此，当猪吃到含蛔虫卵的蚯蚓或环境中含侵袭性的虫卵后即可引起发病。本病的发生，是由于蛔虫误入胆管或并发阻塞性黄疸症，导致全身发黄。

（2）猪蛔虫是雌雄异体交配的寄生虫，雌虫粗大而长，两端尖细，雄虫短细，一端尖，另一端呈钩状。成虫呈淡红色稍带黄白色，体表光滑。虫卵为椭圆形，黄褐色，有四层卵壳，表层卵壳凹凸不平。

（3）蛔虫的发育史请参考有关资料。

（4）猪蛔虫病的危害，包括成虫及幼虫两个方面。成虫在小肠内摄取猪体营养物质，使猪消瘦、贫血或水肿；虫体产生毒素引起自体中毒；虫体过多成团，可引起肠阻塞腹痛，成虫误入胆管内引起阻塞性黄疸症。幼虫在呼吸道内引起蛔虫性肺炎症状，如咳嗽、痰液增多、呼吸粗厉等；有时虫体逆入胃内而引起呕吐，从口腔呕出体外。

九、公猪阴囊疝（阴囊赫尔尼亚）

1. 病例基本情况

郑州市东区某养猪户用架子车拉来2头公猪到郑州牧业工程高等专科学校动物医院就诊。主诉：昨天我们村来了一个骗猪人，我见他给邻居家的两头连肠蛋（患了阴囊疝）病猪摘除了“蛋子”（睾丸），术后阴囊仍然肿大，我问骗猪人，他说：我只能摘除睾丸，不可能使阴囊消肿，并称无人能解决这个问题。为此来动物医院询问到底能否解决。经作者肯定地回答，可以解决，畜主才同意手术治疗。

2. 病例诊疗经过

手术方法：首先将病猪两后肢提举，猪头向下，再用手触摸阴囊内有无脱垂的小肠，如果阴囊体积缩小，不肿大，说明小肠已还纳到腹腔内，称为可还纳性阴囊疝，如果阴囊不消肿，说明小肠之间粘连或小肠与阴囊皮肤粘连称为不可还纳性阴囊疝；如果病猪突然不食，腹痛，呕吐，小肠不能还纳者，称为嵌闭性阴囊疝，即小肠发生了扭转，气机不通，食物不能下行，病状极为严重，必须立即进行手术。

本病例为可还纳性阴囊疝，手术比较简单，20分钟就可解决问题。方法是：

（1）先用2.5%碘酊消毒阴囊皮肤，后用75%酒精脱碘。

（2）在阴囊中缝皮下注射2%普鲁卡因2毫升做局部传导麻醉（民间骗猪者不打麻药）。

（3）用手术刀距阴囊中缝1.5~2厘米处先切开皮肤2厘米（严禁损伤下层的总鞘膜组织），用止血钳钝性分离皮肤，扩大创口，再用术者食指钝性分离，将皮肤与皮下的总鞘膜完全分离开。

（4）用左手握住总鞘膜和睾丸，右手继续向前用力推勒皮肤分离总鞘膜，直到阴囊根部，并由助手将总鞘膜（内含精索）进行贯穿缝合、结扎（贯穿结扎法），于结扎处下方，一次切断精索（外包有总鞘膜），使总鞘膜、睾丸、精索全部脱离机体，并在精索近心端四周做鞘膜1次性荷包缝合，将断端包埋，保证不会旧病复发。

（5）用碘酊消毒阴囊皮肤，结节缝合创口，但应留1针不缝合，以便术后排出渗出液。

（6）术后肌内注射精制破伤风抗毒素 1 500 单位，防止发生破伤风病。

3. 病例剖析与体会

（1）小肠掉入阴囊内发生阴囊疝的原因：首先，我们必须了解阴囊内容物的解剖学知识，即胎儿在出生前 10 ~ 15 天，腹腔内肾脏的后下方的睾丸开始下降到阴囊内，但必须通过耻骨联合两侧的腹股沟腹环（为先天性环孔），必然附带地将腹膜沿伸到腹股沟管和阴囊内，此下降的腹膜在阴囊皮肤下面特称为总鞘膜，两层总鞘膜之间形成了总鞘膜腔，如果腹股沟腹环比正常扩大，则腹腔内的小肠可进入总鞘膜腔内，故称“阴囊疝”疾病。本病有先天性和后天获得性两种情况。

（2）临床上遇到不可还纳性阴囊疝或嵌闭性阴囊疝处理方法：

①不可还纳性阴囊疝的手术方法：切开阴囊皮肤及总鞘膜后钝性分离小肠之间或小肠与阴囊皮肤的粘连部分，使小肠还纳腹腔内。其他手术过程与可还纳性阴囊疝手术方法相同。

②嵌闭性阴囊疝的手术方法：切开阴囊皮肤及总鞘膜，如果发现肠管坏死或无生机时可先做肠吻合术（俗称断肠术），然后将术后的小肠还纳到腹腔内，其他手术过程同上述方法。

（3）肠吻合术操作方法：首先选择病肠两端的健康小肠，必须保证断端有良好的血液供应和保证肠组织绝对健康，然后用两把肠钳分别夹住健康肠段，在夹住肠段内 2 厘米处，呈扇形或 V 形剪除病变的肠管和肠系膜，切断病肠后，将健肠两断端用酒精棉球消毒后将断肠的两端合拢，先进行连续缝合一周，再进行内翻缝合一周，解除肠钳；在装有生理盐水的搪瓷盘内放入吻合的肠段，如果不渗粪液，不漏气，证明缝合成功，最后按常规缝合法缝闭各层腹壁组织，关闭腹腔，手术告终。

十、种公猪急性睾丸炎

1. 病例基本情况

郑州市花园路某高校食堂喂了 1 头种公猪，主诉：病猪睾丸肿大已 3 天，食欲下降明显，邀作者出诊治疗。

2. 病例诊疗经过

病猪体重约 150 千克，年龄 1.5 岁。检查睾丸肿大，阴囊皮肤发热，触之疼痛，站立时弓背，步态拘谨，拒绝爬跨，体温 40.8 ℃，食欲减少，精神不振，确诊为急性睾丸炎。采用抗生素（青霉素、链霉素）疗法，配合阴囊皮肤涂擦蝎毒愈肤油，每日 3 次，治疗 3 天痊愈。

3. 病例剖析与体会

（1）睾丸炎是公猪常见的一种外科疾病。发病原因多见于外伤性感染或邻近器官炎症蔓延，以及全身性传染病（布病、结核）的血行感染。

（2）急性病例的治疗：通常采用安静休息，早期冷敷，后期热敷，以加强睾丸局部血液循环，促进炎性渗出消散。全身使用抗生素。如炎症损伤生精上皮，经治疗临床康复后，生精机能不一定完全恢复。慢性病例由于组织变性，机能难以恢复，都失去种用价值。本病例炎症消除明显加快，一则采用了抗生素疗法，同时使用了蝎毒愈肤油局部涂擦的方法。蝎毒愈肤油是一种新药，该药主要成分为蝎毒蛋白、冰片、蛇床子、氨胴、香油等成分，具有消毒杀菌、迅速止痛、止痒、止血、消炎、消肿、润肤、生肌等功效，每瓶 10 毫升。

（3）睾丸炎可引起阴囊肿大外，通常导致阴囊肿大的疾病尚有总鞘膜腔积水症和阴囊疝等其他疾病，必须加以鉴别。总鞘膜腔积水，阴囊肿大，但皮温不高，触之不疼痛，用手电筒放在阴囊底部，开启电源后（在暗处进行）阴囊内液体呈均匀红色，可以确诊。阴囊疝是由于小肠从腹腔内经由扩大的腹股沟腹环误入阴囊内的总鞘膜腔中而发病，我们可将病猪两后肢提举，头部向下，则小肠还纳腹腔后，肿大的阴囊立即消失。

十一、新生仔猪无肛症

1. 病例基本情况

郑州市惠济区某养猪户送来新生仔猪 1 头，恳求郑州牧业工程高等专科学校动物医院救治。主诉：仔猪出生后 3 天停止吮乳，一直不见排粪，不断努责，检查会阴部，才发现仔猪没有肛门。

2. 病例诊疗经过

检查病猪为先天性无肛症，观察病猪不断努责，肛门口被皮肤覆盖，不能排粪，决定实施人工造肛术。手术程序是：

（1）2.5% 碘酊消毒肛门区皮肤，然后用 75% 酒精脱碘。

（2）将尾巴向前上方提举，保定病猪呈站立姿势。

（3）2% 普鲁卡因肾上腺素 5 毫升，在肛门周圈皮下局部浸润麻醉。

（4）用手术刀沿肛门口部位呈圆形切开皮肤一周。止血钳钝性分离覆盖肛门口的皮肤。

（5）用有钩镊子，提起直肠后部的盲端组织，用手术剪小心剪一个圆孔，圆孔直径与皮肤圆孔直径大致相仿，此时胎粪就迅速向人造肛门口外排出，当粪便排尽后，再用消毒液冲洗直肠内的剩余粪渣，并用纱布蘸净消毒冲洗液后，用 75% 酒精消毒、杀菌。

（6）以连续缝合法或结节缝合法，将圆孔四周的直肠黏膜组织与肛门口圆孔的四周皮肤对合，进行一次性缝合，但要求缝合的针脚应严密可靠，防止术后排粪时缝线开裂，并在缝合处涂 1% 紫药水消毒、杀菌，手术即告终结。

3. 病例剖析与体会

（1）作者曾多次见到个别兽医用烧红的粗铁丝或用尖头铁器穿透闭锁的肛门皮肤及盲端的直肠组织，虽然可一时排出少量胎粪，缓解努责症状，可经过数日后，人工形成的肛门孔道，因黏膜及皮肤生长迅速，孔径会比以前缩小，则导致排粪又一次困难。此种手术方法并不能根治本病。

（2）先天性无肛症是一种遗传基因缺失症。各种动物和人类都发生过这种病症，多见于新生仔猪和羊羔，也见于新生骡驹，均采用上述方法治疗。

（3）新生仔猪或羊羔，由于经济价值低，当兽医提出做人造肛门时，畜主多数不愿接受高昂的手术费用，采取放弃手术。

十二、小猪肠吻合术

1. 病例基本情况

郑州市柳林镇某养猪户带来约 12 千克体重的仔猪 1 头，请求作者诊治。主诉：病猪 3 天前一直拉稀，今日又发生呕吐、拱背，不吃不喝，不排粪便。

2. 病例诊疗经过

体检病猪体温 39.3 ℃，形体消瘦、两肷上吊、大便停滞、呕吐、弓背，经腹部触诊，感觉腹腔内有一段腊肠样的肠段，初诊为腹泻并发肠套迭，随即剖腹探查，结果证明是空肠段套迭，长约 10 厘米，但患肠已呈紫黑色，肠管肿胀，失去生机，同时整复困难，决定做肠吻合术。手术方法：

（1）用两把肠钳分别夹住病肠两端的健康组织。

（2）结扎肠系膜有关血管，但要保证病肠被切除后的良好供血要求。

（3）用手术剪剪除病肠与相关的肠系膜（呈 V 形或扇形）。

（4）用 75% 酒精消毒两端肠管截断面。由于仔猪的小肠较细，管腔直径约 1.5 厘米，按既往经验，虽然能顺利完成手术程序，但手术后的结果是成功率较低，手术失败的主要原因是肠吻合时，先连续缝合，后内翻缝合，常导致吻合部肠腔狭窄，食物不易顺利通过，引起食物阻滞或梗阻，部分手术后的病猪发生了死亡。作者几十年来采用胡萝卜连接断肠的两端便于精确缝合，针脚距离也可正确控制，使肠腔狭窄程度变小，有利于术后食物通过与下行，取得了明显疗效。但怎样处理胡萝卜呢？首先截取胡萝卜 4 厘米，然后在截面中央穿透一个洞道，直径为 0.5 ~0.8 厘米，最后围绕洞道外削去予置插入肠腔内所需的粗细程度，将胡萝卜插入被切断的两端健康肠段之间，使肠管吻合，再进行肠管缝合，缝合结束后再将肠管内的胡萝卜，以术者的拇指与食指捏碎，不会发生人为的肠阻塞。

（5）用灭菌生理盐水放入搪瓷消毒盘中，将两把肠钳除去，吻合的肠管放入盘中，如果不漏气、不漏液说明吻合可靠，然后将肠管送回腹腔内，并向腹腔内注入少量灭菌润滑油，如石蜡油、10%樟脑油或维生素 E 注射液，以防术后肠粘连等并发症的发生。

（6）按常规腹壁缝合方法，关闭腹腔，整个手术结束。

3. 病例剖析与体会

（1）体型大的猪由于肠腔直径较大，通常做肠吻合术后不容易发生术后肠管狭窄和肠梗阻的现象。如果仔猪肠管管腔较小，除采用上述“胡萝卜法”外，还可采用肠管斜形切除病肠，将两端的健康肠管的斜形切口，进行对端吻合并加以缝合后，管径可以扩大，也可减少肠管的狭窄程度。

（2）从临床观察，多种幼年动物在不断腹泻过程中，由于某段小肠痉挛性收缩，常可并发肠管自己套住自己，即所谓的肠套迭继发症，如不迅速手术，肯定因套迭肠管引起瘀血、水肿，最后肠坏死，导致病畜死亡。

十三、公猪隐睾摘除术并发创伤性结肠破裂

1. 病例基本情况

河南省内黄县某村养猪户喂养 1 头体重 40 千克的公猪，由于患隐睾症（右侧）请当地骟猪者给予手术摘除，由于术者操作不慎，在右肷部探寻隐睾时，误将腹腔内的肠管以食指戳破，要求某兽医救治。当时作者正好在内黄县举办生猪去势培训班，故前往该村协助救治。

2. 病例诊疗经过

通过右肷部原有的切口将肠管拉出切口外，并以“倒肠法”找到结肠破孔，直径为 1 厘米左右，随即将穿孔处用 75% 酒精进行消毒处理，用“荷包缝合法”将孔口闭锁，并将漏出孔外的少量粪便，用蘸湿的灭菌生理盐水纱布，清除干净，并将肠管还纳腹腔内，又向腹腔内注入 10% 磺胺嘧啶钠注射液 15 毫升，最后按腹壁组织常规缝合法，关闭腹腔。术后每日 2 次肌内注射青霉素、链霉素，连用 5 天，同时为预防破伤风，肌内注射“精破抗”3 000 单位。术后第 7 天，作者亲自追访、检查，患猪基本恢复健康。

3. 病例剖析与体会

（1）隐睾有一侧性和两侧性的。导致隐睾的原因是胎儿在降生前 10 ~ 15 天，原来在腹腔肾脏后下方的睾丸通常应通过耻骨联合两侧的腹股沟腹环孔坠入到阴囊内，但有极少部分新生仔猪，降生后阴囊内没有睾丸或一侧性缺少睾丸，睾丸仍然存留在腹腔内，故称为隐睾症。

（2）本病例是由于对腹腔脏器的正常解剖位置了解不够深入，手术操作中技术不太熟练，未找到隐睾而以食指进行粗暴触摸或钩取可疑物，例如结肠内有干

粪球时，误用食指勾破结肠导致穿孔，故应加强骟猪技术人员的培训，提高他们做去势术的有关知识与操作技能水平，从而减少意外事故的发生。

十四、猪尿道结石并发膀胱破裂

1. 病例基本情况

河南省某县城关乡某村养猪户的 1 头 5 千克体重的公病猪请当地兽医诊治。主诉：病猪 5 天不见排尿，不断做下蹲排尿姿势，不吃不喝，注射过消炎、利尿针剂无效，今日上午又见到肚腹增大，病情更加严重，邀作者诊治。

2. 病例诊疗经过

检查病猪，发现肛门下方阴茎 S 状弯曲部皮下肿胀，以食指指检直肠底部，感觉阴茎提举肌频频抽动，不见排尿，腹围增大，在脐前“云门穴”处进行腹腔穿刺放出淡黄色腹水约 300 毫升，有尿腥味，确诊为尿道结石，并发膀胱破裂。随即进行膀胱造口术以解决排尿问题。手术程序是：

（1）术部在下腹部正中线偏外 2.5 厘米（避开包皮囊），耻骨联合上方 2.5 厘米处，先剪毛、洗净皮肤、擦干、消毒。

（2）2% 普鲁卡因肾上腺素 10 毫升术部皮下局麻，右侧横卧保定。

（3）沿术部纵形切开皮肤 3～4 厘米，分离腹壁各层组织，打开腹腔，立即流出腹水约 100 毫升，将破裂的膀胱拉于创口外，发现破口直径 3～4 厘米，将膀胱破口周边的膀胱组织与皮肤切口以对端结节缝合一周，使膀胱内的尿液可直接流滴体外，解决了以后排尿的问题。术后每次用 4 片每片 0.5 克磺胺嘧啶钠，每日内服 2 次，连用 5～7 天可抗菌消炎，每日 1 次用 2.5% 碘酊消毒造口缝线处，防止术部感染，并加强饲养管理，按既往经验，术后 7～10 天病猪均能恢复正常。以后的生活、生长发育均能与健康猪一样，不同点是每日尿液从腹下人造膀胱口流滴于体外，经过 5～6 个月饲养后，达到屠宰体重 90 千克左右即可出栏。

3. 病例剖析与体会

本病例采用膀胱破裂造口术获得了成功。诸如此类情况已经经历多次。其优点是：

（1）本病多发生在形体不太大的猪，因为膀胱破裂后容易进行手术操作，如果大型猪，则由于腹壁与破裂的膀胱口相距较远，不可能采用本手术方法，只能将腹壁创口扩大，将破裂的膀胱破口在腹腔内缝合闭锁，同时还必须将尿道切开，取出尿结石才能根治本病，这样一来，即使治愈，则所花的医药费较高昂，畜主很难承受，如采用本手术方法，就不必再做尿结石摘除术。

（2）本手术方法，多用于小型肉猪，因为术后只要达到能继续生长发育，不误出售，不必花更多的资金，畜主容易接受给病猪手术治疗。

（3）术后加强饲养管理十分重要，特别是猪圈必须保持干燥、卫生，以防术部感染而导致排尿不畅和意外事故的发生。

十五、猪群亚硝酸盐中毒

1. 病例基本情况

河南省某国营农场饲养猪760头，在国庆节前夕，突然给作者打电话，报告该猪场喂食后10~60分钟大批猪突然发抖痉挛，后躯无力，站立困难，呼吸迫促，张口伸舌，口吐白沫，四肢、耳鼻发凉，皮肤呈蓝紫色，已死亡38头，请马上来会诊救治。

2. 病例诊疗经过

因了解到该场种植的大白菜过多，怕天气骤变，处理不完，就决定先取一部分给猪饲喂。由于猪较多，需食量较大，晚上饲养员就用大铁锅将大白菜和部分饲料煮熟，倒入多个水缸内，并加盖缸盖，翌日早晨喂猪，谁知喂猪后出现猪群发病。作者仅根据既往经验，初诊为猪亚硝酸盐中毒。由于病猪多，兽医少，就发动饲养人员帮忙，立即对全群猪普遍肌内注射“亚甲蓝”注射液及维生素C加50%葡萄糖液肌内或静脉注射。经过数小时抢救后，大部分病猪获得了明显疗效，不幸的是又死了40多头。

3. 病例剖析与体会

（1）猪亚硝酸盐中毒很少发生。因为当今的规模化养猪，饲喂了全价饲料，配合自动饮水器自由饮水，通常不喂青绿饲料，更不会将青绿饲料煮熟热焖，但也有特殊情况下发生本病的案例，特别是饲养条件差、饲料不足的贫困地区，为了少喂精料，常以蔬菜、青草等青绿饲料混合喂养，有时也出现本病的实例。如郑州市东郊某木器厂在鱼塘旁边建了简易养猪场，喂猪31头，有1位农村来的饲养员，想给老板节省饲料开支，煮了一大铁锅大白菜帮加青草，加锅盖过夜，翌日喂猪后，30分钟发生了亚硝酸盐中毒，死亡6头。

（2）青绿饲料中含硝酸盐，其毒性较小，如果蒸煮不透或焖煮不搅拌，在40~60℃下放置过久，在氮菌还原酶的作用下，其所含硝酸盐将迅速转变成亚硝酸盐，其毒性很大，毒力增加10倍。如果猪食入的饲料中含亚硝酸盐达70~75毫克/千克时，即可引起中毒或死亡。

（3）亚硝酸盐是一种血液毒，可使血液中正常的氧合血红蛋白（低铁血红蛋白）氧化成高铁血红蛋白，后者和氧结合非常牢固，不易脱离。因此，血液失去运输氧的能力，以致引起全身缺氧，特别是会引起脑和心脏严重缺氧，故出现上述中毒症状，严重者可导致中枢麻痹而窒息死亡。据有关资料报道，当血液内高铁血红蛋白不超过20%时，不会引起病理状态，高于20%时则呈现中毒症状，达到60%~70%时，则引起死亡。

（4）本病的诊断依据是：是否采食过含毒的亚硝酸盐食物，食后短时间内呈现口吐白沫、痉挛、口鼻及皮肤呈蓝紫色发绀症状，多为同槽猪圈群体发病时可作出初步诊断。为了确诊，也可派人收取“可疑饲料”或剖解的胃内容物送检有关单位做实验室检测，其方法有三：

①取待检饲料液或呕吐液，滴到小片滤纸上，加 10% 联苯胺 1 ~ 2 滴，再加 10% 醋酸 1 ~ 2 滴，如含有亚硝酸盐，滤纸立即变成棕色。

②将待检饲料汁放在玻璃管内，加 10% 高锰酸钾溶液（用时现配）1 ~ 2 滴，混合均匀后，再加 10% 硫酸 1 ~ 2 滴，充分摇动，如含亚硝酸盐，高锰酸钾液变为无色，否则不变色。

③变性血红蛋白检验。取血液少许置于小试管内振荡，棕褐色血液不转红的即是变性血红蛋白（高铁血红蛋白，为亚硝酸盐中毒血液特征）。为进一步确定，可滴加 1% 氰化钾液 1 ~ 3 滴，血液颜色即转为鲜红。

十六、猪腹胀用药无效胃导管插入十二指肠治愈

1. 病例基本情况

郑州市北郊某养猪户拉来 1 头 40 千克体重的肉猪到郑州牧业工程高等专科学校动物医院就诊。主诉：4 天前因少食，便干，请当地兽医诊治，认为是消化不良症，灌服人工盐 250 克，注射维生素 B_1 和庆大霉素。当天开始拉稀，反而不采食了，翌日又灌药、打针，仍然无效，肚腹比前胀大，故来院诊治。

2. 病例诊疗经过

病猪体温 40.3 ℃，心悸，口舌干红，有黄色薄苔，胃肠音消失，腹围特大，皮肤紧张，呼吸困难，用手推动腹壁，感觉肠内充气和液体增多，听到“水响音”，初诊为胃肠炎并发胃肠臌气、积液。由于胃肠内多次灌药，胃肠内压增高，作者采用先减胃肠内压再进行药物治疗。首先将病猪抬到架子车上，横卧保定四肢，用木制开口器（木棍中央有一圆孔），放入口内，将头部向下，臀部抬高，用胃导管经木棍中央孔道送入口咽、食管，直至插入胃内，将胃内容物和气体基本排出体外后，再将胃导管向十二指肠方向传送，当导管进入十二指肠后，肠内大量液体和气体顺胃导管外口迅速排出，同时助手以双手慢慢按压腹部，尽量使肠内容物排尽。最后抽出胃导管和开口器，将架子车放平，进行药物治疗。即肌内注射庆大霉素和维生素 B_1 针剂，耳静脉输入双黄连 20 毫升，含糖盐水 500 毫升，17 种氨基酸注射液 150 毫升，安钠咖 5 毫升。治疗完毕，解开保定四肢的绳索，使病猪站立，发现腹围明显缩小，两肷部凹陷，精神好转，呼吸平稳。要求畜主在回村后禁食、禁水，翌日复诊，仍按上述用药方案，每日处理 2 次，经过 3 天治疗而痊愈。

3. 病例剖析与体会

（1）临床上诸如此类的病状较多见，作者认为含芒硝（硫酸钠）的用量不宜过大。灌药时浓度应控制在8%～10%，因为芒硝或多量内服人工盐（内含硫酸钠成分），如果内服时加水较少该药浓度过大时，对胃肠有较大的刺激作用（因为硫酸钠为容积性泻剂），常导致胃肠黏膜充血、水肿，影响了药物的吸收，加上每日多次灌药，使胃肠内压增大，反而影响了排尿及排便机能，使腹围日渐增大，同时又不见排便，有的兽医又误认为胃肠道有食物停滞现象，又追加油类泻剂，使胃肠内压更大，此时感到束手无策。作者采用上法能获得满意效果。

（2）当腹围缩小后，不应内服药物，可禁食1～2天，使胃肠休息，在静脉注射和肌内注射条件下，通过消炎，调节胃肠机能，补充营养和水分，有利于病猪迅速恢复健康。

十七、母猪妊娠后期厌食症

1. 病例基本情况

郑州市东郊某养猪户有1头妊娠后期母猪，产前12天开始厌食，当地兽医给予健胃散拌料，肌内注射维生素 B_1，无明显疗效，来郑州牧业工程高等专科学校动物医院邀请作者出诊治疗。

2. 病例诊疗经过

病猪约200千克体重，在舍内自由活动，精神尚好，喂食不吃，体温39.3℃，腹围较大，粪便干小，初诊为胎气症，即产前厌食症。根据既往经验，本病很难治疗，有的每日两次补水、补营养物质，进行数天坚持输液，有的给予抗炎，调节胃肠机能等中、西药物，但其结果疗效不太理想，有的产出死胎、弱胎，有的母子双亡，有的产后仍然厌食。根据作者经验，以灌服中药为主，治愈率可达50%～75%。中药疗法的治疗原则是：补气养血，疏肝理气，健脾活胃，利小水。处方如下：

当归15克，党参15克，白芍12克，土白术18克，陈皮15克，川朴8克，砂仁15克，青皮9克，广木香19克，茯神20克，山楂20克，神曲20克，柴胡8克，胆草16克，泽泻19克，甘草10克。水煎服或细末灌服，每日1次，连用3～4天。

注意事项：由于猪体过大，加上怀孕，多日厌食，通常兽医不想给猪灌中药，因为怕麻烦、怕出意外事故，只注射西药，比较方便、安全，但往往疗效不佳。如果用上方中药，对于性情温和的病猪，直接经口灌服比较容易，反之，必须强制横卧保定，用胃导管经鼻入食管送药，但必须注意防止在保定时压迫腹部，伤害胎儿以预防发生机械性流产或孕猪因体弱、心衰而突然发生死亡，给畜主带来严重损失。不过可提前告诉畜主，此病必须灌中药才可能有治愈希望，如果在操作过程中发生意外，请畜主不要埋怨，只有协商成功后再灌中药可预防万一。

本病例通过 3 天中药疗法获得治愈。病愈后 6 天产下仔猪 14 头，均获健康。

3. 病例剖析与体会

（1）本病临床上较多见，也是一种难医之症，到目前为止，本病的发生原因不详，有待进一步研究和探讨。本病多见于妊娠后期的母猪。作者对本病病因的分析，认为可能与以下三种因素有关。

①按中兽医理论分析认为是一种“胎气”之症，主要是由于种母猪杂交后，胎儿急需多量营养物质，才能使胎儿迅速生长、发育，同时由于“杂交优势”，胎儿代谢旺盛，导致母猪肝气不舒，消化障碍，厌食恶心。同时胎儿因母体患有胎气又影响胎儿的健康，使胎儿也呈现所谓的胎毒症导致胎儿不健康，又反过来影响了孕猪的正常消化机能，形成一种恶性循环，从而导致本病的发生。

②从西医观点认为可能是“妊娠毒血症”的表现，与品种遗传性、种间杂交等变态反应有关。即胎儿常因杂交优势，呈现生长快，代谢旺盛，其代谢产物比非杂交猪多，如果某些有毒物质被血液吸收，可导致胃肠功能调节紊乱，呈现厌食等消化系统障碍病状。

③可能与某些病毒性疾病感染有关，如猪瘟、伪狂犬病、细小病毒病、圆环病毒病等。对于胎儿有不良影响，但对母猪来说，通常为隐性感染，临床表现症状不明显，只呈现厌食、便干或拉稀等消化系统紊乱等不适体征。

（2）本病的治疗方法，据作者了解，绝大多数兽医均以西药疗法为主，方法如下：

①耳静脉输液疗法：5% 葡萄糖氯化钠液 500 毫升，10% 葡萄糖液 500 毫升，加入 5 ~8 支 0. 5 克的氨苄青霉素，10% 安钠咖 10 ~20 毫升，肌酐（或 ATP，配合辅酶 A）10 ~20 毫升，5% 维生素 C 8 毫升，为一次输液用量。每日 1 ~2 次，连用 3 ~5 天，有较好的疗效。

②如因久病体温低于 37 ℃时，可配合肌内注射硫酸阿托品 5 ~8 毫升（或 0. 1% 肾上腺素 2 毫升），樟脑磺酸钠注射液 10 ~20 毫升，维生素 $B_1$20 ~30 毫升肌内注射，可起到提温、强心、调节胃肠功能的作用。

③有并发细菌感染的病例，用盐酸克林霉素。用量为每千克体重 0. 1 毫升，肌内注射，连用 3 ~5 天。

④疑似病毒性疾病导致本病者，可配合使用速亿康注射液（即 α - 猪基因工程干扰素），用量：每千克体重 0. 01 ~0. 02 毫升（每瓶 5 毫升），每日肌内注射 1 次，连用 3 ~5 天，也有治愈的实例。

十八、“二姨子”小猪生殖器官异常

1. 病例基本情况

河南省淇县某养猪场，共喂养大小肉用猪360头，该场邀请作者给48头小母猪进行去势手术。

2. 病例诊疗情况

按“小挑花法”给小母猪进行去势术。在去势过程中发现有两头为“二姨子”猪，即在阴门处发现两阴唇闭合，只有下1/4处有一个阴蒂（相当于雄性的龟头），排尿时尿从阴蒂口排出，随即以仰卧保定，采用“小挑花法”操作程序，摘除了整个雌性内生殖器官后，发现正常输卵管顶部应该见到卵巢，但实际看到的却是睾丸。

3. 病例剖析与体会

（1）根据数十年给小母猪去势过程中曾发现过上述病例情况，呈现“二姨子”猪的比例，大约为1/400，这种母猪不能作为种用，缺乏配种繁殖能力，只能作为肉用猪饲养。

（2）为什么会出现公不公、母不母的内外生殖器官异常的现象呢？据胚胎学研究认为：在胚胎期，生殖器官最初为一个生殖胚芽的管道，呈Y形，学名叫“苗勒氏管”，Y形的分叉为雄性和雌性两个胚芽。如果雄性胚芽发育快，则雌性胚芽就开始萎缩，产出的胎儿为公猪，反之亦然，如果雄性和雌性两个胚芽均同时发育生长，产出的胎儿为公不像公、母不像母的“二姨子”猪，中兽医称为“阴阳猪”。这种现象，人和其他动物都有实际病例，不过比较少见。

（3）母猪去势术在民间可分为“小挑花”和“大挑花”两种方法，20千克内的小母猪可采用“小挑花”方法，较大的母猪，均采用“大挑花”方法。具体操作程序可参考有关资料。

（4）当今规模化养猪已迅速发展，肉用猪的来源为二元或三元经济杂交猪，以瘦肉型猪为主，由于生长期缩短，4～6个月饲养后可以出栏，凡体重达到90千克以上的肉猪均可投放市场。因此除农村习惯给小母猪去势外，大猪场给小母猪去势的情况比过去大大减少，但公猪去势仍然较为普遍，去势的目的有：一是加快生长速度，二是使肉质鲜嫩，三是去除公猪肉的异味，四是便于管理，五是治疗慢性睾丸炎等疾病无效时。

十九、给猪注射驱虫净过量引起中毒

1. 病例基本情况

郑州牧业工程高等专科学校某实习生在某市某兽医部门实习时，被分配到注射组实地操作。由于某养猪户的1头体重20千克的猪患有胃肠道寄生虫病，经主治兽医开出处方，用驱虫净注射液 3 毫升进行肌内注射。由于药房只有 10 毫升 1 支的规格，告诉畜主，只用 3 毫升，多余的药量废弃。可是畜主并没有告诉实习学生应该用多少药量，就叫学生给猪 1 次性注完了 10 毫升用量，注射 15 分钟后，病猪突然口吐白沫，全身颤抖，立即报告主治兽医，经分析，确诊为驱虫净用量过大引起中毒。并立即邀请作者会诊治疗。

2. 病例诊疗经过

作者见到病猪右侧横卧躺在架子车上，车子一头高一头低，病猪头高，臀低，鼻口中还不断向外冒出白沫。在这种危急情况下，作者令学生将车头下压，使口鼻向下，臀部向上，防止并发异物性肺炎。由于此药中毒无特效解毒剂，只好对症处理，立即肌内注射 3 针，10% 复方氨基比林 6 毫升，10% 安钠咖 5 毫升，特效强力解毒敏 8 毫升。注射后约停 25 分钟，病猪停止口吐白沫，肌颤现象明显好转，但病猪从下午 6 时开始安静嗜睡，继续观察一夜，直至翌日早晨 5 时才苏醒过来，经 T. P. R 检查后已恢复正常状态，将猪从架子车上放下，慢慢行走，见运动自如，获得了痊愈。

3. 病例剖析与体会

（1）这次中毒事故，发生的主要原因为：

①由于实习学生对这种驱虫净的使用量十分生疏，他认为既然畜主叫其注射，忘了问清注射用量就简单从事。

②畜主错误地认为，给 1 瓶 10 毫升药量不算多，如加一点注射量，可能驱虫疗效更好，没有听药房人员的医嘱而自作主张，好在病猪已抢救痊愈。

（2）驱虫净是一种常用的驱虫药物，对线虫的驱虫率较高，对猪后圆线虫（肺丝虫）的疗效尤甚，通常用片剂口服，每千克体重用量为 5 ~ 15 毫克。目前市场上为了治疗方便，有驱虫净针剂，规格为每盒 10 毫升 ×5 支。

二十、猪群喂酱油渣引起食盐中毒

1. 病例基本情况

河南省某县酱油制造厂附属养猪场共喂养肉用猪 112 头。该场为了节约精饲料，采用厂内产出的副产品酱油渣喂猪。由于酱油渣很咸，饲养员在喂饲前都将酱油渣用凉水冲洗 2 遍，开始没有出现不适症状，半个月后，猪食欲日渐减少，精神委靡，个别猪喜饮脏水等其他症状，邀作者现场诊治。

2. 病例诊疗经过

猪群体温为 38 ~40 ℃，普遍食欲差，个别猪拒食，饮水量增加，大便干燥，有的视力减退，口黏膜红燥偶见呕吐或吐白沫，体躯呈不自然姿态，有的步履蹒跚，或跗关节肿胀、跛行，呼吸一般正常，有的呈现轻度神经症状，如嘴不断咀嚼，肘肌颤抖。确诊为慢性食盐中毒。

治疗措施：

（1）立即停止喂酱油渣，改为其他饲料。

（2）猪群改饮甘草、绿豆水为主。

（3）对症疗法：如有神经症状的，肌内注射25%硫酸镁；排尿困难者肌内注射速尿。经过5天治疗后，除两头症状严重者死亡外，其他病猪基本恢复正常状态。对死亡病猪进行了剖检，呈现软脑膜和大脑皮质有不同程度的充血、水肿、脑回展平，有水样光泽，胃肠黏膜充血、出血，其中1头胃底黏膜溃疡。肝稍肿大、质脆。

3. 病例剖析与体会

（1）适量的食盐可增进食欲，助消化，但采食盐量过多或饲喂方法不当而过量，常发生急性或慢性食盐中毒。分析发病原因有三：

①往往由于采食了含食盐过多的泔水、酱油渣、咸鱼渣或日粮内的含盐量过多或混合不均匀等，以及误饮了咸菜水、自流井水、油井附近的污染水。

②投服过量硫酸钠、碳酸钠、乳酸钠等钠盐，都可能引起中毒，尤其在饮水不足时。

③由于城市需肉量巨大，在市郊利用一些空旷区或租赁农村闲置的旧房和空地，由外地农村来的农民开办了部分小型养猪场，这些人每日用架子车（车上放有汽油桶大小的装食铁桶）到学校食堂或市内餐厅收集泔水和食物残羹，给猪饲喂，有时也发生过食盐中毒的实例。

（2）本例以酱油渣为主要饲料进行饲养极易引起中毒，如果在常规饲料中，适当加入少量酱油渣就比较安全可靠，应吸取教训，不能为了节省饲料费用而采取不科学的喂养方法，结果适得其反。

第二章 禽类病例

一、某校实验鸡场大批小鸡患新城疫死亡

1. 病例基本情况

河南某校实验鸡场饲养小鸡3 600只，均为30～60日龄。该场场长认为小鸡只要饲养管理好了，一般不会生病，没有注射防病疫苗。正好在过年前2天，从某校兽医专业毕业的应届学生被聘到该场担任疫病防治工作，他认为不给小鸡防疫会出现问题。在场长同意下，去购买新城疫疫苗，当时临近过年，买不到疫苗，就去找他的老师协助解决，老师告诉他，有新城疫Ⅱ系疫苗，不过已经快失效了，不能卖给你们，学生说，注射快失效疫苗总比不注射要保险一些，就免费拿走，并开始全群防疫。谁知大年初四，发现小鸡出现了疫情，不到2天就死亡200多只，该场兽医由于缺乏实践经验，不敢确定患的是什么传染病，但他疑似为新城疫，即向场长汇报。场长说，鸡只已做过新城疫的防疫，可能是禽霍乱（禽巴氏杆菌病）。马上通过关系，找到禽霍乱菌苗，令兽医立即进行紧急防疫，结果死鸡更多，达400多只，即邀作者会诊。根据剖检和新城疫红血球凝集试验阳性，初诊为新城疫，建议该场采取措施。可事后场长不相信，又到省畜牧局去化验，在未取得结果前又死亡400多只，故再次邀作者想想办法。

2. 病例诊疗经过

病鸡体温在43～44 ℃，精神沉郁，食欲减少或废绝，部分病鸡不愿走动，羽毛粗乱，缩头闭眼、勾头，翅膀和尾羽下垂，有的张嘴流涎，呼吸困难或发出“咯咯”声。尸体剖检100只死亡的雏鸡中有5只腺胃乳头明显出血，多数病死鸡嗉囊空虚，充满气体和黏液，肠黏膜有点状出血和岛屿状溃疡，盲肠扁桃体肿大、出血，直肠黏膜条状出血，粪便呈白色或黄绿色。个别呈现鼻腔、喉头、气管有污浊黏液外，黏膜多充血及小点状出血，肺脏多见明显的病理性变化。

治疗措施：

（1）按每千克体重肌内注射新城疫高免血清0.5毫升。

（2）饲料中按每只鸡0.5克量拌入“清瘟败毒散”进行饲喂。

（3）饮水中加入2%恩诺沙星自饮。

（4）彻底消毒，每日1~2次，消毒剂采用2%苛性钠溶液。

经过连续4天治疗，疫情基本获得控制。共死亡1 200只，死亡率高达33%。

3. 病例剖析与体会

（1）新城疫多发生在未经防疫的鸡群，特别是幼龄鸡，多为急性经过，死亡率高。该场抱着侥幸心理，这是失策之一。

（2）既然已经发生了严重疫情，场长主观认为已做过新城疫防疫，不会发生新城疫，又自认为是禽霍乱，进行紧急菌苗防疫。除措施不得力外，对专家又不太信任，只信任省检的化验结果，来往数日，是导致大批死鸡的原因之二。故建议采取“边诊断、边治疗、边预防”的措施，不要等待有化验报告单才进行处理。

（3）据该场兽医反映，他最初怀疑是新城疫，但因缺乏实践经验，不敢下结论，加上场长不太懂专业，怕上级追查责任，故一直不支持新城疫的诊断结果，而主观命令兽医按禽霍乱来处理。

二、某鸡场肉鸡大批发生马立克病

1. 病例基本情况

河南省某县某鸡场饲养多批肉鸡，共计6 800只，为18~49日龄。主诉：病鸡有的卧地不起或两肢一前一后呈现“劈叉姿势”，有的精神不振，少食，羽毛粗乱，垂翅，体重减轻。经当地兽医打针喂药效果不显著，邀作者现场诊治。

2. 病例诊疗经过

据场长介绍，因为习惯上肉鸡生长期较短，未接种过马立克病疫苗，仅接种过法氏囊疫苗及新城疫、H120二联疫苗。通过现场剖检，主要为马立克病神经型和部分内脏肿瘤型，没有发现眼型和皮肤型病鸡。由于本病一旦发生，临床上没有特效的治疗方法，故建议采取以下措施：

（1）将症状明显的病鸡，从鸡群中剔出，进行隔离饲养或淘汰。

（2）每日1~2次用2%苛性钠消毒液彻底消毒食槽和饮水器，及时清除粪便，进行堆积生物热发酵，并消毒地面。

（3）“清温败毒散”拌料防止继发感染。

3. 病例剖析与体会

（1）鸡马立克病是由疱疹病毒引起的一种难治的传染病。目前马立克病病毒分为 3 个血清型，即致癌性的血清Ⅰ型，非致癌性的血清Ⅱ型和血清Ⅲ型（火鸡疱疹病毒）。3 种血清型病毒的 DNA 有高度的同源性。

（2）本病的主要特征是末梢神经肿大，肢麻痹，虹膜、生殖腺、皮肤及内脏均受到损害，一旦发病，肉仔鸡废弃率增高，产蛋鸡产蛋量下降，后备母鸡死亡淘汰率升高。各型的症状特征如下：

①神经型。常见病鸡双腿呈“劈叉姿势”，臂神经受到侵害时，一侧或两侧翅下垂。病鸡有时扭头、仰头，形成大嗉子，张口无声喘息等症状。剖检发现末梢神经和植物神经水肿，纹理消失，比正常粗 2～3 倍，呈灰白色，以坐骨神经或臂神经粗肿更为明显。本型以雏鸡多发生。

②内脏型（肿瘤型）。病初无明显症状，逐渐消瘦，鸡冠萎缩，颜色变淡，羽毛粗乱；后期精神委顿，极度消瘦，最后衰竭死亡。通常内脏肿瘤以肝脏最明显，肿瘤扁平，黄白色，部分突起于肝表面，另一部分侵入肝实质内。本型以 40～90 日龄的鸡多发生，但应该与淋巴白血病（大肝病）相鉴别，淋巴白血病多发生于 160 日龄以上的鸡群，若要确诊，应进行病原的分离和鉴定。此外，肿瘤还可见于卵巢、心、脾及胃肠等处。

③皮肤型。仅见于病鸡翅、腿、颈、背部皮肤增厚，有结节或痂皮，毛囊周围有出血点，呈肿瘤状，作者曾见过某鸡场发生鸡马立克病皮肤型，但通常很少见到此型病例。

④眼型。虹膜正常色素消失，呈同心环状或斑点以至弥漫的灰白色。瞳孔开始边缘不齐，后期仅为针尖大小的瞳孔。此型更为少见。

（3）本病至今尚无特效疗法，接种疫苗是预防本病的主要措施。按规定，凡孵化场必须在雏鸡出壳后 12～24 小时接种火鸡疱疹病毒疫苗或液氮苗，接种疫苗后的 14 日龄内鸡舍还要做好卫生消毒工作，防止雏鸡接触到环境中的马立克病强毒。因为马立克病疫苗在接种后约到 14 日龄才能产生完全保护。此外，培育抗马立克病的品种鸡，也是减少本病发生的一条途径。至于肉鸡出壳后是否要注射本病预防疫苗，作者认为：虽然肉鸡很少发病，但在生产中像本场肉鸡发病的案例也曾多次见到过，故作者建议，防比不防好一些，因为本病尚无治疗方法，其经济损失也十分严重。因为发生急性马立克氏病时，50% 以上的鸡发病，死亡率可达 30% 以上；慢性经过时，死亡率可达 10% 左右，可持续几个月，如此导致的经济损失会更加惨重。

三、某种鸡场5 日龄雏鸡发生法氏囊病

1. 病例基本情况

河南某种鸡场从开封市某饲料公司管辖的孵化场一次性引进出壳 3 天的雏鸡 1 万只。回场后仅 2 天，突然病亡 380 只，由于引进的雏鸡计划培育后作为种用

蛋鸡。按规定，孵化场已注射过马立克氏病疫苗。基于雏鸡来场饲养时间短、病死率高，经该场兽医会诊，又不敢作出明确诊断，故带病鸡5只，死鸡20只来郑州牧业工程高等专科学校动物医院找作者诊治。

2. 病例诊疗经过

病鸡呈现羽毛逆立，无光泽，蹲缩不动或步态不稳，身体有时震颤，呈衰弱的状态。拉白色水样稀粪，体温43℃，皮肤干燥，脱水，饮水量增加，食欲明显减退。剖检死鸡，法氏囊（又称腔上囊）稍肿大，呈淡黄色，浆膜水肿，有的在法氏囊腔内有少量白色黏液或黄色胶样物，但未见出血变化，检查肌肉无出血斑点，胃肠未见出血病灶。随即摘取3只疑似有病的法氏囊，做“法氏囊病快速检测”呈阳性反应（检测液从广西农业科学院畜牧所购入），确诊为法氏囊病。

防控措施：

（1）无明显体征的“可疑健康群”接种法氏囊疫苗。

（2）有症状的病鸡注射法氏囊高免蛋黄。

（3）用消毒剂彻底消毒鸡舍、食槽。

（4）注意室内保温，加强饲养管理。

（5）根据该场要求出具诊断书与孵化场进行交涉，于翌日该场来人同意补偿200只小鸡，以减少损失。经5天防治后控制了疫情，又死亡20只。

3. 病例剖析与体会

（1）本病的病原，多数学者认为是法氏囊病毒所引起，属于呼肠弧病毒科的新群体，由双股核糖核酸组成，无类脂质囊膜，在电镜下见到感染细胞内的病毒呈晶格排列，20面立体对称，病毒粒子直径为55～60毫微米。

（2）本病一般认为只感染鸡（但据报道，个别地区曾见雏鸭发病），多发生于3～6周龄的雏鸡。本病例只有5日龄，从肉眼观察和剖检变化不易确诊，因为日龄太短，但查有关资料介绍并配合“法氏囊病快速检测”呈阳性反应，确诊为本病是毫无疑义的。

（3）本病的特征是幼年雏鸡突然发病，来得急，消失快，病程多在1周左右，潜伏期2～3天，感染率为80%～100%，死亡率为0%～36%。不同品种鸡对本病毒的易感性不同，来航鸡较易感染。鸡感染后，排毒可达3周以上。

（4）通常对本病的诊断并不困难，仅从剖检病灶就可确定，典型的变化为法氏囊肿大，法氏囊腔内可见黏膜皱褶平展，轻者有黄色胶胨样物或有出血点、斑，或者奶油状物或黄色干酪状物栓塞，个别出血严重者，法氏囊呈“樱桃”红紫色。但感染4天后法氏囊开始萎缩，此时呈白陶土样外观，逐渐黄色化，5天后法氏囊明显萎缩，为正常法氏囊的1/10～1/5大小，此时呈蜡黄颜色。此外，病鸡除法氏囊发生病变外，病鸡的腿部、腹部及胸部肌肉常见出血条纹或出血斑，胸腺肿，多见出血。肾肿，褐红色，有时见尿酸盐沉着。腺胃的乳头周围常充血，有时出血。腺胃与肌胃交界处常见出血斑，盲肠扁桃体常肿大、出血。泄殖腔黏膜常见出血（早期感染）。大鸡不患本病，因为 150 日龄后，法氏囊已退化。

（5）法氏囊为中枢免疫器官，一旦发病，抗体生成受阻，抗病力明显下降，对多种病原的易感性增强，特别重要的是可因此造成免疫抑制，使有效的鸡新城疫疫苗、鸡马立克氏病疫苗的效力明显下降或失去免疫效果，从而降低鸡对多种病毒感染的防御能力。

四、雏鸡暴发传染性脑脊髓炎

1. 病例基本情况

郑州市柳林镇某养鸡场，饲养罗曼品种雏鸡 2 800 只，已 30 日龄。近日突然暴发传染病，基本全群发病，并已死亡 235 只，病鸡少食或拒食，勾头、转圈，死鸡已深埋于村外。今日拿来 20 只病鸡，30 只死鸡，邀作者诊治。

2. 病例诊疗经过

（1）病鸡轻者呈现脚软，姿势异常，步态不稳，食欲减少；重者拒食、勾头，呈 45°～180°，不自主地转圈，转圈前先后退，然后旋转几周后突然倒地，不再起立，如果将倒地的病鸡扶起站立，停 1～2 分钟又开始转圈，倒地后多因饥饿或体弱、瘫痪、衰竭而死亡。

（2）剖检死鸡发现病变不明显，有的可见胃的肌层中有灰白区，有时见有脾脏增生性肿大及轻度肠炎，脑膜充血、脑水肿。

（3）诊断：未做病原学检查，仅根据病鸡的日龄较小，急性暴发，症状和剖检情况，初诊为传染性脑脊髓炎。

（4）防治措施：①彻底消毒鸡舍、食槽。②由于目前尚无特效疗法，作者试用鸡 α－基因工程干扰素（商品名为速亿健），每瓶 5 毫升，用于 1 000 羽，加入水中自饮，每日 1 次，连用 3 天；中成药“清瘟败毒散”每袋 250 克，加入 50 千克饲料中，混匀内服，每日 1 次，连用 3～5 天。通过 5 天治疗，共死亡 800 只，痊愈 2 000 只，死亡率 27.3%。

3. 病例剖析与体会

（1）禽传染性脑脊髓炎是一种主要侵害雏鸡，以雏鸡运动失调和快速震颤（头颈部明显）为特征的传染病。病原是禽传染性脑脊髓炎病毒。各分离毒株在血清学上无差异。

（2）禽传染性脑脊髓炎病毒可通过与易感鸡接触而发生水平感染，同时本病毒也可垂直传播。发病率随着感染雏鸡日龄的增大而降低。1 月龄内雏鸡发病率较高。感染的鸡胚，雏鸡体弱，多不能啄破蛋壳而孵出，即使孵化出来，也常发育不良，在 7 日龄以内多出现两脚无力、头部震颤、步态异常。病鸡不能充分采食和饮水，体重减轻，生长迟缓以至衰竭或发生瘫痪，最后死亡。成鸡感染后一般不出现雏鸡样症状，可能表现暂时性产蛋量下降（5%～10%），种蛋孵化率下降。雏鸡发病率一般为20%～60%，死亡率平均为25%左右，高的可达50%。

（3）临床上发生勾头的病鸡，常见于新城疫、传染性脑脊髓炎和维生素E缺乏症（脑软化症），三者的区别点是：

①新城疫：拒食，多见于病后呈现后遗症时有勾头症状，一般很少转圈，体温升高。

②传染性脑脊髓炎：拒食，不自主地先后退随即转圈，体温升高。

③维生素E缺乏症：如果将勾头鸡的喙朝下，可以采食，体温正常，通常不见转圈症状。

（4）本病可根据特有的转圈症状做出初步诊断，但要确诊还需进行病毒的分离鉴定和血清学检查。

（5）本病尚无特效疗法，应以预防为主，种母鸡应在8周龄后及离开产4周前接种禽传染性脑脊髓炎灭活苗或弱毒苗，可使雏鸡获得对本病的保护。

（6）作者曾遇到过河南省兰考县送来诊治的成年产蛋鸡罹患本病。主诉：该养鸡场饲养蛋鸡800只，近月来出现双目失明，不能自主采食，慢慢消瘦、饥饿死亡的鸡已达25只，经作者肉眼观察，成年产蛋鸡是由于罹患了本病，与雏鸡不同，仅见眼球呈现白内障而导致失明。目前用药物治疗不可能使白内障消除，其处理方法：一是淘汰；二是人工单独喂养可保持生命，还可能继续产蛋；三是按中兽医土单方，采用夏枯草、蝉蜕煎剂饮水可能有一定疗效，但不易根治。

五、仔鸡患盲肠球虫病

1. 病例基本情况

郑州市姚桥乡某鸡场喂养43日龄仔鸡2 000只，近几天来几乎80%的鸡粪中带血，即送到郑州牧业工程高等专科学校动物医院病鸡5只，病死鸡6只找作者诊治。

2. 病例诊疗经过

（1）经询问，该畜主说：他第一次饲养仔鸡，未给仔鸡服过抗球虫药物。

（2）检查病雏，表现精神委靡，食欲减退或废绝，羽毛松乱，两翅下垂，渴欲增加，嗉囊内充满液体，鸡冠和可视黏膜苍白、贫血。排泄物带血或血便。泄殖腔外围的羽毛因排泄物污染而粘连在一起。其中1只病雏痉挛，另1只呈昏迷状态。

（3）剖检：两侧盲肠显著肿胀，外观呈暗红色，浆膜面有针尖大到小米粒大的白色斑点和散在的小红点。盲肠黏膜增厚，上有小出血点和白色斑点。盲肠腔内充满新鲜或凝固暗红色血液。随即刮取盲肠黏膜涂在载玻片上加入50%的甘油水溶液1滴，调和均匀，加上盖玻片，滴香柏油镜检，发现了裂殖体和裂殖子，故确诊为柔嫩艾美耳球虫病，俗称盲肠球虫病。

（4）防治措施：

①全群用磺胺氯吡嗪钠，每升饮水中加入1.5克，充分溶解后连续饮用3天。

②彻底消毒鸡舍、食槽。经过5天治疗后，病鸡基本康复，粪中不见血便。

3. 病例剖析与体会

（1）鸡球虫病是一种最常见的寄生性原虫病，15～50日龄的雏鸡发病率最高，如不及时治疗，死亡率可高达80%以上。即使病愈也影响鸡的生长发育，对养鸡业造成巨大损失。

（2）目前世界上公认的鸡球虫有8种，其中致病作用最强的是柔嫩艾美耳球虫，即盲肠球虫，主要侵害盲肠。另一种以侵害小肠为主，包括毒害艾美耳球虫、堆形艾美耳球虫和巨型艾美耳球虫，均可引起粪中带血，还有其他4种，其致病力很弱。

（3）雏鸡通常发病时呈现急性型，而成鸡多为慢性型，且病程较长，多见于4～6月龄的鸡。成鸡患病后逐渐消瘦，有的足和翅出现轻瘫，产蛋量减少，偶见下痢或血便。

（4）鉴别诊断：

①小肠型球虫病：卵黄蒂前后的肠道高度肿胀或气胀，肠壁增厚，上有许多白色斑点和出血斑，肠腔内充满橙黄色黏液或纤维素块。

②组织滴虫病即俗称的黑头病、盲肝炎。它与盲肠球虫病的最大区别点是：盲肠虽然肿胀、出血，也有便血症状，但盲肠病灶多为一侧性，特征是在盲肠内有长柱状的干酪样物质，成型不易自碎，如用手捏碎则质地较脆。

（5）防治球虫病的药物很多，通常均有一定疗效，按临床经验，三字球虫粉、20%安保乐水溶性粉、磺胺二甲嘧啶、百球清、地克珠利等也有较佳疗效。在预防本病时，可用上述药物的预防量，拌入饲料中或饮水中（必须用水溶性粉剂）连续饲喂10天，然后停药5天，再更换另一种抗球虫药，因为球虫对长期使用1种抗球虫药物会产生抗药性，故应特别警示。

六、大批产蛋鸡发生卵黄性腹膜炎

1. 病例基本情况

河南某县卫贤乡某蛋鸡场喂养罗曼品种的母鸡5 000只，为280日龄，饲养场地为旧工厂的一个大厂房，以地上平养方式，用几十个网栏分隔成几十个鸡群，鸡舍中央有一狭窄通道，鸡舍无窗户，只有一个大门和一个后门可与外界相通，饲养条件很差，两个网栏之间均设有食槽及水槽，供自由采食和饮水，栏网约1米高，有时个别鸡飞跨网栏并不太困难。由于粪便清除困难，每日拉土填盖粪便，从不打扫，也不消毒。自上一年11月开始至翌年4月，垫土已高达1米。主诉：近2个月来，鸡群采食量减少，产蛋率已下降到28%，每日死鸡8~15只，从外观观察未发现明显的病态表现，曾请当地兽医看过病，但无明显疗效，至今共死亡278只，畜主才派人来郑州邀请作者到现场诊治。

2. 病例诊疗经过

（1）作者一进入鸡舍，就有走在弹簧钢丝床上的感觉，因为舍内填土多，地面较紧韧。检查鸡群，精神尚好，体温正常，部分鸡只腹围增大，下腹部更为显著，鸡卧多立少，羽毛粗乱，冠髯淡红色，粪便呈黄绿色或黄白色，个别有水样便。剖检6只病死鸡，输卵管增厚，腹膜有纤维素性渗出物，腹腔液增多，严重者输卵管破裂，腹腔内充满黄色液体或破裂卵黄，整个腹腔内容物，特别是内脏、肠管相互粘连，好似一个大的内脏团块。根据剖检和症状及实验室检验，确认为大肠杆菌引起的卵黄性腹膜炎。

（2）防治方法：

①迅速将鸡舍两侧墙壁各打开6个大墙洞作为临时窗户，外挂草帘，可自由开启，既可调节气温，又能通风以排出脏气。

②将舍内积存的粪土一次性清除，由于运送困难，将粪土用铁锨铲起后从窗洞甩出屋外，粪土清扫后用消毒液彻底消毒，再填干净土。

③淘汰部分症状明显、无生殖能力的病鸡，剩下的疑似健康鸡每日用2%恩诺沙星或头孢肠泰上午饮水，连饮3~5天。饲料中以75千克料中加入1包250克的“清瘟败毒散”中成药，连喂3~5天，经过10天防治，又死亡38只，其他鸡群采食量增加，产蛋率已上升到50%以上。

3. 病例剖析与体会

（1）大肠杆菌病是一种最常见的细菌性传染病。病原经革兰染色呈阴性。是一种无芽孢的卵圆形的杆状细菌，临床上主要危害雏鸡，其症状表现与成年鸡不同，如雏鸡脐炎、肠炎等。如为育成鸡或成年鸡多见心包炎、肝周炎、气囊炎、关节滑膜炎、咽炎、输卵管炎和腹膜炎等为主要病理变化。雏鸡发病率可高达30%~60%，病死率在90%以上。鸡群饲养密度过大，天气过冷过热，空气污浊，饮水不洁，饲料用具及环境消毒不彻底，营养不良及各种应激因素等，都能促使本病的发生和流行。本案例完全符合上述诱发条件，特别是通风条件差，粪土堆积如山，很适合大肠杆菌的滋生与繁衍。

（2）本病例为成年产蛋母鸡感染了大肠杆菌导致的输卵管和腹膜炎型。但雏鸡、育成鸡的具体症状与成年鸡不同，可分为以下类型。

①雏鸡脐炎型。多见于蛋内或刚出壳后脐带口发炎，脐孔闭合呈蓝黑色，有刺激性臭味，卵黄囊不吸收或吸收不良；病雏鸡虚弱，常堆挤在一起，水样腹

泻，腹部膨大，死亡率在 90% 以上。

②气囊炎型。咳嗽、甩鼻、呼吸困难、消瘦；气囊混浊增厚，表面有纤维素性渗出物被覆，呈灰白色，并由此继发心包炎和肝周炎，心包膜增厚，心包积液、混浊；肝肿大，被膜增厚，被膜下有散在出血点或坏死灶。

③关节滑膜炎型。多见于肩、膝关节。翅下垂，不能站立或行走困难，关节、肌腱稍肿，剖检见黄色积液。

④眼炎型。多为一侧性，眼睑肿胀，闭眼，流泪，视力下降或失明，眼结膜充血、出血。眼房液混浊、虹膜变形。

⑤肉芽肿型。此型在病死鸡生前无特征性症状，主要以肝、十二指肠、盲肠系膜出现典型的针头至核桃大小的肉芽肿和肠粘连不能分离为特征。

⑥急性败血症型。肠浆膜、心外膜、心内膜有明显的小出血点，肠壁黏膜有大量黏液，脾肿大数倍，心包腔有多量浆液。

（3）防治措施：

①氨苄青霉素钠，饮水给药，每升水 50～70 毫克，或每升水氨苄青霉素钠 50 毫克、盐酸环丙沙星 25 毫克，连续饮用 3～5 天。

②硫酸庆大霉素，饮水给药，每升水 50～100 毫克，连续饮用 3～5 天。

③痰喉净、阿奇霉素、罗红霉素、甲砜霉素、慢呼宁，可任选一种，每日上午或下午饮用 1 次，连用 3～5 天，个别病重鸡可注射链霉素、金百威、酚塔西林、卡那霉素，均有很好的疗效。

七、产蛋鸡患结核性“珍珠肺”

1. 病例基本情况

河南省某县某蛋鸡场喂养产蛋鸡 820 只，为 270 日龄。主诉：1 个月来，产蛋率由 85% 日渐下降至 41%；饲养条件未改变，但采食量却比以前减少 10% 左右，精神尚好，未见死亡现象。

2. 病例诊疗经过

（1）肉眼视诊：鸡群精神一般，采食尚好，其中一部分鸡不太活泼，精神委顿、衰弱，营养不良，体重减轻，有的胸部肌肉明显萎缩，胸骨凸出如刀，羽毛粗乱，冠髯淡红色；极个别鸡呼吸粗厉，一足或两足跛行或有下痢症状。

（2）剖检观察：急宰 5 只症状较明显的病鸡，主要见到肺脏生成一种灰白色或黄白色的肿瘤状结节，结节的大小不一，小的只有针头大小，大的可达豌豆大或更大些，将结节切开，可见结节外面包裹一层纤维组织性的包膜，里面充满一种黄白色干酪样物质，结节多少不一，多时满布整个肺脏。肝和脾的体积肿胀，比正常增大 1～3 倍，肝表层也有不少结节性肿瘤状物，但肠壁和腹壁上结节数量较少，在骨骼、卵巢等处也有散在的灰白色结节状突起。

（3）涂片检验：采集病鸡的肺、肝、脾组织制成触片，火焰固定后用石炭酸复红染色液作抗酸性染色，在油镜下观察到染红色的结核杆菌。

（4）诊断：根据临床症状、化验结果及剖检病灶中有干酪样的肿瘤状结核结节，确诊为禽慢性结核病。由于结核结节主要在肺脏多见，故俗称结核性“珍珠肺”。

（5）防治措施：

①应用结核菌素作全群普查，把鸡头保定，用1支1毫升的注射器，吸取少量结核菌素，在鸡的一侧肉髯皮内注射0.03～0.05毫升，另一侧留作对照。注射后48小时观察反应。凡呈阳性反应的鸡，在注射部位的肉髯皮肤局部发生水肿，厚度比正常增加1～5倍，颜色变苍白，与红色的正常肉髯很容易区别。经过48小时之后，肿胀即逐渐减退，通常在5天之内消失。

②根据检疫结果，呈阳性反应的鸡128只，进行隔离饲养，反应严重的病鸡一律淘汰，屠宰后有病变的脏器，集中深埋、消毒，肉品高温煮沸后可以食用。

③每只鸡按8万单位链霉素加入饮水中内服，每日1次，连用15天。雷米封按每只鸡1/4片，碾碎，加入日粮中内服，每日1次，连用15天。

④鸡舍和一切用具进行彻底清洗消毒，将地面粪土清除后，用生石灰覆盖一层，建议再用干净土覆盖。在鸡群2年后全群淘汰，如再喂蛋鸡，在有条件的情况下可另辟新的场地，建立无结核病的健康鸡群。

3. 病例剖析与体会

（1）结核杆菌分为禽型、牛型和人型三种，禽型在家禽中以鸡的易感性最高，火鸡、鸭、鹅和鸽也都能感染结核病，但并不严重。禽型结核杆菌也能感染猪和牛，但人尚无感染发病的报道。

（2）结核杆菌属革兰阳性菌，由于菌体含蜡状物质，用革兰染色法不易着色，用抗酸染色法可染成红色。本病主要是通过病鸡粪便或呼吸道分泌物而传染的。结核病的潜伏期很长，为2～12个月，疾病的发展很慢，早期感染看不见明显症状，因而在鸡群中不易被发觉。等到疾病发展到一定程度时，才表现出明显的症状。剖检的特征主要呈现脏器表面有肿瘤状的结核结节。曾有人做过统计，260只结核病病鸡的各器官的结节出现率为：肝脏占77%，肺脏占44%，脾脏占43.5%，肠道占11.5%，盲肠占4%。

八、鸡硬嗉症

1. 病例基本情况

河南省某县某农场，将一个大礼堂分成两部分，一小部分隔离喂养500只45日龄的小肉鸡，另一大部分作为职工食堂。每日早晨和晚上，在职工用餐后将鸡放出，采食职工丢弃的饭菜，可节省饲料，也增加了活动空间。主诉：喂养1个多月后，小鸡不断出现问题，有的精神不好，有的不食或少食，有的张口呼吸，已死亡35只，故请作者来场诊治。

2. 病例诊疗经过

经抽检病鸡，体温正常，采食中，可见到有的少食或不食，精神委顿，不少鸡只嗉囊扩大，用手触摸感觉坚硬，内含多量异物，极少部分鸡呼吸粗厉或张口呼吸，冠髯发暗、发紫，初步统计有症状的鸡只达93只，随即剖检3只；发现嗉囊内有蒜片、绳头、塑料绳等异物，其他脏器无明显病理性变化，故确诊为“硬嗉症或称嗉囊阻塞”。

根据症状轻重，采取如下防治措施。

（1）停止将鸡群放出，在食堂内放置多个塑料桶，职工可将丢弃的剩菜剩饭倒入桶内，再喂小鸡。礼堂内应加强卫生、消毒工作，不堆放鸡群易采食的食品或杂物。

（2）治疗方法：重点应清除嗉囊内的积食。

①轻度阻塞可喂给植物油0.5～1毫升，重者可喂服或直接向嗉囊内注入花生油或液体石蜡油2毫升。

②水洗法。用温盐水或清水注入嗉囊内，使其头朝下，轻揉嗉囊，把积食和水一起挤出。

③嗉囊切开术。如果积食过多或过硬，或有硬固异物，上述方法难以排除时，可切开嗉囊，取出阻塞物。操作方法很简单，首先用手拔掉嗉囊外皮肤上的羽毛，用手术刀或剃须刀片切开皮肤，钝性分离出嗉囊，然后切开嗉囊一个小口取出全部内容物，再用注射器吸清水冲洗，用缝针、缝线缝闭嗉囊创口，再次缝合皮肤切口。通常创口3～5天即可愈合。此外，由于鸡的体温较高，不易被化脓菌感染，故手术中不必要消毒，不必打局麻药，用缝衣针、线也可进行缝合术。

3. 病例剖析与体会

本病以雏鸡多发，农村散养的鸡发病率较高，农村收麦、收秋时，要晒干粮食，又怕乱跑的邻居家的鸡偷食，甚至作者见到有人用农药拌粮粒，放在晒粮食的周围地区，极易导致本病发生或食物中毒事故。当今集约化养鸡，饲养条件和环境良好，一般不会发生本病，但有时本病会发生在饲喂发霉变质的饲料，有啄羽癖的病鸡。如果日粮配合不当，缺乏维生素和矿物质也可诱发本病。因此，在预防本病时需注意提供全价配合饲料，不喂霉败饲料，并要求饲料中纤维素的含量雏鸡不应超过3%，成鸡不超过5%为宜。

九、肉仔鸡嗉囊扩张下垂症

1. 病例基本情况

河南省汤阴县某肉鸡饲养专业户，共喂肉仔鸡3 000只，均为40日龄。作者在检查学生实习基地时，据学生反映：青年鸡场里肉仔鸡中有 30 多只鸡嗉囊特别大，有的扩张下垂到病鸡在站立时嗉囊几乎与地平面相距甚近，学生们多次给予消食、健胃中、西药物治疗均无效果，想不出还有什么更好的方法来解决这个难题。

2. 病例诊疗经过

首先将病鸡挑出来集中饲养，观察到病鸡体温正常、精神欠佳，采食、饮水减少，但不停食，卧多立少，站立时嗉囊明显扩大、下垂，用手触摸嗉囊，内容物柔软，均为饲料，没有异物，有的鸡有少量气体、液体或沙砾。其他未发现明显异常的体征变化，故确诊为嗉囊扩张症。

治疗方法：本病无特殊的办法，通常只能采用外科手术切除多余扩大的嗉囊，但按经验，复发率较高 ，决定切除整个嗉囊，切口缝合后，使饲料直接进入胃内（因为嗉囊是食管的扩张部分，切除后对消化机能影响不太大）。手术方法很简单。首先用手拔掉嗉囊区皮肤上的羽毛，消毒后用手术刀片或剃须刀片切开皮肤 3～4 厘米，用双手钝性分离皮肤，暴露出扩大下垂的嗉囊，先切一小口，排出内容物，然后用手术剪顺食管方向，剪除整个嗉囊部分，冲洗、消毒创部，采取先连续缝合法，后内翻缝合法闭锁切口，术部用 75% 酒精消毒，并同时切除多余的皮肤，将新创口进行结节缝合，涂 2.5% 碘酊。术毕后禁食干饲料，给予流汁饲料，如麦麸粥或玉米粥。3 天后恢复正常饲喂方法。

3. 病例剖析与体会

（1）嗉囊疾病包括软嗉症、硬嗉症及嗉囊扩张症。嗉囊扩张症临床上很少发生，多见于肉仔鸡。在家禽及特禽中，只有一种观赏鸽——胸鸽，正常就有一个较大的嗉囊，这不是疾病，其他鸽种的嗉囊却极不发达。鸭、鹅的嗉囊也不明显。

（2）肉仔鸡一般饲养期为 50～60 日龄后可以出栏食用，发生嗉囊扩张下垂的原因多见于采食量过多，长期积食，导致嗉囊内食物腐败和发酵（如饲料品质不佳、霉败变质时易发生），嗉囊经常充盈、囊壁组织弹性下降，直至神经麻痹，引起严重的扩张、下垂，用药物疗法毫无效果。本案例采用切除整个嗉囊，一则不会发生意外或复发现象，也不会影响肉仔鸡的消化功能和生长发育。

十、鸡盲肠肝炎（组织滴虫病）

1. 病例基本情况

河南省原阳县某养鸡场送病鸡 5 只、病死鸡 6 只来到郑州牧业工程高等专科学校动物医院请作者诊治。主诉：该场共饲养“三黄鸡”幼雏 3 000 只，已 65 日龄，现有病鸡 280 只，病死鸡 8 只。主要表现为日渐消瘦，采食量下降 15% 左右，腹泻、个别粪中带血。当地兽医认为患鸡得了大肠杆菌病，给予恩诺沙星，庆大霉素饮水 3 天，但毫无效果。

2. 病例诊疗经过

（1）检查病鸡，体温正常，表现精神倦怠，翅下垂，羽毛粗乱、无光泽，闭目缩颈，食欲不振或厌食，腹泻，粪便呈淡黄绿色，有泡沫，其中 1 只病鸡粪中带血、有臭味。病鸡消瘦，体重下降。

（2）剖检病鸡：发现病变主要局限于盲肠和肝脏。一般多见一侧盲肠发生病变，有 1 只病死鸡为两侧盲肠同时受侵袭。盲肠肿大，肠壁肥厚、坚实。剖开盲肠，腔内容物干燥、坚实，变成一段长圆柱状的干酪样的凝固肠芯，质地较脆。肠芯横切面呈同心层状，中心是黑色的凝固血块，外面包裹着灰白色或淡黄色的渗出物和坏死物质。盲肠黏膜发炎、出血并形成溃疡，其表面附着干酪样坏死物质。有 1 只病鸡溃疡已深达肠壁而穿孔，引起了腹膜炎。

肝脏肿大，表面出现淡黄色或淡绿色圆形或不规则形，中央稍凹陷，边缘隆起的坏死病灶。病灶有针尖大，也有黄豆大，甚至小指头大，散在或密布于整个肝脏表面。根据剖检特征，确诊为盲肠肝炎（组织滴虫病）是毫无疑义的。

（3）防治措施：

①加强卫生工作，彻底消毒，隔日 1 次。

②全群采用甲硝哒唑，按 0.06% ~0.08% 的比例混入饲料中，连喂 5 天。

③中成药“盲肝灵”按每包 250 克，加入 50 千克饲料中，连喂 5 天。喂药方法可将中、西药物轮日内服 1 次，效果甚佳。经过 5 天的防治，病情基本得到控制。

3. 病例剖析与体会

（1）本病是由组织滴虫属的火鸡组织滴虫寄生于鸡、火鸡的盲肠和肝脏中而引起的。2 ~4 月龄的鸡多发，成年鸡也能感染，但病情轻微，有时不显症状。本病多发生于夏季，卫生条件差的平养鸡场常发生流行。

（2）通常可根据特殊的病理变化确诊。也可检查病原但难度较大，其操作方法是将病鸡盲肠肠芯与肠壁之间刮取少量样品置载玻片上，再加入少量加温（37 ~40 ℃）的生理盐水混匀，加盖玻片后立即在 400 倍显微镜下检查。

（3）由于鸡异刺线虫（又称盲肠线虫）卵能携带组织滴虫，故定期给鸡群驱除盲肠虫，对预防本病有重要意义。盲肠虫呈细线状，白色，雄虫长 7 ~13 毫米，尾端尖细，雌虫长 10 ~15 毫米，尾部细长。虫卵椭圆形，灰褐色，壳厚，内含单个胚细胞。

（4）组织滴虫是一种很小的原虫，有两种存在形式：一种是组织型原虫，寄生在细胞里面，虫体呈圆形或卵圆形；另一种是肠腔型原虫，出现在盲肠的内容物中，具有一根鞭毛，能做节律性的钟摆状运动。单胞虫随着粪便排出体外，可生存 15 天，当原虫包藏在盲肠虫的虫卵里面而排出体外时，可生存 6 个月以上，如果蚯蚓吞食了土壤中的虫卵和幼虫，又被健康鸡误食，也可使幼鸡感染发病。

（5）“盲肝灵”是由郑州牧业工程高等专科学校兽医研究所研制，河南三叶动物药业有限公司生产的产品，其药效比一般抗原虫药物疗效更佳。

十一、鸡痘

1. 病例基本情况

郑州市柳林镇某养鸡场饲养罗曼鸡2 300只，其中30日龄雏鸡1 500只，成年产蛋鸡800只，曾接种过新城疫、法氏囊、传染性支气管炎、传染性喉气管炎疫苗，尚未接种过鸡痘疫苗。开春后大小鸡均发生了“痘疹”，成年鸡采食稍减少，产蛋率下降5%左右，仔鸡除皮肤无毛区、冠、髯上有米粒至绿豆大小的灰白色小疙瘩外，部分仔鸡口腔黏膜上也有白色小疙瘩，食欲明显下降。已死亡仔鸡52只，邀作者出诊诊治。

2. 病例诊疗经过

（1）根据经验，病鸡如呈现上述临床症状时就可以确诊为鸡痘。表现为三个类型，即皮肤型、白喉型和混合型。成鸡主要患皮肤型，仔鸡主要为混合型。其中仔鸡的发病率和病死率比成年鸡要高得多。

①皮肤型：特征在身体的无毛部分，特别是冠、肉髯和眼皮上生成一种灰白色的小结节，小结节是由局部皮肤的表皮和羽囊上皮发生增生而形成的。有的小结节很快增大并和邻近的小结节互相融合，形成干燥、粗糙，呈棕褐色的大结节并突出在皮肤表面，将结痂剥去，皮肤上就露出一个出血的病灶，多数结节经过1~2周逐渐脱落，留下一个平滑的灰白色疤痕。

②白喉型：病变主要在口腔、咽喉及食管上部，在黏膜上生成一种黄白色的小结节，稍稍突起于黏膜表面。有的结节互相融合形成一层黄白色干酪样的假膜，覆盖在黏膜上面。这层假膜是由坏死的黏膜组织和炎性渗出物凝固而形成的，很像人的“白喉”。将假膜撕去，见其表面露出一个红色的出血溃疡病灶。

③混合型：患鸡痘的病鸡，除了皮肤和口腔黏膜的典型病灶外，其他器官未见明显变化。

（2）防治措施：

①鸡痘结痂时用镊子小心剥离下来，伤口涂擦碘酊或紫药水。最好涂擦50%碘甘油（2.5%碘酊1份，甘油1份）。

②白喉型鸡痘的口腔黏膜部分的假膜斑块，用小刀剥离掉，黏膜伤口涂敷碘甘油。

③鸡α-基因工程干扰素，每5毫升加入水中给1 000羽鸡群饮用，每日1次，连饮3~5天。

④彻底打扫卫生，每隔日消毒鸡舍、食槽和水槽2次，共连续消毒3~5天。

3. 病例剖析与体会

（1）鸡痘是一种高度传染性的疾病，病变的特征是皮肤的表皮和羽囊上皮发生增生和炎症过程，上皮细胞内出现具有特异性的包涵体，最后形成结痂脱落；在口腔和咽喉黏膜上可以形成纤维素性坏死性假膜。

（2）鸡痘病毒直径约 0. 25 微米。在病变的皮肤表皮细胞和感染鸡胚的绒毛尿膜上皮细胞的细胞浆内，可见到一种卵圆形至圆形的包涵体，直径可达 5 ~ 30 微米，比细胞核还要大。皮肤结痂脱落后，其毒力可保存数月之久。这是传播病毒的重要来源。鸡、鸽、鸭、鹅均可被感染。其潜伏期大鸡为 4 ~ 10 天。

（3）本病由于无特异性疗法，只能对症治疗，故预防接种显示其重要作用。通常采用鸡痘的弱毒疫苗是安全可靠的，它适用于初生幼雏和不同年龄的鸡，以刺种法为主，可用钢笔尖或大号缝衣针数枚，用细线拴成束状，蘸取疫苗，刺种在鸡的翅膀内侧无血管处的皮下。每只鸡刺 1 次，疫苗的稀释倍数应根据鸡的年龄而定：1 ~ 15 日龄幼雏为稀释 200 倍；15 ~ 60 日龄雏鸡为稀释 100 倍；2 ~ 4 个月龄鸡为稀释 50 倍，通常在雏鸡接种鸡新城疫Ⅱ系疫苗时，同时刺种鸡痘疫苗。在刺种鸡痘疫苗后 1 周左右，可见刺种处皮肤上产生绿豆大的小疱，以后逐渐干燥结痂而脱落。如果复查刺种部位不见反应，必须重新刺种疫苗。

十二、雏鸡维生素 E ——硒缺乏症

1. 病例基本情况

河南省某县某养鸡场饲养 20 日龄肉仔鸡 2 500 只。主诉：近几天来，雏鸡不断出现勾头，行步不稳，腹部皮下有古铜色的阴影区，最后因饥饿、消瘦、衰竭而死亡，现有病鸡 820 只，已死亡 38 只，故带来病鸡及病死鸡各 10 只到郑州牧业工程高等专科学校动物医院邀作者诊治。

2. 病例诊疗经过

根据主诉、症状和剖检变化，初诊为维生素 E——硒缺乏症，临床表现可归纳三种不同情况。

（1）脑软化症状：病鸡呈现运动共济失调，头向后方或下方弯曲，勾头的角度多为 45° ~ 180°。有时是向一侧扭曲，两腿呈有节律性的痉挛，但翅膀和腿并不见完全麻痹，最后因无法采食、饥饿、衰竭死亡。剖检时主要病变在小脑，其次是大脑和中脑。小脑发生软化和肿胀，脑膜水肿，小脑表面有散在性小出血点。部分病死鸡脑内可见到一种呈黄绿色、混浊的坏死区。

（2）渗出性素质症状：除发生维生素 E 缺乏症外，也同时缺乏微量元素硒，病鸡呈现皮下组织水肿（这是由于毛细血管壁的通透性增高的缘故，所以称做渗出性素质）。部分严重的病例，因为腹部皮下蓄积大量液体，病鸡站立时两腿远远叉开。用针头刺破皮肤可流出淡绿蓝色的黏性液体，病鸡的胸部和腿部肌肉及

肠壁有轻度出血，有些血液崩解的成分混入水肿液中，因而使水肿液具有淡绿蓝色的外观，好似古铜色的阴影区。病鸡的心包腔积液和扩张，从而导致病鸡突然死亡。

（3）肌营养不良症状：幼鸡除维生素 E 缺乏外同时伴有含硫的氨基酸缺乏，病鸡剖检时发现肌肉的营养不良，特别是胸肌。观察肌肉有灰白色的条纹，俗称为“白肌病”。是由于肌纤维束发生变性和凝固性坏死所造成的。肌肉的色泽苍白、贫血，有的病死鸡的肌胃和心肌也出现肌营养不良。病鸡在生前全身衰弱，运动失调，无力站立，最后导致死亡。

3. 防治措施

（1）使用“维生素 E——硒”粉，每袋250 克，按说明书用量，连续拌料饲喂5 ~7 天，同时在饲料中添加0. 2% 的蛋氨酸及0. 5% 植物油拌入饲料中内服。适用于全群健雏和病雏的防治。

（2）病情较严重的可用市售的0. 1% 维生素 E——亚硒酸钠注射液饮水，每瓶10 毫升，供1 000 羽幼雏自饮，每日1 次，连用5 ~7 天。

（3）特别严重的病例可用0. 1% 亚硒酸钠注射液经肌内注射，每千克体重0. 1 毫升，每日1 ~2 次，连用2 ~3 天。

通过5 天的防治，病鸡的病情基本获得控制。共死亡病鸡67 只。

4. 病例剖析与体会

（1）本病是由于家禽，特别是雏鸡、雏鸭多见的一种体内缺乏维生素 E 或硒，或同时缺乏某种含硫氨基酸（如胱氨酸、半胱氨酸、蛋氨酸）所引起的营养代谢性疾病。

（2）维生素 E 在家禽营养中的作用是多方面的，它不仅是正常生殖机能所必需的，而且还有以下作用：

①维生素 E 是一种最有效的天然氧化剂，对于饲料中的重要成分如脂肪酸和其他高级不饱和脂肪酸、维生素 A 和维生素 D、胡萝卜素及叶黄素等具有可靠的保护作用，能够预防脑软化症。

②根据体内生化循环规律，维生素 E 与硒的作用之间存在着一种特殊关系，通常维生素 E 缺乏时，则硒就缺乏，因此，维生素 E 能够协同防止雏鸡的渗出性素质。

③维生素 E 与硒及氨基酸之间也存在着密切关系，能够协同防止雏鸡的肌营养不良症。

（3）成年鸡特别是母鸡缺乏维生素 E 时，看不到明显症状，仍能产蛋，不过鸡蛋的孵化率显著下降，往往孵化到第4 天胚胎即行死亡。公鸡易引起睾丸的退行性变，生殖机能减退。

（4）维生素 E——硒缺乏症的常见原因：

①饲料中维生素 E 含量不足或饲料储存时间过长，受日光过度照射，维生素 E 被大量破坏。

②饲料中不饱和脂肪酸含量高，并与维生素 E 结合，降低了饲料中维生素 E 的活性。

③家禽肝功能障碍、消化道疾病等造成维生素 E 吸收不良，均可导致维生素 E 缺乏症。硒的缺乏常因饲料原料产地为低硒地区及饲料加工过程中添加硒不足造成的。

④维生素 E 的需要量增加。

⑤饲料营养成分不全或搭配不当。

十三、蛋鸡产蛋率正常但经常腹泻

1. 病例基本情况

河南省滑县某养鸡场喂养罗曼产蛋鸡 1 500 只。主诉：产蛋率一般保持在 93% ~95%，从外观上，采食量上看不出什么问题，就是鸡群经常腹泻，饮水量增加，故邀请作者出诊探讨腹泻的原因。

2. 病例诊疗经过

用肉眼观察鸡群，采食正常，饮水量增加，舍内鸡笼下粪便稀软，不见脓血和黏液；冠、髯鲜红，精神尚好，体温正常。也无死鸡现象。通过问诊，了解到以下情况：

（1）没有服过任何中、西药物，饲料中未加过药物添加剂。

（2）按免疫程序要求，免疫接种过多种常用疫苗。

（3）近 2 个月饲料没有变动过。

（4）饮水的水源来自院内的压水井，水质有碱涩味道。

（5）鸡舍及院内为盐碱地区。

根据外观表现和饲料饮水情况，初诊为水质中的硫酸盐过多有关（如硫酸镁、硫酸钠等碱性物质），因此，导致饮水量增加、胃肠蠕动增强，食物排出加速，粪便稀软而呈现腹泻现象。防治措施如下：

（1）在饮水中加入 0.1% ~0.2% 的食醋，每日 1 次，连用 3 ~5 天。

（2）鞣酸蛋白片（0.5 克 1 片），加入饲料中内服，即 10 只鸡 1 片（碾碎），连用 3 ~5 天，或用次硝酸铋片，每片 0.3 克，碾碎后，供 5 只鸡拌饲料中内服，连用 3 ~5 天。

（3）建议打一口深井，深度在 26 米以上，可抽出基本合格的甜水，可以根治本病，不会呈现腹泻症状。

3. 病例剖析与体会

（1）在碱性物质较多的地区打出的浅井水，含硫酸盐较多，在不少地区均反映过同类问题，我们用上述治疗方法反映很有效，但如果停药时间过长，则又呈现腹泻症状，只能是治标不治本，故打深井可以根除腹泻的发生。

（2）根据既往的临床经验还了解到有的鸡场并非是由于水质问题，而是饲料中食盐含量超标所引起，如郑州西郊某大鸡场，也呈现产蛋鸡腹泻现象，饮水量增加，后经郑州牧业工程高等专科学校做饲料检测，其饲料中含盐量超标（正常饲料食盐含量为0.3%，如超过1%即可引起腹泻或食盐中毒），其原因是食盐来源于从某个江浙地区进购的鱼粉经郑州牧业工程高等专科学校检验结果，含盐量高达10%的缘故（不法商贩怕鱼粉变质，多加些食盐，一则增加重量，多收入，二则鱼粉不会变质、发霉）。由于正常饲料配方中已有0.3%的食盐，又加上鱼粉中过多的盐分，即引起饮水量增加，排粪稀软。故建议从国内江浙一带运输来的鱼粉，在使用前，先取样品到有关院校或畜牧局进行含盐量的检测，一则可防止食盐中毒，二则可预防饮水量过多所导致的粪便稀软的现象发生。

十四、产蛋鸡急性肝破裂

1. 病例基本情况

河南省新郑市某养鸡场，喂养罗曼产蛋母鸡2 000只。主诉：近2个月来，鸡群未表现异常变化，体况和营养状况都很好，仅产蛋量减少5%，共计突然死亡肥胖母鸡10余只，都是间隔数日后发生死鸡现象。死前多在人工授精时或在舍内猛然一蹦跳，很快致命。死鸡剖开后，发现腹内有血凝块和血水。今日早晨又突然死了1只，故乘车来郑州牧业工程高等专科学校动物医院找作者诊治，了解一下为什么会突然死亡。

2. 病例诊疗经过

（1）剖检观察：鸡冠、肉髯和肌肉苍白贫血。肝脏肿大，肝的被膜破裂，肝脏表面和腹腔中有大量的凝血块和血水。肝脏色质变黄，质地很脆弱，表面有小的出血点。皮下和肠系膜有大量脂肪组织沉积。

（2）诊断：突然死亡的病鸡为肝脏急性破裂引起内出血所致。

（3）防治措施：由于本例属于脂肝病，其发病原因还不太清楚，预防方法只有从改进日粮配合方面着手，供给富含蛋氨酸和胆碱的饲料，必要时可以专门补充这两种物质。治疗方法可在每千克粉料中添加氯化胆碱1克、维生素E 10个单位和肌醇1克，连续饲喂，或是每只鸡喂服氯化胆碱0.1～0.2克，连喂10天。但必须注意，在预防本病时，注意不要长期使用抗生素，因为抗生素可使肠道微生物合成胆碱的水平下降。市售产品中有50%的氯化胆碱粉剂，每包250克，用量可按说明书执行。

3. 病例剖析与体会

（1）脂肝病又称脂肪肝综合征、胆碱缺乏症，是由于体内脂肪代谢障碍，大量脂肪沉积在肝脏里，引起肝脏发生脂肪变性、肝大、黄染、质脆。本病常见于某些品种，如罗曼、白洛克、考尼西等产蛋母鸡。

（2）脂肪肝的确实病因还不完全清楚。一般认为是因为长期饲喂含碳水化合物过高的高级日粮，同时饲料中缺乏蛋氨酸和胆碱等嗜脂因子，因为这两种物质在脂肪代谢中具有重要作用，是中性脂肪合成磷脂所必需的营养物质，在正常情况下能够防止中性脂肪在肝脏内沉积下来。

（3）某些传染病或中毒也可引起肝脂肪变性，故肝脂病不是一种独立的疾病。此外，雏鸡和幼火鸡缺乏胆碱时，其突出症状是腿骨短粗及滑腱症。生长停滞，腿关节肿大；成年鸡容易发生脂肪肝及卵黄性腹膜炎，母鸡产蛋率下降，蛋的孵化率降低，甚至肝破裂导致急性内出血，而突然死亡，但不会引起大群鸡只死亡。

十五、鸡尿酸盐沉着与痛风

1. 病例基本情况

河南省温县某养鸡专业户共喂养肉仔鸡 3 500 只，均为 40 日龄，网上平养。近 10 天来，仔鸡食欲下降，开始消瘦，粪稀含多量白色物质，已死亡 35 只，故拿了病鸡 10 只，病死鸡 10 只来郑州牧业工程高等专科学校动物医院邀作者诊治。

2. 病例诊疗经过

（1）检查病鸡：食欲不振，消瘦和衰弱，羽毛松乱，精神委顿，贫血，从泄殖腔排出白色、半液状的稀粪，镜检粪便含多量尿酸盐结晶体。

（2）病死鸡剖检：肾脏肿大，色泽变淡，肾切面外翻，有尿酸盐沉着所形成的白色斑点，输尿管明显扩张、变粗，管腔内充满石灰样的沉着物，严重的病鸡，在其他内脏器官（如肝、心、脾、肠系膜及腹膜）的表面也有少量的这种石灰样的尿酸盐沉着物覆盖着，多的时候这种沉着物形成一层白色薄膜。将这种沉着物刮下来做显微镜检验，见到许多针状的尿酸钠结晶。极个别的病死鸡脚趾和腿部关节肿胀，关节表面和关节周围组织有白色尿酸盐沉着，甚至关节表面有糜烂现象。总之：轻病者仅见肾和输尿管有尿酸盐沉着病变，严重的尿酸盐沉着病例为全身性病变，故又称为痛风。

（3）防治措施：

①由于该场的饲料是从饲料公司购入的“料精”，通常按 40% 的“料精”混入 60% 的玉米料中。为了减少蛋白质含量，由原来 4∶6 比例，改为 3∶7 的比例进行饲喂。

②加速尿酸盐的排出，可在饲料中加入“肾通”等中西药物。同时应增加饮水供应，在水中可加入 0. 25% 柠檬酸钠溶液或加入 1% 车前草，金钱草煎液，每

天饮用2~4小时，连用2~3天。

③适当供应一些新鲜青绿饲料或在饲料中加入少量维生素C粉（市售的维生素C粉，其用量可按说明书执行）。

④减少饲养密度，增加鸡群活动空间。

⑤暂停饲料中添加磺胺类药物和碳酸氢钠等药物，以防影响肾脏的排泄功能。

3. 病例剖析与体会

（1）鸡痛风也称尿酸盐沉着症，是鸡体内尿酸生成过多和尿酸排泄障碍而引起的尿酸血症，其特征是患鸡肾部肿大苍白，体内各器官组织沉着灰白色尿酸盐，厌食、衰竭、腹泻或个别腿、翅关节肿胀，运动迟缓等病变。

（2）发病因素常见于：①饲喂富含核蛋白和嘌呤碱的高蛋白质饲料导致尿酸生成过多，引起尿酸血症，或当鸡极度饥饿又得不到能量补充，或患鸡群患有重度消耗性疾病时，体内蛋白质迅速大量分解，使体内尿酸盐生成增多，引起本病的发生。

②各种理化因素、疾病（饲料中维生素A或维生素D含量过高，发生传染性支气管炎、传染性法氏囊病，使用磺胺类药物、庆大霉素不当导致中毒）造成肾脏损害。③鸡舍潮湿阴暗、饲养密度大、运动不足、年老、纯系育种、受凉、孵化时湿度太大等因素都可能成为促进本病发生的诱因。

（3）通常大鸡以痛风多见，雏鸡，特别是肉仔鸡以肾肿大、输尿管内尿酸盐沉着为多见。痛风的临床表现以内脏型痛风为主，关节型痛风较少见，呈现关节面溃疡及关节囊坏死，主要是由于关节腔内因尿酸盐结晶有刺激性作用所导致。

（4）患本病时，病鸡的血清尿酸含量常增高，每100毫升的血液可达15毫克。

（5）据有关资料报道：曾有人试验在火鸡的饲料中加入马肉和5%尿素，使饲料的蛋白质含量高达40%，结果产生了痛风。也有人试验用含38%蛋白质的日粮喂幼火鸡，引起痛风，当日粮中蛋白质的含量降低到20%时，病鸡即逐渐恢复常态。

（6）通常肉仔鸡饲料中的粗蛋白质含量为20%，但有的专业养殖户自配的饲料，经检测发现粗蛋白含量高达22%~25%，是引起本病的主要原因之一。产蛋鸡一般粗蛋白含量应在16%，超过19%以上者也常发生本病。

十六、啄蛋癖

1. 病例基本情况

河南省新乡市某种鸡场饲养产蛋鸡30 000只，为罗曼品种，273日龄，鸡群笼养，每只笼子放入蛋鸡4~5只，每个鸡架分上、中、下三组，饲养方式及管理水平基本符合现代化集约要求。原产蛋率为 94%。近半个月来，破蛋率日渐增高，至今每日只收 12 000 个鸡蛋，损失惨重。在粪池内，每日可见大批破裂的蛋壳、蛋清和蛋黄。这是怎么回事？据观察，鸡只产下蛋后，下滑笼前，除了笼内鸡只啄蛋外，下层的鸡只将头伸向笼外，并勾头去啄上层的鸡蛋。根据症状表现，确诊为啄蛋癖，曾采取饲料中加入钙质外，未采取其他措施，经数日补钙后，并不见症状好转，故邀作者赴该场进行诊治，以解决这个难题。

2. 病例诊疗经过

（1）首先采用黑色塑料袋，剪成长条状，在中、上层笼前集蛋处的下方做成遮盖层，防止下层鸡啄上层鸡下的蛋，以减少鸡蛋的破损率，使破蛋率明显减少。

（2）在饲料中外加 0.5% 生石膏、0.5% 食盐、0.2% 蛋氨酸，连喂 5 ~ 10 天。

经过 5 天观察，啄蛋癖并未得到控制，其原因到底是什么？经取饲料样品到郑州牧业工程高等专科学校做饲料分析，发现饲喂的饲料是猪饲料配方，含有多量棉籽饼。通过 10 天观察，停喂猪饲料，恢复使用鸡饲料后产蛋率又恢复到 81%，啄蛋癖症状基本消失。

3. 病例剖析与体会

（1）发生饲料调包的原因是该场既喂鸡又喂猪，鸡猪饲料均为该场自制，饲料仓库将鸡、猪饲料分开存放，饲料袋上均无说明标记，正好有某高校实习生在该场实习，不了解仓库情况，饲养人员叫学生去搬运饲料时，误将猪饲料饲喂了鸡群，才发生了意想不到的事故。

（2）大群养鸡容易发生一种恶癖症状，常见的有啄肛癖、啄蛋癖、啄趾癖、啄羽癖等，发生原因很复杂，最主要的原因是由于饲养管理不好，饲料配合不当，特别是当饲料中缺乏某种必需的营养物质时，鸡群会产生一种啄食要求，久之即成为恶癖。其他如鸡群过于拥挤、缺乏充足的运动、外寄生虫侵袭、皮肤外伤出血以及母鸡输卵管脱垂或膣脱都是诱发恶癖的因素。本病例实属意外，属管理不当所致，建议自制饲料的厂家应在饲料袋上标明“鸡饲料”或“猪饲料”，在搬运时，应由仓库保管员指令取料，可防止上述事故的发生。

（3）猪饲料配方中常加入棉籽饼，将猪料喂鸡，一则营养物质配备不全，易发生恶癖现象，二则按中西兽医理论，棉籽饼属热性，内含棉酚等有毒物质，也可能是本病发生的主要原因之一。

十七、公鸡去势并发皮下气肿

1. 病例基本情况

郑州牧业工程高等专科学校畜牧系学生在郑州市某养鸡场实习期间给 1 个月

龄的小公鸡做去势术，共403只，去势后有56只鸡并发了皮下气肿。轻者仅在术部（倒数第1肋间）近周有皮下积气，对正常活动影响不大，严重者全身皮下气肿，胸腹围增大，行动困难，食欲下降。学生们先用粗号注射针头刺破皮肤通常能一次性排完积气，但翌日又恢复原状，有的曾多次放气但也未能彻底解决问题，故邀作者前往诊治。

2. 病例诊疗经过

检查病鸡，严重者整个前后躯从嗉囊、颈部及头部、胸腹部皮下充满气体，膨大如气球状。病轻者剪刀刺破皮肤或用刀片划开皮肤一条线，气体即可排出，对于轻病复发者或严重病鸡，作者试用尖剪刀将皮肤剪成一个直径为1~1.5厘米的小圆孔，经2~3天后均彻底根治了皮下气肿现象。

3. 病例剖析与体会

（1）通常治疗皮下气肿均采用针头刺破皮肤放气或小刀划破皮肤放气，但有时不能彻底解决问题，其原因是由于鸡的皮肤很薄，破口生长愈合时间很短，皮肤破口后8~18小时就可愈合闭锁，而气囊因去势术中不慎被破坏，导致气体又进入皮下而发病。作者采取直径为1~1.5厘米的圆形皮肤切口，比针杆的小点状刺口或切开一直线破口，其皮肤切口闭合自愈的时间要长，有利于气囊破口的愈合，从而达到根治本病的目的。

（2）去势后会发生皮下积气，主要是在操作过程中，术者没有避开腹部气囊，误将气囊破坏后直接摘取睾丸，使气体窜入皮下。另一种情况是虽然气囊破损，如果在缝合切口时，先缝闭肋间肌，再缝闭皮肤切口，则可防止皮下气肿的发生，然而有的术者，只缝合皮肤，未缝合肋间肌，也是导致皮下气肿的主要原因之一。

（3）鸡和其他禽类发生皮下气肿常发生在阉割之后或捉鸡时用力过大，造成体壁损伤所致。在水禽或飞禽的皮下气肿，多因突然发生骨折时（例如肱骨、乌喙骨及胸骨），空气逸出积蓄在皮肤下面所致。如果是发生骨折引起的皮下气肿，因经济价值低，可以淘汰处理；如果是经济价值较高的病禽，可首先将骨折部整复，然后用装药的纸盒或稍硬有弹性的塑料薄板，按固定3个关节的要求，将肢体用纸板卷或塑料板卷围一圈，外用塑料胶带或医用胶布粘贴固定上述围圈，以防止固定物滑脱，同时每日按每只病鸡口服1个碾碎的土元（俗称接骨丹），连用20天。至于固定物固定时间以20~30天为宜。

（4）公鸡去势术多用于农家散养鸡，当鸡长大后，将少许馒头用酒蘸湿喂给阉鸡，可带领一群小鸡外出活动，起到保护小鸡的作用。

目前由于集约化大群饲养，除种公鸡外，一般出壳后的鸡，经过雌雄鉴别后，将小公鸡作为商品鸡处理，出售价比母鸡便宜得多。有的专业户饲养的商品小公鸡也要求做睾丸去势术，一来可促进生长，二来可提高肉质品味，三来便于管理，可防止公鸡斗架。这些被阉割的公鸡，生长到 3 个月左右以“童子鸡”高价出售给餐馆做“火爆辣子鸡”，受到食者的欢迎。

（5）公鸡去势术的手术程序和方法是：

①先自制或上市场上购置一套公鸡阉割器。

②用一根长 20 ~30 厘米，宽 8 ~15 厘米的竹板或木板，两端各钻 1 个小孔，并用长 20 厘米，细香头粗细的绳索将两端打孔处各穿入 1 绳，然后将鸡的双翅交叉后在一端用绳缚紧保定，另一端将双脚用绳拴紧保定，使鸡侧卧。

③在倒数第一个肋间（鸡有 7 对肋骨，每侧 6 个肋间），于脊椎骨横突下1 ~2 厘米交界处拔掉羽毛，即为术部，术部用酒精消毒（也可不消毒，因鸡的体温为 41 ~42 ℃，不易被化脓菌感染之故）。

④用手术刀片或剃须刀片顺肋间方向垂直切开皮肤长 1.5 ~2 厘米。

⑤用手术刀柄钝性分离肋间肌，以尖头竹签或尖头铁丝破开腹膜，暴露腹腔，再用扩创器深入腹腔撑开肋间。

⑥用取睾器将肠管向下拔压，暴露出肾脏后方的睾丸（似鼠粪样），以取睾器套圈套住睾丸，小心向体外提出睾丸，使睾丸与睾丸系膜脱离。

⑦取出扩创器，用缝针（穿有缝线）带线穿入肋间肌破裂孔的两端，进行连续缝合，严密闭合破口，最后再将皮肤切口进行连续缝合，手术告终。

⑧将保定绳解开，使鸡翻身，以上述同样的方法，摘除另一侧睾丸。

⑨摘除睾丸前后，必须防止损伤气囊和肾脏，如果轻度损伤小血管，应用干棉花或止血海绵及时止血，待血止住后再进行下一步手术程序。

⑩公鸡去势的适应证，以 1 个月龄的小公鸡最好，大公鸡去势容易导致大出血，因为睾丸增大，小的如小指头大小，大的如大拇指头大小，血管比小公鸡的血管粗而大，很容易损伤出血甚至导致大失血死亡。

十八、蛋鸡输卵管囊肿引起腹围增大

1. 病例基本情况

河南省武陟县某养鸡专业户饲养产蛋鸡 1 800 只，均为 188 日龄，原产蛋率为 80%，近 1 个月来，产蛋率日渐减少，目前已降至 43%。主诉：从外表观察未发现明显异常变化，仅见 70 只鸡的腹围增大，采食量略有减少，尚无死鸡现象。故拿 6 只腹围增大的鸡到郑州牧业工程高等专科学校动物医院邀作者诊治，找寻产蛋率下降的原因。

2. 病例诊疗经过

（1）病例观察与剖检：

①检查病鸡，外观无特殊症状，仅见冠厚，鲜红色，腹部下垂，腹围增大。

②剖检病鸡 6 只，输卵管扩张形成大小不等的水泡，大的泡液约 600 毫升，

小的约200毫升，积水清亮、无色、透明、无味。有1只病鸡输卵管囊肿特别大，直径为8厘米。病鸡卵泡发育尚正常，其他器官无异常变化。确诊为鸡输卵管囊肿。

（2）防治措施：

①将腹围增大，腹部下垂严重的病鸡一律淘汰处理。病轻者可试用穿刺术抽出输卵管内的积液，然后在翅静脉处用一次性输液针头刺入静脉内，每只病鸡注射50%高渗葡萄糖5毫升，10%安钠咖0.2毫升，隔日1次，连用5天可减轻病状，但不能根治，因为至今尚无特效的治疗措施。

②试用鸡α-基因工程干扰素（商品名为速亿健），每瓶5毫升，加入饮水中，每日1次，连用3~5天，供1 000羽饮用，可增强抗病毒的免疫力，以防止继发感染。

3. 病例剖析与体会

（1）患输卵管囊肿的病鸡群以产蛋率低下、输卵管积水为特征。本病症多发生在150~250日龄的产蛋母鸡。由于发病后无药可治，只能淘汰，其发病原因，经临床调查和剖检发现输卵管有囊肿，又根据有关资料介绍，初步认为是由于鸡传染性支气管炎病毒所引起。

（2）本病症的流行特点：一是各品种的母鸡群都可发生，近年来商品鸡群发病率有明显增高；二是鸡群开产后陆续出现输卵管内积水的病鸡，出现的比例越大，产蛋率越低，一般在产蛋高峰期间，产蛋率为30%~80%，如淘汰病鸡后产蛋率仍可恢复到80%左右。

（3）根据询问调查，发病的鸡群多与寒冷季节育雏（1~3月）有密切关联，当雏鸡生长发育到产蛋期，其发病率较高，特别是在育雏期曾患过传染性支气管炎治愈后的母鸡，进入产蛋期，其发生输卵管囊肿的概率更高。

（4）本病症不垂直传播，即来自同一品种的鸡群有的发病，有的不发病。尤其是来自污染的鸡场的鸡只有多发的倾向。

（5）据调查了解，患病的产蛋鸡，曾在育雏期间患过传染性支气管炎，当进入产蛋期时部分母鸡就容易发生输卵管囊肿，可以这样认为，输卵管囊肿可能是传染性支气管炎疾病的一种后遗症。

（6）本病一旦发生无特效治疗方法。关键是要做好预防工作，即在育雏期间不使雏鸡患传染性支气管炎。预防措施为：

①保证育雏温度的相对稳定，24小时内温差不能超过3℃。

②育雏早期温度应尽量高达33~35℃，以后按育雏生长发育对温度的要求逐渐降温。

③已污染的育雏舍要严格消毒，且至少空舍1个月以上才能进鸡育雏。

④1~3日龄用传染性支气管炎冻干苗滴鼻或点眼免疫，可预防传染性支气

管炎疾病的发生。

(7) 本病在一般教科书和禽病书籍中，极少见到记载，作者仅见一本家禽彩色图谱中有简略叙述，并附有输卵管囊肿的彩图。因此，建议养禽户给予高度重视。

十九、鸭群患前殖吸虫病

1. 病例基本情况

河南省某县某农场中的一个生产队，地势低洼，该队有一个较大的水塘，水质较差，水不流动，共饲养产蛋鸭 230 只，水塘上方有 5 间简易鸭舍，舍内地面铺垫麦秸，鸭在舍内产蛋。据场长介绍：原产蛋率为 80% 左右，近 1 个月来（7 ~8 月）产蛋率下降到 29%，并不断发现无壳蛋，软壳蛋，畸形蛋。鸭群羽毛粗乱，日渐消瘦，食量减少约 20% 以上，精神委靡，部分鸭子不下水游泳，在舍内不动，不知道如何处理，故邀作者出诊诊治。

2. 病例诊疗经过

(1) 肉眼观察：鸭舍简易，卫生条件较差，饲养粗放，舍内约有 20 多只鸭不下水塘，卧在铺垫上，不愿活动，精神不振，不愿采食、饮水，羽毛粗乱，消瘦，捉鸭时感觉体重特别轻，铺垫上有部分软蛋壳，畸形蛋及破碎的卵黄、蛋清，个别病鸭从泄殖腔排出卵壳的碎片或流出类似石灰样的液体。水塘内见有鸭子游泳，部分鸭子下水不久就上岸休息或卧地不动，水质混浊，舍内有苍蝇、蚊子，舍外有蜻蜓飞翔。塘底泥土中杂物较多，还有淡水螺等小生物。

(2) 剖检病鸭：主要病变为输卵管发炎，管腔黏膜充血、增厚，黏液增多，在管壁上发现虫体少则 3 ~5 条，多则 15 ~20 条，呈扁平卵圆形，前端稍窄、后端钝圆，鲜红色，长约 5 毫米，最宽约 2 毫米，较透明，内部器官清晰可见。个别病鸭发生腹膜炎，在腹腔内有大量黄色混浊的渗出液或破碎的卵黄块。其他器官未发现异常变化。

(3) 根据临床症状，剖检发现输卵管内有虫体和粪便虫卵检验（水洗沉淀法）及虫体鉴定，确诊为鸭前殖吸虫病。

(4) 防治措施：

①将鸭群进行全面检查，分隔为健康群和病鸭群。彻底打扫鸭舍卫生，清除麦秸铺垫及粪便，进行无害化处理（堆积发酵法），换上新铺垫。食槽及饮水槽清洗消毒。

②消灭水塘中的淡水螺和蜻蜓幼虫，捕捉飞翔的蜻蜓成虫，即在淡水螺滋生地施化学药品灭杀，如 2×10^{-16}浓度的硫酸铜或 0.1% 的生石灰和硫酸铵，在灭虫时，鸭群禁止下水塘 3 天。

③建议给健康群和病鸭群内服丙硫苯咪唑（阿苯唑、抗蠕敏），每千克体重

按 100 毫克计算，混入饲料中。也可使用吡喹酮，每千克体重 50 毫克混入饲料中内服，其药价虽比较昂贵，但优点是疗效高，副作用很小。四氯化碳驱虫比较价廉，但毒性大，对胃肠黏膜有较强的刺激性，成鸭每只 2 毫升，用橡皮管插入食管或嗉囊内灌服（用注射器接上导管注入）或以 3 倍米汤或按 1∶1 比例的液体石蜡油与四氯化碳液体混合口服，可缓解刺激作用。六氯乙烷也有疗效，成鸭每只口服 0.2～0.5 克，也可做成水混悬液拌入精料中喂服，每日 1 次，连用 2 天。本病例根据场领导意见采用了吡喹酮疗法。每日 1 次，连用 3 天，并加强饲养管理工作，经过 7 天观察，仅死亡病鸭 5 只，其他病鸭基本恢复了健康，产蛋率已上升到 50% 以上。

3. 病例剖析与体会

（1）前殖吸虫病主要危害鸭和鸡，我国各地都有发生。前殖吸虫病是由前殖科前殖属的多种前殖吸虫寄生在家禽及其他鸟类的输卵管、法氏囊和直肠内引起的一种寄生虫病。常引起输卵管发炎，使蛋的形成和产蛋功能发生紊乱，患禽产无壳蛋或软壳蛋，有时还继发卵黄性腹膜炎，常引起体温升高而死亡。

（2）前殖吸虫（又称输卵管吸虫）有好多种，在我国主要有楔形前殖吸虫、透明前殖吸虫、卵圆前殖吸虫、鸭前殖吸虫和罗氏前殖吸虫。但分布最广且最常见的是楔形前殖吸虫和鸭前殖吸虫 2 种。

（3）前殖吸虫的生活史要通过 2 个中间宿主。成虫寄生于鸭、鸡、火鸡和某些野禽的输卵管、腔上囊或直肠内。虫卵随禽粪排出，落入水中被某些淡水螺（第一中间宿主）吞下，虫卵就在螺体内孵化成毛蚴，最后发育成许多尾蚴。尾蚴离开螺体到水中游动，遇到蜻蜓幼虫（第二中间宿主）就钻进蜻蜓幼虫体内变成囊蚴。当蜻蜓幼虫发育成为成虫——蜻蜓时，囊蚴仍保留在蜻蜓体内。鸭、鸡等吃到这种体内含有囊蚴的蜻蜓或蜻蜓的幼虫时，就发生感染。在鸭或鸡的消化道内，囊蚴的囊壁被消化掉，里面的幼虫就出来沿着肠管向下移行到达直肠、输卵管或腔上囊中，发育为成虫。

（4）疾病初期没有明显症状，当破坏了输卵管腺体后，产蛋率则下降，蛋呈现异常形态变化，严重时食欲下降，消瘦，精神委顿，最后停止产蛋，绝食，卧地不动，如并发腹膜炎则更易导致死亡。

二十、鸭棘头虫病

1. 病例基本情况

郑州市东郊某村，为低洼地区，该村曾划出部分条件较差的土地挖了人工鱼塘 20 余个，部分村民以养鱼业为主要收入来源。由于市场营销发生变化，养鱼户有的外出打工，便将 9 个鱼塘及 2 个鱼塘之间的地块出租给浙江来的养鸭户以养鸭为主，水塘可作为鸭游泳活动的地方。9 个养鸭户在水塘之间的地块上各自建鸭舍，每舍可养蛋鸭 3 000 只，人的住宅简易；鸭舍呈大棚状。据养鸭专业户主诉：近 2 个月来，部分 3 个月龄的幼鸭呈现运步不稳、低头、少食或不食，生长发育停滞，严重的病鸭下痢，已死亡 20 多只，今日拿了病鸭 5 只、病死鸭 4 只来到郑州牧业工程高等专科学校动物医院邀作者诊治。

2. 病例诊疗经过

（1）观察病鸭 5 只：均为 90 日龄左右，体温正常，精神不振，步态蹒跚，头、翅下垂，羽毛粗乱，可视黏膜淡红色，营养不良，消瘦，有 1 只鸭腹泻。

（2）剖检病死鸭 4 只：病变主要在小肠，肠道的浆膜面上可见到突出的黄白色小结节，管腔内有 20～50 条寄生虫，经鉴定为细颈棘头虫，雄虫白色，长 6～8 毫米，宽 1～2 毫米；雌虫黄色，长 10～25 毫米，宽 4 毫米，虫体前方吻突上具有 18 纵列吻钩，每列吻钩 10～16 个，吻突与吻钩深深地刺入鸭的肠壁黏膜或肌层，同时引起黏膜的剧烈损伤，呈现卡他性或化脓性炎症，其中 1 只病死鸭由于虫体较多，发生肠穿孔和腹膜炎，可能是突然死亡的原因之一。

（3）粪便虫卵检查：采用离心沉淀法，将沉淀液涂片，低倍镜观察，见到虫卵为椭圆形，长 60～70 微米，宽 20～25 微米。

（4）防治措施：

①将雏鸭与成鸭分群饲养。新购进的浙江鸭群应先行粪便检查，有虫时应进行驱虫，并对所排粪便作堆肥发酵处理。为预防本病，可选择未受污染或无中间宿主（栉水蚤）的水塘进行饲养。

②对鸭群普遍进行 1～2 次驱虫，由于一般驱虫药对棘头虫的驱虫率较低，故采购鸭群时，不要到有本病的地区采购。常用西药，以吡喹酮最好，副作用小，疗效比较高，可按每千克体重 50 毫克拌入饲料中内服；也可用四氯化碳，每千克体重 0.5～2 毫克，经导管投入食管中，也可加 1 倍量的液体石蜡油混合药液口服，以减少药物对消化道黏膜的刺激作用。

3. 病例剖析与体会

（1）引起鸭棘头虫病的病原主要有多行棘头虫（可分为 3 种，有大多形棘头虫、小多形棘头虫和腊状多形棘头虫）与细颈棘头虫，它们均属于线性动物门棘头虫纲，多形科的多形属或细颈科的细颈属。棘头虫分布在我国的广东、四川、贵州、浙江一带和河南等省的某些地区，台湾省也有本病的报道。

（2）本病例的棘头虫为细颈棘头虫，它与其他 3 种多形棘头虫在形态学上略有区别。其中小多形棘头虫虫体较小，雄虫长 3 毫米，雌虫长 10 毫米。虫体呈鲜明的橙黄色，前部吻突上有纵列吻钩 16 列，每列有吻钩 7～10 个。大多形棘头虫呈橘红色，纺锤形，前端大，后端狭细，吻突上生有小钩 18 纵列，吻囊呈圆柱形。雄虫长 9.2～11 毫米，雌虫长 12.4～14.7 毫米。

（3）棘头虫的发育史：鸭细颈棘头虫的中间宿主是栉水蚤，小多形棘头虫的中间宿主是钩虾和河虾。细颈棘头虫多寄生在小肠中段，小多形棘头虫多寄生在小肠后段。

成虫在小肠内产卵，卵随粪便排到外界进入水中，虫卵被中间宿主吞食，卵膜被消化，棘头蚴自卵内逸出，在中间宿主体腔内经 14～15 天后变为前棘头体，30～35 天变为棘头体，54～60 天具有感染性，当中间宿主被水禽（鸭、鹅等）吞食后，棘头体则用其吻突插入终末宿主的肠黏膜深部或肠壁肌层，经 27～30 天成熟产卵。

二十一、产蛋鸭常发生骨折或腹腔内出血

1. 病例基本情况

郑州市南郊某村，在离该村 3 000 米有一个自然形成的沙土堆，沙土堆高 6～8 米，长约 500 米，宽 30 多米。由该村将沙土堆平整后，出租给外地来的某养鸭专业户养鸭子，并由专业户自建简易鸭舍大棚 3 个，每个棚内可饲养产蛋成鸭 1 000 只，同时在沙土堆下边有一个较大的死水塘，塘边堆积不少碎砖瓦和树杈等杂物。为了使鸭子可在水塘中游泳活动，养鸭户亲自铺设了一条 30°的斜土坡，宽约 3 米，便于鸭群上下来回自由通行。主诉：共饲养产蛋鸭 3 000 只，近 1 个月来，不断发现有的鸭突然死亡或数日后死亡，通常隔日或隔数日才发生死鸭，少则 1 只，多则 6 只，鸭群采食、饮水尚好，少部分鸭子有下痢，鸭群精神一般，产蛋率仍保持 85% 左右，曾请该乡兽医看过病，认为鸭子为地上平养，食槽及水槽和地面卫生条件很差，少部分鸭子发生腹泻，故臆断为大肠杆菌感染，开方吃药打针，经 5 天治疗，仍有突然死鸭现象，但腹泻症状明显好转。昨日又死 6 只，故畜主邀作者亲临现场寻找死鸭的真正原因。

2. 病例诊疗经过

（1）肉眼观察：该鸭场的鸭舍有 3 个简易大棚，设备简陋，地上平养，食槽及水槽用水泥三合土建造，采食、饮水一般正常，鸭子饮水时部分鸭子进入水槽内饮水，将水污染，不符合饮水卫生标准。腹泻的鸭子只有 3 只，数量不多。但观察放鸭进入水塘的过程中，却发现如下问题：畜主在短时间内，连开 3 个大棚的舍门，3 000 只鸭迅速争前恐后地向水塘方向前进，进入土坡时，由于鸭多，坡窄小，部分鸭子就从土坡两侧或直接飞跃水塘中，其中极少数鸭子因体力不足落入塘边乱砖瓦堆上或碰到树杈，发生钝性损伤，作者亲眼看到有只鸭瘸腿跛行，1 只鸭突然死亡。

（2）剖检观察 6 只病死鸭：其中股骨骨折占 4 只，内脏损伤导致腹腔内出血 2 只。未见到其他异常病理性变化。确诊为骨折与腹腔内出血致死。

（3）防治措施：

①改善饲养管理：用竹竿或铁杆在紧贴水池处做一排护栏，只允许鸭子头颈

伸入水池中饮水，保证水质清洁卫生。经常打扫舍内地面及食槽、水槽卫生，定期消毒，粪便堆积生物热发酵。清除水塘边的砖瓦和树杈并加以平整填土，防止鸭子钝性损伤。加宽斜坡通道，坡两侧加护栏，防止鸭子随意飞跃水塘中。3 个鸭舍分批开启舍门，以防止鸭群拥挤到土坡处。

②经过 1 个月的观察，畜主来电话告知，没有再发生钝性损伤的现象，鸭群基本健康。

3. 病例剖析与体会

（1）本病例的发生原因纯属管理不当所引起。如果作者只参观鸭舍，而不剖检死鸭，也容易发生误诊，故深入现场做全面调查研究，才能提出合理的改进措施，找到发病的真正原因。

（2）作者在临床实践过程中，经常发现有的兽医只强调工作忙或不愿出诊，仅了解畜主介绍的情况，又不愿剖检鸭子，只根据卫生条件较差，有腹泻病例，主观认为患了大肠杆菌病，只是开方取药、收费，往往不能解决实际问题。特别是只开药治病而不向畜主介绍应如何改善饲养管理，这种工作方法不符合“三分治疗，七分养”的要求，就不易提高治愈率，不能达到使畜主受到的损失降至最低水平。

二十二、雏鸭病毒性肝炎大流行

1. 病例基本情况

郑州市惠济区某村，以饲养北京肉用仔鸭为主，有 9 个专业养鸭户，共计饲养肉仔鸭 2 万多只，仔鸭都是从区里某孵化场购入，开始在暖炕上育雏，饲养 20 天后转为地上平养，同时又接着引进一批新生仔鸭，一批接一批地循环饲养。当饲养到 40 日龄后，采取“填鸭法”填鸭饲喂，45 日龄就上市出售。饲养的仔鸭日龄均为 3 ~45 天。据养鸭户介绍，危害仔鸭的主要传染病是病毒性肝炎，其发病突然，病程短，死亡率高，故养鸭专业户特别重视疫苗的防疫工作。如果一旦发病，过去均采用鸭病毒性肝炎高免血清或高免蛋黄，每只皮下或肌内注射 0.5 ~1 毫升，很快控制了疫情，治愈率高，死亡率降低到最小限度。但是，近 1 ~2 周又发生本病大流行，采用过抗病毒性肝炎的高免血清或蛋黄，却不能控制疫情，已先后死亡 4 000 多只，当地兽医已束手无策，故拿了 10 只病鸭、20 只死鸭来到郑州牧业工程高等专科学校动物医院邀作者采取措施，挽救病危的鸭子。

2. 病例诊疗经过

（1）观察病鸭：有的精神委靡，头颈短缩，两翅下垂，行动呆滞，食欲废绝，两眼闭合，常侧卧，步态不稳，有的还呈现两肢抖动，侧地蹬踢，就地旋转等神经症状，有的在临死前，头颈背向，呈角弓反张姿势。通常发病后 1 ~3 天就死亡。个别病鸭尚见到腹泻，排黄色或灰绿色稀粪。个别病鸭喙部和爪尖呈紫红色。

（2）剖检病死鸭：主要病变在肝和胆囊。肝脏肿大，质地松软，容易撕裂，被膜下有大小不等的出血点或出血斑。肝呈淡红色或外观显斑驳状，肝脏颜色也有差异，2~5日龄的病雏，肝呈土黄色或红黄色，10~30日龄呈灰红色或黄红色。个别病死鸭的肝脏实质有坏死灶。胆囊肿大，胆汁变淡。脾脏也有不同程度的肿大，呈斑点状，被膜下有细小的出血点。肾脏肿大、充血，呈粉红色。心肌质软，呈熟肉样。脑充血、水肿及软化。

（3）根据突然发病，传播快、病程短、死亡率高，主要发生于2周龄以下的雏鸭（成鸭不会发病），呈现角弓反张等神经症状，剖检可见肝脏变性和出血，初诊为鸭病毒性肝炎。

（4）防治措施：

①由于这次大流行曾多次采用过市售的抗病毒性肝炎高免血清及蛋黄均无疗效时，作者试用了四川成都某兽药厂生产的抗病毒为主要原料的中成药“三九禽康”进行防治，每包500克，拌粉料200千克喂鸭，连喂3~5天。

②补充多维素和微量元素，按市售包装的规格与使用说明施药。

③对该病毒有效的常用消毒药如2%漂白粉、0.5%福尔马林、2%苛性钠溶液进行彻底消毒，每日1次，连用5天。

④暂停引进雏鸭。

经过3~5天防治后，疗效特别明显，疫情得到控制。此后有不少养殖户来询问，能否再引进雏鸭，用“三九禽康”能否预防雏鸭不发病，作者心里无底，建议少进，可以尝试，结果未发生新的病例，证明该药有一定预防作用。

3. 病例剖析与体会

（1）鸭肝炎病毒，有3种不同血清型，即Ⅰ型、Ⅱ型、Ⅲ型，我国流行的是Ⅰ型。为小核糖核酸病毒属。病毒大小为20~40毫微米，能够在发育鸡胚的尿囊内复制生长，但不太适应一般的细胞培养，对各种动物的红细胞均无凝集作用。

（2）本病经常发生在3周龄以内的雏鸭群，3~5周龄的雏鸭也可感染发病，成年鸭也可感染，但不发病，成为带毒者。病鸭或带毒鸭是主要传染源，康复的雏鸭可从粪便中排毒1~2个月，被病毒污染的场地、饲料、水面、饲养用具、人员和车辆等，都是本病的传染途径。鼠类和鱼塘中的鱼，也有可能与本病的流行相关。易感鸭群可通过消化道和呼吸道感染。一旦感染便迅速传开。另据有关资料介绍，鸭蛋无垂直传递本病的作用。

（3）本病一年四季都可发生，但以冬春季发病较多，这可能与舍饲卫生环境较差有关。饲养管理不当，饲料中缺乏维生素、矿物质，鸭舍内湿度过大，密度过高等，均可能成为发病的诱因。

（4）本病的潜伏期很短，有资料介绍，人工感染大约24小时，雏鸭多为突然发病，通常在出现神经症状后的几小时内死亡。本病的死亡率因年龄而有差异，1周龄以内可高达95%；1~3周龄不到50%；4~5周龄基本上不发生死亡。

（5）本病在鉴别诊断上应注意同鸭瘟相区别。鸭瘟主要发生于成年鸭，2周龄以内的雏鸭一般不见发病；鸭瘟的特征性病变是食管和泄殖腔黏膜发生纤维性坏死性炎症，很多内脏器官都有出血病灶。

（6）本病试用“三九禽康”后，初次取得满意疗效，今后应进一步探讨。另据该推销员介绍，该中药曾在郑州市某村发生鸭瘟时流行，曾用多种治疗方法均无效，病鸭死亡多，损失惨重，后经采用此药，获得了控制。

二十三、蛋鸭群肉毒梭菌毒素中毒

1. 病例基本情况

郑州市东郊某村，地势低洼，多为盐碱地，种农作物产量较低，村委会将地质最差的土地人工挖掘20多个鱼塘，部分村民以养鱼业为主要收入来源。另一部分闲散地租给养鸭专业户养鸭。由于村民养鱼经验不足，某年夏季，由于鱼塘缺氧，新引进的2万多条4厘米长的小鱼苗出现浮头，部分鱼苗“翻塘”死亡，共收集死鱼苗约半架子车之多，当时考虑到鱼苗较小，天气又热，怕上市出售后出现意外，就决定挖坑土埋，正好遇见某养鸭专业户路过挖坑处，认为埋掉太可惜，鸭子又爱吃鱼，经养鱼户同意无偿送给了养鸭户，养鸭户随即找来多个麻袋将死鱼苗用车拉回，第二天早晨将死鱼苗撒在地上，叫鸭子随意采食，谁知食后2小时左右，3 000只产蛋鸭突然死亡150只，有几只鸭子卧地不动，浑身发软，不吃不喝，又经过2小时左右，又死鸭150只，病情仍在发展之中，邀作者出诊进行抢救。经作者出诊前初步分析，可能是吃了死鱼后发生了肉毒梭菌毒素中毒，院内没有肉毒梭菌抗毒素，只能先带9瓶复方甘草片和6位实习学生迅速前往目的地。

2. 病例诊疗经过

（1）现场观察：部分鸭子仍在采食、饮水，但数量减少，大部分鸭子精神委靡，不爱活动，打瞌睡，两脚软弱无力，活动困难，多数病鸭不能站立，勉强站立行动也是摇摆不定，易跌倒，颈部、翅膀或两脚神经麻痹，头颈伸直，软弱无力地蹲伏在地面，严重的病例羽毛松乱且易拔落。少数病鸭发生下痢。

（2）剖检死鸭10只：死鸭全身绵软，头颈可任意转动毫无阻力，检查内脏未见特征性的病理变化，少数呈现卡他性或出血性肠炎；心内膜、心肌、脑组织血管努张或有小点出血；淋巴结充血，质地柔软；肺充血，水肿；浆膜、膀胱、喉、咽黏膜下有点状或带状出血。泄殖腔中有尿酸盐积聚。

（3）根据误食死亡多时的鱼苗，突然大群发病，死亡率较高，全身柔软呈麻痹状态，初诊为肉毒梭菌毒素中毒。

（4）防治措施："抗毒素"疗法虽有特效，但一时得不到解决，故作者只能对症处理，试用复方甘草片，每瓶100片，碾碎后加白糖500克，清水10千克，充分混匀后，用5毫升一次性注射器，吸药液5毫升，按每只鸭5毫升量直接注入病鸭口内服用。由于鸭子太多，人手不够，立即动员9家养鸭专业户，加上6名实习学生，逐只灌服药液，以观后效。1～2小时后多数病鸭能起立活动，开始采食、饮水，病重者仍见继续死亡200只，说明药液有一定疗效，接着又配药让鸭继续自饮，极少数病鸭仍采取人工灌注，直到翌日上午，停止了死亡现象，基本获得了痊愈。总结自发病以来共计死亡500只，死亡率达16.6%。

3. 病例剖析与体会

（1）鸭肉毒梭菌毒素中毒在临床上并不多见，本病案的发生，主要原因是缺乏应有的科技知识。因为肉毒梭菌是一种寄生菌，广泛存在于土壤或污泥中，也可存在于禽类的肠内容物中，是一种厌气性的两端钝圆、常单个或成对地呈短链状、能形成芽孢的革兰氏染色呈阳性的大杆菌。目前已知有A、B、C、D、E、F等7个血清型，相应地产生7种毒素。鸭患本病主要是由C型毒素引起，对人无致病性（人类是由A、B、E 3型病毒引起）。肉毒梭菌产生的毒素是一类神经性外毒素，而且是最强的一类毒素，耐热性较强，80℃时加热6分钟才被破坏。

（2）本病主要发生于碱性浅滩水域地区。在一般情况下，肉毒梭菌并不引起任何疾病，它在腐败的动物尸体（包括水生动物、昆虫或鼠类的尸体）以及在患本病而死亡的尸体中的蝇蛆里面，在厌氧的条件下会产生强烈的外毒素，特别在夏季温暖的环境更适宜于病菌产生毒素。肉类和动物尸体很容易腐败分解，当禽类（鸭、鹅等）摄取了腐败食物后，经数小时至1～2天即可出现病状。

（3）诊断本病并不难，可根据患禽是否误食过可能腐败的动物尸体或肉类产品，患禽步态不稳，翅膀垂地，两腿瘫痪、颈肌麻痹和头垂无力等特征性症状，结合无明显的剖检病理变化（必要时可进行毒素检验）就可确定本病。

（4）本病如采用抗毒素疗法，每只鸭肌内注射C型肉毒梭菌抗毒素2～4毫升，即可收到明显疗效。但市场上不易买到，作者试用上述药液配方，曾对驱球虫药——马杜拉霉素中毒多次采用本药方，疗效显著，本例也有良效，今后可以参考试用。

二十四、大批产蛋鸭群暴发垂翅、行走困难

1. 病例基本情况

河南省豫南某县，以饲养产蛋鸭为畜牧业发展的突破口。该县以养鸭专业户的形式为主轴，共饲养产蛋鸭100多万只。饲料来源由福建省在该县创办的3家

鸭饲料公司所供应。2008 年，该县不断发生鸭子垂翅、行步困难，少食或部分拒食等异常变化。由于长期营养不良，卧地不起，死亡的病鸭日渐增多，曾经该县不少兽医多次用药治疗都毫无效果，也弄不清患的是什么疾病，故不少养鸭专业户邀作者探查发病原因，看看应采取哪些有效措施来解决这个难题。

2. 病例诊疗经过

曾在 3 个月内共诊疗 18 批共计 186 只病鸭和剖检病死鸭 38 只。病鸭均为开产的成年鸭。

（1）症状表现：精神委靡，少食或拒食，并出现脚爪的屈肌麻痹，然后蔓延到腿肌麻痹，致使行步不稳或困难，重者卧地不起。不少病鸭同时呈现双翅麻痹，下垂，冠呈蓝色，有的体重减轻，消瘦无力，羽毛粗乱、无光泽或拉稀便，停止产卵。

（2）剖检病死鸭 38 只，发现皮下水肿，心肌变性，心脏萎缩而右侧心室扩张，胃肠壁与生殖器官萎缩，有的肾上腺肥大。

（3）诊断：根据作者既往的诊疗经验，初诊为维生素 B_1 缺乏症。

（4）防治措施：在饲料中添加维生素 B_1 粉或复合维生素 B 粉，用量按市售的每袋重量以治疗量的要求供给，全群统一添加。症状较轻的可配合口服复合维生素 B 片，每只每次 1 ~ 2 片（3 ~ 5 毫克），每日 1 ~ 2 次，连用 3 天。卧地不起或双翅轻度下垂的病鸭，配合肌内注射维生素 B_1 注射液，每日 1 ~ 2 次，每次 2 毫升。拒食的病鸭还配合人工填喂饲料及协助饮水。

效果：经院方给药或专业户自己上市场购买上述药物后，经过 3 ~ 5 天的治疗和预防用药，95% 的病鸭均很快恢复了健康。

3. 病例剖析与体会

（1）本病例通过补充维生素 B_1（硫胺素）后疗效显著，证明诊断是正确的。

（2）维生素 B_1 为鸭子神经系统和体内碳水化合物代谢所必需的物质，具体地说是一种动物体内 α 酮酸的氧化脱羧反应的主要辅酶，参与并由它所形成的丙酮酸氧化酶是糖代谢的重要环节之一。谷粒及其加工副产品、黄豆粉、棉籽粉、花生粉等均含有丰富的维生素 B_1，因此，在正常情况下鸭子及其他家禽实际使用的日料，均含有充足的维生素 B_1，无须再给予特殊的补充。但是往往由于饲料配合和饲养方法的不合理，鸭群，特别是成鸭也会偶然发生本病。

（3）维生素 B_1 缺乏症临床上多见于幼禽，如雏鸭等，症状比成鸭严重，在未经治疗的情况下，死亡率可达 40% ~ 60%。病例多见于出壳后至 20 日龄的幼鸭，往往呈现成群发病。归纳发病的原因如下：

①饲料储存时间延长，维生素 B_1 遭到破坏或饲料中维生素 B_1 含量低。

②饲料单一造成维生素 B_1 缺乏。

③饲料或饮水中含有氨丙林，会抑制维生素 B_1 在肠道中的吸收。

④饲料搭配不合理。

⑤沿海地区往往是由于鸭群饲喂时谷类饲料很少，而大量饲喂鱼、虾、蚬、螺、蟛蜞等富含蛋白质的饲料。这些饲料不但缺乏维生素 B_1，而且还含有硫胺酶，这种酶能破坏维生素 B_1，故本病又俗称“白蚬病”。

⑥有些南方地区习惯用单纯的白米饭喂 10 日龄之内的雏鸭，则因米糠已被清除，维生素 B_1 得不到补充，也是发生本病的原因之一。

（4）成年家禽发病缓慢，幼雏常突然发病。表现食欲不振、消瘦、羽毛蓬乱、步态不稳。病雏鸡常把身体坐在自己屈曲的腿上，头向后背极度弯曲，而呈现所谓的“观星姿势”；病雏鸭可见头偏一侧、转圈，初期精神沉郁，食欲不振，羽毛松乱，下痢，不久出现多发性神经炎，即脚软无力，行走或强迫行走时身体失去平衡，常跌撞几步后即蹲下，或跌倒于地上，两脚朝天或侧卧并同时作游泳状摆动、挣扎，但又无力翻身站立起来。有时偏头扭颈症状常为阵发性发作，一次比一次严重，最后抽搐倒地死亡。有些病雏鸭在游泳时，常因突发颈肌麻痹，头颈向背后弯曲，不断在水中打转或突然翻转而死亡。

（5）作者在河南省浚县兽医院诊疗过某村送来的成年鸭，呈现少食、脚软无力、翅膀稍下垂，当时疑似为维生素 B_1 缺乏症，只注射 1 ~ 2 次维生素 B_1 注射液，每次 2 毫升。次日复诊时，畜主高兴地说：“只注射 1 ~ 2 针就治好了，真是神医。”这就是我认识成鸭罹患本病的初次尝试。时隔数年，又见到上述这么多病例，才按维生素 B_1 缺乏症进行了再次诊疗。为了进一步对本病的了解，作者有意留下 7 只病鸭，在住宅后院专职饲养、治疗和观察病程及其预后，采取每只病鸭用该专业户供给的饲料喂养，同时，每日 2 次，每次每只病鸭投服复合维生素 B 片 2 片，每日两次肌内注射维生素 B_1 注射液，每次 2 毫升，病轻者有 2 只病鸭用药 1 天半后双腿有力，原来翅膀轻度下垂，现在已不再下垂了，食欲也恢复了正常；第 3 ~ 4 天又有 4 只病鸭恢复了正常状态，只有 1 只未能痊愈，又坚持治疗 1 天后也恢复了正常。在食欲方面，有 3 只病鸭拒食，4 只能自己采食，但食量减少，为了保证营养的需要，作者用拇、食二指夹住拌湿的饲料填入病鸭口内，迫使下咽，每喂 1 次饲料后，将鸭头嘴部按入水中，它会自动饮水，由于医护得当，取得了明显的疗效。当全部病鸭采食、饮水、活动一切如常后，又坚持观察了 1 个月，均未见产卵现象。也许患了严重的病症后，由于生殖腺萎缩，一时很难恢复正常产卵。

（6）由于该县不断送病鸭找作者看病，而且一治就好，治愈时间较短，花钱甚少，故该县饲料公司派经理和技术员专程访问了作者，要求将治好病鸭的秘诀告诉他们。作者为了广大专业户的利益，毫无保留地奉献出诊疗经验，建议饲料厂在原有饲料配方中再加入维生素 B_1 粉，就可彻底消灭本病。又经过数年时间观察和了解，该县无人再来找作者看这类病鸭，说明已经达到良好的预防效果。

二十五、小鹅瘟（小鹅病毒性肠炎）

1. 病例基本情况

郑州市西郊某村的养鹅专业户共饲养 7 ~ 35 日龄的雏鹅 1 300 只，其中 7 ~ 19 日龄的雏鹅 750 只；20 ~ 35 日龄的雏鹅 550 只。主诉：近日雏鹅突然发病，多为 7 ~ 19 日龄的雏鹅，发病的雏鹅约为 200 只，已死亡 48 只，但 20 ~ 35 日龄的雏鹅只有几只发病，有的病雏鹅往往不见任何症状而突然死亡，病程很短，有的半天至 1 天，有的为 2 ~ 5 天。大部分病鹅初期食欲减少或随群作采食状，但不进食，精神不振，拉稀，有的流鼻涕，有的卧地抽搐，最后衰竭死亡。经当地兽医初诊为急性肠炎而脱水致死，曾用抗生素、黄连素等药物治疗毫无效果，故邀作者出诊诊疗。

2. 病例诊疗经过

（1）症状表现：病雏鹅精神委顿、表现不安，在外围团团转但并不采食，有的随群作采食状，但往往又把饲料甩去不食，继而缩颈，行走困难，常离群独处。严重时，病鹅食欲废绝，渴欲大增，体重显著减轻，并有严重下痢症状，排出乳白色或黄色并混有气泡或假膜的稀粪。食管膨大部积有大量的气体和液体，因流鼻液，时时摇头，口角及鼻孔有分泌物甩出。1 周龄的病雏鹅临死前可见到颈部扭转或抽搐、瘫痪等神经症状。但 20 ~ 35 日龄的雏鹅群只有极少数发病，症状为精神不振、少食、下痢，症状相对比日龄较小的病雏鹅要轻微。同时病程相对延长，个别的病雏鹅尚能自愈。

（2）剖检病死雏鹅 48 只：肉眼可见的主要病变在消化道。发现突然急性死亡的病雏鹅，整个肠管黏膜肿胀，尤以小肠为主，呈现充血和出血，在肿胀的肠黏膜表面，覆盖大量黏液，呈急性卡他性出血性炎症。病程略长的病死雏鹅，肠道呈现特征性的病变，即发生假膜性纤维素性肠炎，在小肠的中段和后段，特别在靠近卵黄囊柄和回盲部的肠管膨大，体积比正常的肠段增大 2 ~ 3 倍，质地坚实，如“腊肠样”。将膨大部分的肠壁剪开，见到肠腔内充塞着一种灰白色或淡黄色的凝固的栓子状物，质硬而脆，将肠腔完全堵塞，肠壁薄而平滑，不见出血或溃疡变化，栓子干燥，外表有灰白色，厚薄不一，质脆的纤维素性假膜，栓子中心可见深褐色干燥的肠内容物，有些栓子假膜表面有大小不等的红点或红斑，很类似出血点（这是由于肠壁的微细血管破裂或血管通透性增大，红血球渗出后粘在假膜上的缘故）。有的干燥栓子表面上的假膜被切开后，在栓子的干燥内容物中间，又发现了一条小的干燥栓子。有时还见到肠腔内形成白色或灰黄色的呈套管状或长条状较薄的假膜脱落物，短者 3 ~ 4 厘米，最长的达 20 厘米，剪开套管状物，内有褐色或污绿色的肠内容物。有的尚可见到肠腔内只有一些破碎的小片状假膜和黏稠的内容物。此外，还见到个别死雏鹅的小肠外观显著膨大，坚实，整个肠腔充满黏稠内容物，肠黏膜充血呈现急性卡他性肠炎变化。

病死雏鹅的肝脏肿大，呈深紫色或橙黄色，日龄小者其肝脏多呈土黄色，表面光滑，肝实质变脆。胆囊显著膨大，囊内充满暗绿色或黄绿色的胆汁。脾脏和胰脏充血，偶见有灰白色坏死点。

（3）诊断：依据以下情况分析初诊为小鹅瘟。

①发病雏鹅主要发生在20日龄以内的雏鹅，因为25日龄以上者在临床上很少发病及出现死亡现象。

②病雏鹅严重下痢，食欲废绝，有的出现缩颈，抽搐或瘫痪等神经症状。

③剖检病变以消化道为主，呈现套管状，假膜性灰白色的黏膜脱落物或较长的假膜内容物，俗称“腊状粪”。

④采集病雏鹅肝脏组织，制成悬液，加抗生素处理后，取上清液，经无菌检验证明无菌后，取5只有易感性的雏鹅（切忌采用发病群中的可疑健康雏鹅及具有天然被动免疫力的雏鹅）做试验组，每只皮下注射0.5～0.8毫升，另取5只健康有易感染性的雏鹅作为对照组，每只皮下注射抗小鹅瘟高免血清0.5～0.8毫升。经过2～3天，试验组发病或死亡，对照组无恙，对确诊本病有重大意义。

（4）防治措施。

①预防：将病雏鹅与可疑健康群分开隔离饲养，全场彻底消毒（2%苛性钠溶液），尚存活的雏鹅均用中成药“三九禽康”按该药说明的治疗量供应，并拌入饲料中，给雏鹅群全群添加饲喂。

②治疗：采用抗小鹅瘟高免血清，每只皮下注射0.8～1毫升（如果购不到此药，可试用鹅基因工程干扰素（商品名称为速立宁），每只皮下注射或加入水中自饮，每日1次，每次每千克体重用0.01～0.02毫升也有较好疗效。

3. 病例剖析与体会

（1）采用上述防治措施后，经3～5天，基本控制了疫情，停止了死亡，在治疗期间仍然有病重者死亡，共计34只。

（2）本病病原为小鹅瘟病毒属细小病毒所引起的一种以20日龄以内的雏鹅所引起的一种急性、发病率和死亡率很高的传染病，其中以1周龄的病雏鹅死亡数尤多。

（3）本病毒通常存在于病鹅的肝、脾、脑、血液和肠内容物中。本病毒无凝血作用，但有凝集牛精子的作用，并能被抗小鹅瘟血清所抵制，因此，可用于病毒的鉴定。本病毒有较强的抵抗力，加热56 ℃ 3小时以上才能灭活；在－20 ℃时，可保存2年以上，对抗生素和磺胺类药物的抵抗力也很强，故临床上仅采用这类药物不可能取得显著疗效。

（4）病雏鹅和带毒鹅是本病的传染源，被病毒污染的饲料、饮水、工具、环境、甚至被污染的种用鹅卵都是本病的传染途径。如果感染鹅采食了被病毒污染过的饲料与饮水等，经消化道传染即引起本病的发生和流行。通常本病的潜伏期为 3～5 天。此外，据某些资料介绍，本病尚呈现明显的呼吸系统症状，常将本病误诊为鹅流感，因为在细菌分离中常发现有嗜血杆菌合并感染；或有巴氏杆菌与小鹅瘟合并感染。有资料报道，有些鹅群先发生巴氏杆菌病，然后又继发小鹅瘟。有些情况则完全相反，这就导致了患雏鹅死亡率剧增的原因之一。

（5）本病必须与雏鹅流感病相区别。小鹅流感主要以呼吸系统疾患为特征，无下痢症状，病理变化不明显，只于气管、支气管、喉头及鼻腔内有时见到半透明黏液渗出物，而小鹅瘟则以消化道有明显的病变为特征。

（6）目前防治本病的有效方法如下：

①孵房消毒：孵房中的一切用具先用 3%～4% 威力碘水溶液洗刷干净，然后关闭门窗，用甲醛溶液熏蒸消毒，每立方米空间用 30 毫升甲醛溶液，15 克高锰酸钾粉，消毒 1～2 小时。种蛋消毒 15～20 分钟。

②疫苗接种：目前有强毒疫苗和弱毒疫苗 2 种。在小鹅瘟流行地区，可采用强毒苗给种母鹅接种，即在产蛋前 30 天，每只鹅肌内接种 1∶100 倍稀释的疫苗 0.5 毫升，产蛋前 15 天再接种 1 次，每只 0.1 毫升。免疫接种后，当年种蛋孵化出的雏鹅就具有很强的免疫力。在非疫区，可采用弱毒疫苗，给雏鹅滴鼻或皮下注射，免疫剂量按疫苗说明书应用，免疫保护率在 80% 以上，有时高达 100%。

③抗体疗法：如果发现小鹅瘟病雏鹅应立即对全群注射抗小鹅瘟高免血清或高免蛋黄，每只注射 0.5～0.8 毫升，可收到立竿见影的疗效，也可以在疫区尚未发病的雏鹅进行预防性注射，以增加雏鹅被动免疫的抗病能力。

二十六、产蛋鸭慢性喹乙醇中毒

1. 病例基本情况

河南省某县某养鸭专业户共饲养产蛋成年鸭 3 000 只。主诉：近几天来部分鸭子采食减少，拉稀。听别人介绍，在饲料中加入喹乙醇可治疗拉稀，疗效好，花钱少，还能促进生长，随即到县城购买了此药。按规定用药量为每千克体重用药 25～30 毫克计算，拌入饲料中喂了 2 天，的确疗效不错，就想再加一倍药量治疗希望能早日康复。但 4 天后，突然发现病鸭死亡 2 只，部分鸭卧地不起，有的鸭嘴上喙出现水疱或脱皮干裂，就请当地兽医诊治，用抗生素治疗 3 天并无效果，又死亡 5 只，只好邀作者诊治，附带病鸭 3 只，死鸭 2 只。

2. 病例诊疗经过

（1）检查病鸭：精神沉郁，食欲减少或不食，体温正常，翅下垂，行走摇摆或伏卧，严重的瘫痪在地不能起立，体重减轻呈衰竭状态。3 只病鸭的鸭嘴上喙有水疱，疱液混浊，或水疱破裂后脱皮干涸龟裂。喙上短下长，出现喙的特征性变形。随即将鸭头及变形的喙采用 10% 福尔马林液浸泡并装入瓶内作教学标本。

此外有1只病鸭双眼失明。

（2）剖检病死鸭：呈现慢性中毒的病理变化，即形体消瘦，被毛粗乱，鸭嘴上喙有水疱，皱缩，畸形，喙与腿骨较软，肝脏微肿，肠道轻度肿胀，胆囊胀大，充满绿色胆汁。有1只死鸭的腺胃及肌胃角质下出血。卵泡变形破裂，腹腔含有卵黄液体。十二指肠呈弥漫性出血。泄殖腔严重出血。肾肿大，有出血变化。肠壁组织硬化，心脏扩张。

（3）防治措施：

①立即停止添加喹乙醇。

②按复方甘草片100片加白糖500克、水10千克，任鸭随意饮用。

③严重病鸭，每只鸭肌内注射“特效强力解毒敏”2毫升，每日1次，连用3~5天。

④加强饲养管理，补喂一些青绿饲料。

3. 病理剖析与体会

（1）通过停喂喹乙醇后，又改善了饲养管理，适当对症疗法，一周后鸭子基本获得了康复，尚有5只鸭的喙部变形症状未能消除。

（2）喹乙醇又名快育灵、快育诺、倍育诺、喹酰胺醇，在养禽业中曾广泛使用，目前已有其他药物治疗，养殖户怕发生中毒事故，故较少见到本病的发生。

（3）本病发生的原因主要是添加喹乙醇量过高，药物混合不均匀或者喂喹乙醇时间过长，可造成蓄积性中毒。

（4）诊断本病可根据过量添加喹乙醇病史（按规定的用药量每吨饲料添加喹乙醇25~30克，或每千克饲料含喹乙醇25~30毫克），如果发现病鸭的嘴上喙有水疱，疱液混浊，破裂后干裂脱皮，上喙短，下喙特别长而宽的变形症状即可确诊。

二十七、禽类异食癖

1. 病例基本情况及诊查

（1）鸡异食癖：

1）病例基本情况。郑州市惠济区某养鸡场共喂养成年产蛋母鸡1 500只，60日龄雏鸡2 000只，5日龄新生雏鸡3 000只。在不同日龄的大小鸡群中不断发生鸡只互相啄趾、啄羽、啄蛋、啄肛、啄背等坏毛病，甚至有的鸡只自己啄自身的羽毛或鸡蛋。该场曾补充过钙剂，虽有一定作用，但未能根治这种病症。

2）病例诊查经过。经过现场观察，大小鸡的症状表现分为以下4种情况：

①啄趾癖：见于新生雏鸡。当舍内光亮时或雏鸡抢不到饲料而呆立一边观望时，由于雏鸡趾部皮肤很薄，血管较明显，就互相啄食趾部，引起出血和跛行。有病雏鸡48只。

②啄蛋癖：见于产蛋母鸡群。当母鸡产蛋后，鸡就互相啄蛋，在产蛋高峰期更为多见，病鸡有 232 只。

③啄肛癖：产蛋母鸡多见，小鸡少见。当母鸡正在产蛋时，可见到泄殖腔外突，黏膜发红，有些待产母鸡立即啄肛，导致黏膜出血，时有群啄，更为严重。

④啄羽癖：多见于大鸡，也有小鸡；自身啄羽或互相啄羽的恶癖，特别多见于啄食背部羽毛，当冬季来临后，对鸡的自身保温产生了不良影响。病鸡有 158 只之多。

查找发病原因：本病发生的原因很复杂，多由于饲养管理不够科学化或饲料缺乏某种氨基酸、钙、磷、盐等营养物质所致。我们提取该鸡场的饲料到郑州牧业工程高等专科学校饲料营养分析室做氨基酸、脂肪、钙、磷、盐等有关项目，结果发现饲料中钙质含量低于正常值；氨基酸以蛋氨酸、胱氨酸、半胱氨酸含量均低于正常值，盐的含量低于 0．3%。由于上述被检饲料中营养物质不全或含量低于正常要求值，甚至氨基酸比例失调或不足，加上产蛋鸡笼的饲养密度较大（每个笼达 5～6 只），运动不足，舍内光照强度不一，如近窗户处或高层鸡笼处的蛋鸡发病率相对较高。

（2）鸭异食癖：

①郑州市西郊某村，常年喂养北京肉鸭，每隔 20 天引进一批雏鸭，以网上平养为主，20 日龄后转为地上平养，当饲养至 40 日龄后，进行人工填鸭法，直至 45 日龄出售到市场。该村人口多，养鸭专业户 10 余户，饲养量也很大，但每年鸭群不断出现啄羽癖或啄肛癖。特邀作者出诊诊查。

②病例诊查经过：该鸭场饲养北京肉鸭 3 500 只和部分种鸭 520 只，通常北京鸭似乎比轻型品种的蛋鸭严重，不同的日龄则表现亦不相同。观察鸭群主要发现有啄羽癖和啄肛癖。经饲料成分分析与检验，除了饲养管理不当引起的原因外，与饲养密度过大、运动不足、圈舍通风不良、光线过强、饲料单一、蛋白质饲料中缺乏含硫的氨基酸、饲养中矿物质和维生素不足、长期不补盐、饲喂时间不固定等多种因素有关。

（3）症状表现：

①啄羽癖：多发生在中鸭或后备鸭转成鸭开始生长新羽毛或换小毛时。啄羽主要是啄背后部羽毛，见被啄鸭背后羽毛稀疏残缺，而后生出的新羽，则毛根粗硬，不利于屠宰加工，影响品质；此外，因啄羽时相互追啄，影响鸭的正常生长发育，造成一定的经济损失。

②啄肛癖：多发生在产蛋母鸭，尤其是产蛋后期的母鸭，因鸭腹部肌肉和肛门括约肌松弛，产蛋后不能及时收缩回去而留露在外，造成互相啄肛。并见有的产蛋鸭产蛋时因蛋形过大，肛门破裂出血而导致追啄。还有的公鸭，因体型过大，笨拙而不能与母鸭交配，时而追啄母鸭，啄破肛门括约肌，严重者有的公鸭

尚可将啄深入母鸭泄殖腔内啄破黏膜，有时将直肠或子宫啄出，造成死亡。

2. 病例防治经过

（1）作者数十年来多采用以下方案为主进行治疗：100千克饲料中加0.2%蛋氨酸、0.5%生石膏粉、0.5%细食盐，连喂7~10天，疗效显著。此法花钱少，易推广，深受养殖户欢迎。

（2）对3~5日龄雏鸡进行断啄。

（3）舍内玻璃门窗用红纸或红布遮挡，电灯改用红色灯泡，使舍内环境呈红色。因为禽类常见某处红色或出血时见红色就喜啄，如果整个舍内均变红色会抑制其啄食癖的坏毛病。

（4）如果产蛋母鸡用上述方法无效时，可自制一副鸡眼镜给鸡戴上，效果也佳。制作方法是将两根塑料细棍分别做成两个圆形，两圆形中间也用一短塑料棍连接住，圆形框上覆盖一层红色玻璃纸。由于鸡有外耳孔，但无耳郭，故在两鼻孔内加一个夹子，以夹子钩夹住鸡的两鼻孔，防止眼镜滑脱。此法费时费料，但疗效卓著。

3. 病例剖析与体会

（1）要根据发生的原因，采取相应的措施。供给丰富的蛋白质、矿物质和维生素。疏散饲养密度，避免过分拥挤，改善通风与光线强度。

（2）啄羽癖的防治有可能是饲料中缺乏硫化钙而引起的，可在饲料中加入硫化钙（如天然石膏粉末），一般每天每只给0.5~3克，啄羽癖很快消失。

（3）食用盐在饲料配方中应达到0.3%，如果超过1%以上，饲喂时间又长，极易发生食盐中毒。

（4）啄肛癖的防治，即发现啄肛癖的病例，要进行隔离饲养或淘汰或治疗。如何发现啄肛癖的病禽呢？一般可在禽群中，见喙部有血迹污染者即可能是啄癖禽。对被啄家禽轻度肛门或泄殖腔出血者，可及时将禽隔离，用0.1%的高锰酸钾水洗患部，其后再涂以磺胺软膏或涂擦紫药水。如果直肠或子宫已脱出，发生水肿或坏死，则宜淘汰。

（5）据有关资料报道，在饲料中添加0.2%蛋氨酸，能够减少家禽类发生啄食癖，并且可以提高母禽的产蛋量。

（6）如果是由于外伤或体外寄生虫病引起的相互啄食，应及时治疗外伤和寄生虫病。

第三章 牛病例

一、牛炭疽

1. 病例基本情况

河南省某县某乡兽医站站长，正好遇到从县城路过该站的作者时，特邀参观他在站内门诊部屋梁上悬吊的一个特大牛肝脏。他说：这个大肝几乎分不出其他肝叶，此肝是某村的1头耕牛突然发病，不到7个小时就死亡。死前畜主主诉有高度呼吸困难，食欲废绝，黏膜发绀，肌肉震颤，口鼻流出血样泡沫，肛门出血，卧地不起。故请兽医站派人诊断一下是何病。随即剖检死牛，发现肝脾肿大，肝肿大几乎分不出其他肝叶，死牛血凝固不全，呈酱油色样，当时未能确定病名，回站后又进行会诊，大家都从未见过这样肿大的肝脏，其中有一名老兽医说曾看过一本连环画小人书中介绍过称为“独叶肝病”，正好作者来站可帮助确诊一下。

2. 病例诊查经过

由于前两天发生此事，牛肉已分给群众食用，每户250克。故只能在严密无菌操作下，将大肝取出一小块作标本，到县兽医院由作者亲自涂肝触片，瑞氏染色法染色，油镜检验，发现有大量炭疽杆菌。随即通知该兽医站做好以下工作：

（1）立即深埋或焚烧病肝，彻底消毒门诊部。

（2）迅速到村普查食牛肉者，了解食后有何反应，将牛皮追回，深埋或焚烧。

（3）立即通知乡卫生院对食肉者做进一步观察或口服抗菌剂。

（4）将被污染的牛舍、剖检场地、牛皮、有关工具等进行彻底消毒。

（5）凡接触过病牛的人畜建议有关部门进行紧急预防接种，以防万一。

经过21天观察后尚未见新的人畜感染本病，才结束了这次特殊意外事故的防治措施，没有导致本病的流行与发展。

3. 病例剖析与分析

（1）该兽医站主要是老中兽医，没有学过微生物检验方法，也缺乏对本病的理论与实践知识，故未能确诊疾病的病名，今后应吸取2个教训：一是在未确诊的情况下，不应将病肝拿到兽医站，更不应该悬挂在门诊部；二是在未确诊前，应通知村里，不要将病死牛肉分给群众食用。

（2）炭疽是由炭疽杆菌引起的家畜、野生动物和人类共患的急性、热性、败血性传染病。其临床特征是发热，呼吸困难、腹痛及可视黏膜发绀和天然孔出血。剖检时有明显的败血症变化，肝脾急性肿大，皮下及浆膜下有出血性胶样浸润，血液凝固不全，并呈现焦油样颜色等。

（3）炭疽杆菌为长而直呈竹节状或铁轨状的特大杆菌，有时在高倍显微镜下可清晰看到其形态特征。为革兰阳性菌。在动物体内单个散在或2~3个菌体相连，呈短链状排列。菌体周围形成荚膜，菌体两端平截呈竹节状。在人工培养物内或自然界中的炭疽杆菌，不产生荚膜而形成圆形的芽孢，并位于菌体中央。

（4）诊断本病应依据以下方法：

①临床及流行病学诊断：原因不明突然死亡，或发现痈性肿胀、腹痛、高热、病情发展急剧，死后天然孔出血的病畜，应首先怀疑为炭疽。接着调查本地区过去是否发生过炭疽，死畜与哪些动物接触过，其他人或动物有无类似症状或发生死亡的案例，死畜是如何处理的，是否注射过炭疽菌苗等。上述情况可为确诊提供一定的依据。

②细菌学诊断：生前或死后可采耳尖血涂片染色镜检，如发现荚膜而粗大，呈竹节状的大杆菌，即可确诊本病，同时在未确诊前严禁剖检，以防病菌扩散。

③血清学诊断：炭疽尸体组织内含有特异的炭疽杆菌沉淀原，它耐热又耐腐败，当镜检、培养与动物接种尚不能确诊的陈旧或腐败病例，用炭疽环状沉淀反应（阿斯科里反应）如呈阳性者也可确诊为本病。

（5）防疫措施：每年秋季应用无毒炭疽芽孢苗或第二号炭疽芽孢苗接种。前者1年龄以上的大动物皮下注射1毫升；1年龄以下的大动物、猪、绵羊皮下注射0．5毫升，山羊禁用。第二号炭疽芽孢苗，各种家畜均为皮下注射1毫升。注射2周后可产生免疫力，保护期限达1年之久。

（6）近年来，炭疽病极少发生，作者访问不少牛场，他们多数未做疫苗接种，认为炭疽已基本消灭了。作者建议，炭疽病虽不如过去多见，但不能麻痹大意，应坚持炭疽菌苗的接种工作。

二、牛气肿疽

1. 病例基本情况

河南省某县城关乡某生产队 1 头耕牛，2 年龄，母。因左臀部肿大、不食、跛行，牵到县兽医院邀作者诊治。

2. 病例诊疗经过

体温 41．8℃，心跳 87 次/分，呼吸 56 次/分，精神不振，营养中下等，昨日下午发病，停止采食，也不反刍，左后肢跛行明显。检查发现大腿、肩部，尤其是左臀部等肌肉丰满处发生肿胀，触之有热痛感，肿胀处皮肤干燥，紫黑，叩之如鼓，压之有捻发音，用粗针头穿刺左臀部最肿处流出污红色酸臭液体，液色与 0．1% 高锰酸钾溶液色质相似；呼吸困难，脉搏细微，将穿刺液作涂片瑞氏染色，发现有菌体较大的杆菌。初诊为牛气肿疽病，随即隔离治疗，但由于病情急剧，于次日清晨死亡。在严密消毒措施下，检查尸体显著膨胀，瘤胃臌气，鼻孔、口腔、肛门流出含有泡沫的血样液体。剖检发现胸腹腔和心包腔积液，色暗红，心肌脆弱，肺间质水肿、充血，淋巴结肿大；肝切面有大小不等的棕色干燥病灶，多孔呈海绵状。其特征性病变为肿部肌肉内有暗红色坏死，内有空隙，切面呈海绵状。根据发病症状、剖检变化及微生物检验，确诊为气肿疽病。

为了防止本病的传播，随即对该村牛舍内的其他 12 头牛进行普检，尚未发现异常变化，并将牛舍、有关用具、食槽、运动场地做彻底消毒，注射气肿疽菌苗，经观察 1 个月，一切如常。

3. 病例剖析与体会

（1）本病病原为气肿疽梭菌，是一种菌体较大的圆柱状杆菌，单个或成短链，体内外均能形成芽孢，专性厌氧，革兰染色阳性。该菌繁殖体抵抗力不强，而芽孢的抵抗力极强，能在外环境存活 5～10 年。

（2）本病多呈散发，具有地区性和季节性。6 个月至 3 年龄的营养状况较差的牛易感。

（3）病牛应立即隔离治疗，死畜严禁剥皮吃肉，应深埋或焚烧。舍内、圈栏、用具及被污染的环境用 3% 福尔马林或 0．2% 升汞液消毒。粪便、被污染的饲料和垫草等均应焚烧销毁。对本病多发区应及时接种气肿疽甲醛明矾苗、气肿疽牛出败二联干粉苗。早期治疗可用抗气肿疽血清，也可用大剂量的青霉素等抗生素。

（4）近 30 多年来本病极少发生，可能与坚持疫苗接种，同时饲养及环境条件比过去有明显改善，增强了机体的抗病免疫力有很大关联。

三、牛伪狂犬病

1. 病例基本情况

河南省某县曾发生过地方流行性伪狂犬病，近日来尚有3头病牛住院治疗，但毫无疗效。正好作者带领郑州牧业工程高等专科学校实习生在该院生产实习，故被邀参加了会诊工作。

2. 病例诊疗经过

病牛体温40.5～41.5℃，不吃不喝，不反刍，呈现嚼肌与颈肌痉挛，口流多量黏液，有的垂涎长约0.6米，稍迟呈现顽固性“奇痒”症状，摩擦鼻镜或面部其他部位，或者舐擦肩部、后腿或乳房周围的皮肤。没有拴住的牛犊常采取犬坐姿势，由于肛门和阴门的剧痒，可在地上滑擦，从而引起范围不等的脱毛和出血区，其周围则表现水肿。有时因“奇痒”从大母牛体侧爬胯。有的病牛强烈喷气、磨牙、出汗、后足用力踏地，并表现其他狂躁现象，起初还有食欲，继而发生高度臌气和后肢虚弱。最后病牛完全衰竭，表现咽麻痹或后肢麻痹。体温下降，多见2～3日治疗无效而死亡。

3. 病例剖析与体会

（1）伪狂犬病是由伪狂犬病病毒（属DNA疱疹病毒）引起牛等家畜和野生动物的一种急性传染病，呈发热性全身症状和脑脊髓炎性病变，在牛、羊则以“伤口奇痒”为特征。

（2）本病呈散发性，有时呈地方流行性。作者曾在许昌、驻马店及郑州市东郊见过本病。人类对这种病毒没有易感性，仅侵犯牛、猪等家畜和野生动物。鼠类和猪为本病病原的长期“贮藏库”。

（3）病牛死后剖检：脑和脑膜有严重充血和出血，消化道黏膜亦可发现充血和出血，有时肝脏淤血肿胀。脑和脊髓组织学检查，呈现神经细胞和神经胶质水肿、变性、核先淡染后浓染，染色质破裂或核空泡化，有的出现神经细胞进行性坏死。这些变化也许是病牛生前出现“奇痒”的原因。

（4）本病的发病率比狂犬病（指牛）的发病率高，两者的区别：狂犬病有被疯狗或其他患狂犬病动物的咬伤史，恐水，呈现攻击性的神经兴奋性体征等；伪狂犬病不恐水，主要症状为“奇痒”和后期麻痹等特征，同时病程也比狂犬病迅速得多。

（5）牛患本病后几乎无例外地死亡。研制有效的免疫预防疫苗至今还没有成功，可能原因是还未能通过物理作用（干燥、加热）和化学作用（福尔马林和其他消毒剂）使病毒致弱到不致引起疾病而能产生主动免疫性。

四、牛恶性卡他热

1. 病例基本情况

作者带领实习生赴淮阳县兽医院实习期间，主治医生收治了一头病耕牛，体温升高，不食，双眼、鼻、口黏膜严重发炎，经过住院对症治疗 3 天无效，不降体温，邀作者会诊。

2. 病例诊疗经过

体温 42 ℃，全身虚弱，口鼻黏膜剧烈发炎，双眼睑肿胀，羞明，流泪，有脓性及纤维素性分泌物，角膜混浊甚至溃疡而失明。口鼻黏膜糜烂症状，沉郁，有时兴奋、鸣叫、磨牙。次日上午病亡。

剖检发现上呼吸道变化最为明显，鼻和副鼻窦里存在大量脓液，黏膜充血肿胀甚至溃疡；喉头、气管及支气管黏膜充血、出血、有假膜，肺充血水肿。口腔黏膜炎性肿胀，散在有出血点，胃肠道黏膜可见糜烂和溃疡。实质脏器严重变性，肾皮质出现白色病灶，做病理切片检查，脑神经细胞内出现包涵体。

依据发病牛与绵羊有接触史，有眼炎、头部黏膜严重发炎以及高热不退，剖检以上呼吸道炎症明显，以及脑病理切片检查神经细胞内出现包涵体，用药无效等可确诊为牛恶性卡他热。

3. 病理剖析与体会

（1）本病由恶性卡他热病毒（属疱疹病毒）引起的牛的一种急性热性非接触性传染病，以持续发热，口、鼻、眼部黏膜发炎伴发神经症状为特征。该病毒可在牛、羊甲状腺，牛肾上腺、睾丸、肾等的细胞培养物中生长，引起细胞病变。

（2）据有关资料介绍和作者的实践观察，都说明此病不能由牛直接传染于牛，因此必定还有其他疫源。绵羊可能为带毒者，而本身并不明显发病。但是否还有其他疫源，值得进一步考察，因为在有些情况下，病虽在牛只发生，但不能查出绵羊为引起传染流行的疫源。除绵羊外，羚羊也可以充任疫源，但羚羊本身并不患病，只在血液中可能藏有病毒。还有人认为可能是由吸血的节肢动物传播的，但还没有证实。不过绵羊的病毒可由中间媒介（水、饲料、人等）短距离传播。隐性感染的牛只是否也可以充任疫源，还有待进一步验证。

（3）本病以 4 年龄以下的牛只多发生，4 岁以上年龄的牛只很少患病。品种和性别与易感性没有关系。本病一旦发生或流行，当今尚无疫苗和有效的治疗方法，多归于死亡。在预防中，必须严禁将牛和绵羊近距离接触，以减少本病的发生。

五、牛附红细胞体病

1. 病例基本情况

郑州市西郊某奶牛场邀作者出诊诊疗 4 头病牛，当时正值 6 月末，天气炎热、多雨，主诉：病牛初期无明显症状，仅见异食、口渴、黏膜苍白。随病情发展，体温升高，不食，曾请当地兽医按感冒治疗，采用 30% 安乃近 30 毫升，配合青霉素 600 万单位 1 次肌内注射，但不降温，病情反而加重。

2. 病例诊疗经过

检查体温升高至 40.5 ~ 42 ℃，呼吸加快，脉率增数，食欲废绝，反刍减少至停止，精神沉郁，产奶量骤减，流涎，流泪，四肢无力，步态不稳，多汗，其中一头病牛卧地不起，腹泻，尿血，皮肤和可视黏膜苍白、全身肌颤。最后因严重贫血、黄疸、热骤退而死亡。经采血涂血片镜检，发现有附红细胞体，初诊为本病。

治疗措施：对病牛隔离治疗，用贝尼尔（商品名称血虫净）每千克体重 3 ~ 7 毫克，以生理盐水配成 5% 溶液，分点于深部肌内注射，每日 1 次（也可用黄色素注射液，每头每次 40 ~ 50 毫升静脉注射）。配合磺胺 6 – 甲氧嘧啶钠液 20 ~ 30 毫升肌内注射，每日 2 次，3 天后仅治愈 3 头，死亡 1 头。

3. 病例剖析与体会

（1）附红细胞体病于 2000 年河南首先发现猪的病例，但牛患本病则比较少见，当时对本病的病原说法不一，有的书本归于寄生虫病类，有的归于传染病类（认为是由立克次体所引起）。作者从实践中观察认为应属于一种新发生的传染病，因为作为寄生虫病，其虫体生活发育史尚未阐明，从理论上分析，其说服力不足，应归于传染病类。

（2）血涂片镜检方法简易，即取末梢血涂片，甲醇固定，姬姆萨染色，镜检，可见红细胞表面附椭圆形、半月形、杆状、逗点状的附红细胞体，色呈淡紫色即可确诊。

（3）本病死牛 1 头的剖检：可视黏膜苍白、黄疸、血液稀薄，凝固不良；皮下、浆膜下及全身脏器有点状出血；腹腔积液，呈暗红色；肝脏肿大、质软、土黄色；胆囊肿大、充满胆汁；脾肿大；肾皮质出血，色呈土黄色；胸腔积液；心肌扩张、质软；真胃及小肠局部出血，黏膜水肿；肺炎和肺水肿。

（4）本病应与下列疾病做鉴别诊断：与泰氏焦虫病的早期区别，可穿刺淋巴结涂片找到石榴体；巴贝西虫寄生在红细胞中，染色后细胞浆呈淡蓝色，染色质呈紫红色；边虫在红细胞内经姬姆萨染成深红紫色，呈点状或圆形，在红细胞内一般只有 1 个。

六、牛流行热并发肩颈皮下气肿

1. 病例基本情况

2004 年 9 月，郑州市惠济区一奶牛患流行热，经当地兽医治疗后体温恢复正常，食欲、饮水和大小便及呼吸困难症状基本好转，但出现肩颈皮下气肿，继续打消炎针和皮下穿刺放气，仍无好转，要求作者会诊治疗。

2. 病例诊疗经过

（1）主诉与症状：2004 年 9 月，该区许多奶牛都发生呼吸困难、高热、不食，确诊为流行热。曾采用肌内注射解热止痛药，配合抗生素治疗，抗生素可预防细菌性感染（如肺炎等），治疗数天后症状基本消失，仅有颈部、肩部皮下肿胀，似有气体，经作者检查，肿胀处皮下有捻发音，确诊为流行热的一种少见的并发症。

（2）治疗措施：

①西药“头孢精品”，1 克重量粉剂/头次，用 30 毫升蒸馏水稀释，每日 2 次肌内注射。

②输液：17 种氨基酸 500 毫升（先静脉注射），然后输入 10% 葡萄糖溶液 2 000毫升，5% 复方氯化钠溶液 1 000 毫升，维生素 C 500 毫克 ×20 支、肌苷 2 毫升 ×10 支，上药混合一次静脉输入。

③中药疗法：知母 30 克，川贝母 30 克，紫菀 25 克，紫苏 25 克，广木香 30 克，炙枇杷叶 30 克，香附 25 克，川黄连 25 克，黄芩 30 克，百部 20 克，茯神 35 克，陈皮 40 克，桔梗 25 克，焦三仙各 90 克，党参 35 克，白术 30 克，甘草 20 克。水煎服，前 3 天每日 1 次，3 天后隔日 1 次。经过口服中药煎剂 4 付，皮下气肿彻底消除而痊愈。共治愈 5 例，效果甚佳。

3. 病例分析与体会

（1）皮下气肿的发生原因：是由于患牛高热、呼吸困难（有时并发肺炎）导致部分肺泡扩张、破裂，气体可通过纵隔进入皮下，故颈后部及肩部皮下积气。

（2）治疗皮下气肿不能只用穿刺放气法，那是治标之法，不能治本。用中药清肺、理肺、润肺、敛肺为主，配合强心、补液、健胃消食为辅可取得明显效果。

（3）本中药方又给患流行热并发皮下气肿的另 2 头河南省温县的病奶牛施药后同样证实有显效。

（4）并发颈肩皮下气肿多见于以下 3 种疾病：

①第一种为牛流行热，该病特征是体温升高达 41.5 ~ 42.5 ℃，呼吸困难，流鼻涕或咳嗽，少食或绝食，严重的引起跛行或卧地不起，极少部分病牛会并发

皮下气肿。它是由流行热病毒引起的一种传染病，每隔3～5年可流行一次，通常经过1个月左右的流行后本病可得到控制。

②第二种疾病是牛误食黑斑病红薯中毒后并发颈肩部皮下气肿。此病特征是一般体温正常，有饲喂过黑斑病红薯史，患牛高度喘息，故又称“牛喘病”。一般不流鼻涕，不咳嗽，用抗生素治疗无效果，治愈率低，死亡率高。

③第三种疾病是牛气肿疽，本病病原为气肿疽产气荚膜梭菌。也是一种烈性传染病。本病体温高达40～41℃，皮下积气可发生在体表多处部位，特别是臀部、颈肩部较多见，不过穿刺放气过程中，可抽出或从针头溢出紫红色泡沫状液体，液体颜色近似0.1%高锰酸钾溶液的颜色。

七、牛钱癣

1. 病例基本情况

河南省某县城关乡某村耕牛发生了皮肤病，主诉：食欲减退，逐渐消瘦，在眼的周围、头部、颈部、胸部、臀部、乳房、会阴、后肢系凹部等处分散呈现稍高于皮肤的圆形或不规则的近圆形病灶，稍发痒，患处脱毛呈灰褐色，故牵来1头病牛请作者诊治。

2. 病例诊疗经过

（1）体表检查：该村已有上述症状的病牛4头，曾经当地兽医做过治疗多次，毫无疗效。经入院门诊检查，取病灶的鳞屑、被毛和痂皮置载玻片上滴加20%氢氧化钾溶液数滴后，静置15分钟进行镜检，可见到呈石垣状或镶嵌状排列的球形节孢子，并以毛内菌与毛外菌混合寄生。故拟似疣状毛（发）癣菌（属嗜动物性皮癣菌之一），是一种皮肤真菌病，俗称“钱癣”。病牛发病初期，丘疹局限于小范围，逐渐扩延周身，丘疹呈同心圆状向外扩散或相互融合呈不整形似圆形病灶，周边的炎症明显，呈豌豆大小结节性隆起，其表面的被毛向不同方向竖立并脱落稀少，皮肤增厚、隆起，被覆呈灰褐色或鲜红色到暗红色的鳞屑和石棉样痂皮。当痂皮剥落后，病灶显出湿润、血样糜烂面。当皮损累及真皮组织时，病牛可呈现瘙痒症状，有的病灶由于与他物磨蹭后出血、糜烂而继发感染，皮肤增厚，苔癣样硬化。有的病灶局部平坦，痂皮剥落后，可见到生出新的被毛。由于全身无其他实质器官变化，通常病程可历时月余或更长。

（2）治疗：一般采用病灶局部被毛剪掉，清除鳞屑、痂皮等污物后，涂擦10%水杨酸酒精乳剂（水杨酸10毫升、石炭酸1毫升、甘油25毫升、酒精100毫升）、氧化锌软膏或碘化硫油剂或应用5%～10%碘酊和人用癣药水或达克宁软膏等杀菌剂，均可收到疗效，但病愈时间较长。作者曾试用“木爹儿”涂患部，通常每日2次，连用3～6天，患部脱痂，疗效显著。

3. 病例剖析与体会

（1）“木爹儿”涂患部比一般治癣药物疗效快而安全，500 毫升 1 大瓶，只花医药费数元。

（2）本病主要是疣状毛癣菌所引起的一种慢性、真菌性皮肤病。临床上以被皮呈圆形脱毛、渗液和痂皮等病变为特征，也属非致死性疾病，但其传染快，蔓延广，尤其对犊牛或营养不良的老龄牛，以及冬季密集舍饲牛群，易使牛群感染发病。本病尚能由病牛传染给人，属人畜共患的真菌病之一，在公共卫生上应当重视。

（3）在牛的品种、性别之间虽无明显差异，但犊牛比成年牛发病率高。传染途径主要是直接或间接地接触传染。诱发本病的牛群于梅雨季节和夏季放牧期间感染发病较多；在牛群过于密集、混饲、营养不良以及牛个体免疫力降低等因素下，也易导致本病的发生和扩散。因为牛皮肤真菌病的发生与牛机体细胞免疫异常有一定关系，故对长期使用肾上腺皮质激素的牛群，则有诱发本病的可能性，在预防上应加以注意。除此之外，应做好牛舍及牛体卫生，适时户外运动，被皮受紫外线照射，均有益于预防本病的发生。

八、牛眼吸吮线虫病

1. 病例基本情况

河南省某县的 4 头黄耕牛，畜主发现患牛流眼泪、眼半闭、有分泌物，打开上下眼睑见到有白色的线状虫体在眼内活动，并常以眼与物体紧贴擦痒。经兽医站观察不知是什么虫体，故转入县兽医院邀作者会诊治病。

2. 病例诊疗经过

双眼结膜囊内及角膜表面有白色线状虫体在活动，虫体长 1～1.5 厘米，诊断为吸吮线虫病。随将牛头保定侧歪，使眼球向上，用1%敌百虫液20 毫升吸入注射器内，将上下眼睑闭合，除去针头，在大眼角处，将注射器乳头插入其内，加压注入眼结膜囊内，由于敌百虫可使虫体神经麻痹，活力下降，再用生理盐水多次注入眼内，将虫体冲洗出体外，为了防止虫体散播，在冲洗时，用一容器接住冲洗液与虫体，然后深埋或焚烧杀死虫体。但必须要求一次冲完全部眼内虫体，一次不行可多次冲洗。冲洗毕，用四环素可的松眼药膏点眼，每日 2 次，1～3 天可获痊愈。

3. 病例剖析与体会

（1）发现本病应及时治疗，否则可引起角膜炎，角膜溃疡，穿孔，甚至导致失明。

（2）根据寄生虫病学资料，牛吸吮线虫的品种较多，如许氏吸吮线虫、罗氏吸吮线虫、甘肃吸吮线虫等。吸吮线虫的形态为虫体表皮具有明显的锯齿状横纹，头端细小，有一小而扁的长方形口囊，食管短呈圆筒状。雄虫长 9 ~ 13 毫米，尾部卷曲，交合刺两根，长度不等，左长 0.1 ~ 0.15 毫米，右长 0.5 ~ 0.8 毫米。卷曲的尾部有 17 对尾乳头。雌虫长 10 ~ 18 毫米。直接产出幼虫。

（3）吸吮线虫系胎生，发育过程中需要蝇类作为中间宿主，即由于蝇的活动，将幼虫携带给健康牛群，导致本病的传播。具体地说，当蝇类在患牛眼角处吸吮眼分泌物或泪液时，幼虫被蝇类舐食，进入蝇的卵滤泡内进行发育，幼虫经过 30 天左右经二次蜕化，发育成感染性幼虫，并离开卵滤泡进入腹腔，再进入蝇的口器，当含有感染性幼虫的蝇在舐食另一头健康牛眼时，即进入其眼结膜囊内，再经过 15 ~20 天发育，变为吸吮线虫成虫，对患眼刺激，使之发炎，呈现上述眼部症状。

（4）预防本病应灭蝇或在夏季蝇类活动季节，每隔 15 ~ 30 天给牛用 1% 敌百虫溶液点眼，可起到防治功效。

九、牛泰氏焦虫病

1. 病例基本情况

河南省鹤壁市某乡兽医特邀作者去该乡会诊。因数头耕牛一直发热，用解热消炎剂等治疗 4 天不降温，口色发白，不吃不喝，请求出诊协助查找原因和提出治疗方案。

2. 病例诊疗经过

（1）症状表现：体温 40.5 ~ 41.8 ℃，呈稽留热，肩前、鼠蹊淋巴结肿大，有痛感，牛角很热，每分钟呼吸 80 ~ 110 次，心跳 80 ~ 120 次。精神不振，减食，眼结膜潮红；病情较重者，精神委靡，低头耷耳，肷下陷，拱腰缩腹，静处一隅，卧时头弯向一侧；先便秘后腹泻或交替发生，粪带黏液和血液，尿频、量少、色深黄但无血尿。可视黏膜苍白、贫血、有轻度黄疸，喜吃土、磨牙、呻吟、不吃少饮，迅速消瘦，体表皮肤上发现多量蜱虫。

（2）尸检（1 头病死牛），发现尸僵不全，消瘦。皮肤、尾根及可视黏膜有出血斑。胸腹两侧皮下有黄色胶样浸润。肩前及膝襞等体表淋巴结肿大，外观紫红色，腹腔有黄色腹水，脾肿大 2 ~3 倍，被膜有出血点：肝肿大、质脆、灰红色，肾盂水肿、出血，食管、瘤胃浆膜有出血点，皱胃黏膜肿胀有出血斑，并有蚕豆大溃疡；胸腔有淡红色液体，纵隔淋巴结肿大；肺水肿、气肿等。

（3）确定本病的诊断依据：体表有蜱寄生，在炎热季节发病，体温高热，稽留，用抗生素治疗无效，体表淋巴结肿大，有痛感，贫血；重者出现黄疸，穿刺淋巴结查到石榴体，在发热期涂血抹片，染色镜检发现红血球内有环状或椭圆形形态的虫体，无血红蛋白尿症状。

（4）治疗措施：贝尼尔与抗菌大全通任用 1 种。如将 1 瓶（1 克）血虫净药粉用蒸馏水或特定稀释液 30 毫升稀释后肌内注射，用量按每 100 千克体重半瓶，隔日 1 次，连用 3 ~5 次。也可用弓焦灵片，按 25 千克体重口服 1 片，每日 1 次，连用 3 ~5 天；黄色素（锥黄素）每支 10 毫升，每头成年牛每日 1 次，每次静脉注射 40 ~50 毫升，配合输液补水补养，疗效均好。共治疗 4 例，痊愈 3 例，死亡 1 例。

3. 病例剖析与体会

（1）本病在 20 世纪中叶前后因无特效的抗原虫药物，死亡率高达 80% 以上，多采用“敌焦宁”与中成药“常山散”治疗尚有一定疗效。

（2）本病是由泰勒科泰勒属的焦虫引起的血孢子原虫病。河南省豫北地区多见于环形泰勒焦虫，其虫体发育史较复杂，请参考相关资料。

（3）由于血液原虫病较多，故应与下列疾病进行鉴别诊断。

①牛伊氏锥虫病。

类似处：有传染性，体温高，消瘦，贫血，血稀，红细胞减少，无血红蛋白尿。

不同处：不是由蜱传染而是由虻蝇传染。皮肤皲裂、坏死、溃疡、毛稀疏。耳、尾干枯，用血涂片可检出锥虫，呈间歇热。

②牛双芽巴贝斯焦虫病。

类似处：由蜱传染，高热稽留，消瘦，贫血，黄疸，红细胞减少，血稀。

不同处：有血红蛋白尿，尿色由淡红、棕红至黑红，血液涂片可见到虫体位于红细胞中央（占绝大多数），长度大于红细胞半径（红细胞直径为 7 微米），其形态呈梨形状，其尖端连成锐角似双芽状。无体表淋巴结肿胀，肌肉震颤，眼睑、尾根皮肤薄处有溢血斑。

③牛巴贝斯焦虫病。

相似处：由蜱传播，高热稽留，食欲反刍减少或废绝，贫血，黄疸，尿频。

不同处：多发生于 1 ~7 月龄犊牛，8 月龄以上犊牛很少发病，排血红蛋白尿，病初红细胞内虫体以环形和边虫形多见，以后出现梨形虫体。

④牛无浆体病。

类似处：由蜱传播、高热、食欲降低、反刍减少，沉郁，消瘦，便秘或腹泻交替发生，心跳、呼吸增数，黄疸，肌肉震颤。

不同处：可视黏膜及皮肤十分苍白，眼睑、咽喉、颈部水肿。尿清常起泡沫。取 2 滴待检血浆或血清，加 1 滴抗原，在室温（19 ~30 ℃）下混合，转动 4 分钟，出现颗粒状凝集者为阳性。

十、牛灌服胡盐引起食盐中毒

1. 病例基本情况

河南省某县巨桥乡某生产队，在收麦期间耕牛劳役很重，耕牛食欲下降，饲养员听别人说如给胡盐（炒盐）口服可增加渴欲，多饮水，提高采食量。为此，将3千克食盐在铁锅内翻炒后待凉，给一头大牛及1头小牛不加水直接灌入牛口内，强迫牛下咽，大牛约灌入70%量，小牛约30%量，随即关闭牛舍大门，回家吃午饭，下午1点，继续去麦地，突然发现大牛向附近的水坑中跑去，拼命大口饮水，另1头小牛也抢先饮水，不到10分钟，两头牛烦渴贪水、腹痛、腹泻、粪便中混有黏液。视觉障碍，肌颤，接着卧地不起。经该村兽医诊断为急性食盐中毒。但不知道应怎样处理，随即邀作者会诊治疗。

2. 病例诊疗经过

首先停止饮水，灌服液体石蜡油，大牛1 500毫升，小牛500毫升。为恢复阳离子平衡，静脉注射5%葡萄糖酸钙，大牛300毫升，小牛100毫升；为缓解脑水肿，降低颅内压，静脉注射25%山梨醇500毫升，配合利尿、解痉剂。观察2小时后症状开始缓解，此时食欲废绝，多次给予小量饮水，直至后半夜，病情进一步好转，开始少量采食。翌日上午基本康复。

3. 病例剖析与体会

（1）本病的发生完全是饲养员偏听偏信，缺乏知识，盲目从事所引起。食盐本来是家畜生理上不可缺少的成分，适量的食盐可增加适口性，促进食欲，但未加限制是造成食盐中毒的主要原因。有时也因缺乏维生素E和含硫氨基酸时，机体对食盐的耐受量大大降低，也是发生食盐中毒的另一个因素。

（2）本病无特效治疗方法，首先应停喂食盐或饲料中盐量过多的饲料，给予油剂，促进食盐随粪便排出体外，然后多次小量地给予清水，但切忌猛然大量给水或任其暴饮。

十一、牛咽壁水肿症

1. 病例基本情况

河南省浚县城关乡某生产队一群役牛，黄色，由于正值收麦期，饲养员就开始饲喂新麦糠，数日后发现牛群口流黏液，采食量下降，检查口腔发现部分牛的口腔黏膜上和舌底深部凹陷处有麦芒刺刺入黏膜中，经兽医站医生提醒，暂停喂新麦糠，用镊子除去口中芒刺，0. 1%高锰酸钾液冲洗口腔，将冰硼散放入一个长纱布袋内，袋两端系绳，于耳后拴紧固定，袋中央放有药物的部分，在口腔内迂到口液，慢慢从纱布孔向口中渗出，起到持久的治疗口炎的作用。经过处理的病牛3~5日均治愈。唯独有1头牛不但无效，反而拒食，故邀作者前往会诊治疗。

2. 病例诊疗经过

检查体温、脉搏、呼吸正常，精神欠佳。想吃食但下咽困难，右侧口角外有亮舌头的现象，下颌间隙皮肤及皮下明显下垂，舌下储存多量饲草，估计咽部有问题。随即将病牛侧卧保定，用两根麻绳分别拴住牛的上下颌，助手两人分别向相反方向用力，使口腔张大，然后作者小心地入右手伸到牛咽部进行触诊检查，发现左侧咽壁处有肿大，并有波动感，以针头穿刺试验，放出少量水肿液，肿部消肿轻微，紧接着，又改用外科手术刀片切开肿部（先在手术刀片一端的小裂口内穿一根 10 号缝合线，两绳头打结，形成一个绳套，套在作者右手腕上，防止刀片滑脱），多量水肿液从口腔外流。术毕检查：原来右侧口角亮舌已不见舌尖外露，舌体扶正，活动灵活，并停止喂干草，改为青绿饲料并饮小米汤，肌内注射抗菌消炎剂，5 天后下颌皮肤恢复原先的紧张度，采食干草后也不再引起舌下储存饲草，咀嚼吞咽自如而彻底痊愈。

3. 病例剖析与体会

（1）大动物口炎多发生于饲喂新麦糠所致的物理性损伤，由于麦芒刺坚硬而短利，一旦刺入舌下及颊黏膜后大动物自身无法排除，如不及时治疗，常导致口腔黏膜发炎、出血、溃烂，甚至引发咽壁发炎、出血、溃烂，炎性肿胀，影响采食，咀嚼和吞咽困难。

（2）预防措施：对新收获的新麦糠，可堆集在室内，停 1 ~ 2 个月再喂，使麦芒刺变软。如果必须饲喂，可用 2% 生石灰水浸泡 1 天，俗称“碱化饲草”，一则可将麦芒刺泡软，二则可补充钙质，三则可提高饲草的利用率。

十二、奶牛急性瘤胃臌气

1. 病例基本情况

郑州市东郊某村，一专业养奶牛户共饲养 10 头奶牛，精饲料以豆腐渣为主。某日前半夜，饲养员发现一头奶牛脱缰，自由地跑到院内偷食架子车内储放的豆腐渣，立即阻止，将牛拴在槽前木桩上。第二天清晨 5 时，饲养员又发现另 1 头奶牛脱缰，已经将架子车内储存的 1/3 豆腐渣偷食了近半量，并发现小半缸水已被饮完。病牛腹围增大，发出“吭吭”声，呆立不动，随即请该队老兽医诊治，他首先发现瘤胃明显臌气，立即用静脉输液的粗针头行瘤胃放气术，由于瘤胃产气速度大于放气速度，该兽医已无法解决，又请附近的一位兽医诊治，该兽医也先放气，也是用上述同样的方法，也无能为力，此时病牛瘤胃臌气更加严重，瘤胃臌胀已与脊背近平，呼吸高度困难，口色开始发绀，烦躁不安，张口伸舌，邀作者迅速前往抢救。

2. 病例诊疗经过

检查病牛的症状已如上述情况，首先用牛用的大号套管放气针，以术部剪毛消毒后，用手术刀片将穿刺部皮肤切开 1.5 厘米，然后迅速将套管针刺入瘤胃内，只见气体从针孔处排出，约 20 分钟后，臌气明显减轻，呼吸开始平稳，口色转红，安静卧下。这时又采取口服液体石蜡油 1 500 毫升，消胀片 20 片；静脉输液中用 10% 高渗葡萄糖溶液 1 000 毫升，0.9% 生理盐水 1 500 毫升，10% 安钠咖 20 毫升等药物。抢救工作结束后，为防止再次发生瘤胃臌气，嘱托饲养员看住放气针头，如果在其睡觉前，不再见到瘤胃臌气，由饲养员将针头拔出，碘酊消毒处理。翌日上午，作者下队复查，病牛基本恢复正常，仅食欲不如过去，又注射抗菌消炎与强心剂，3 天后一切恢复常态而痊愈。

3. 病例剖析与体会

（1）急性瘤胃臌气。临床上较多发现，首先是放气，然后服药，输液，防止因病牛不安，胃压过大，强行处理，易出意外事故。放气方法有二：

①瘤胃穿刺放气法，但通常兽医出诊箱内只放 1～2 根针头。如遇到豆科类饲料，不但产气速度快，同时多为泡沫性气体，由于针头短而细，常被草渣阻塞针杆而不透气，建议在穿刺术时，用 5 根针头多点放气，一针阻塞，另几根针还在放气，通过反复排除针杆阻塞故障后，可解决实际问题。在使用粗长的套管针时，往往因牛皮厚，常不能顺利刺透皮肤，可用手术刀片或剃须刀片先切开皮肤一个小口就能顺利完成穿刺任务。必须注意的事项是：穿刺前后应消毒术点，防止术后感染、肿胀、化脓。运用套管针放气后，用消毒药棉按压刺口 20 分钟，以防瘤胃内液或气体溢入皮下。

②胃导管放气法：保定好头部（站立保定），小心戴上开口器，导管经口、咽、食管至瘤胃内，并将头部向下按压，当气体排出期间，因腹压变小，可请助手 2 人，用手掌按压瘤胃，放尽余气。

（2）放气及其他口服，输液完成后，最好将放气针头逗留一段时间以防再次瘤胃臌胀。因为在思想麻痹的情况下，忘记了对病牛的特殊护理，有时会导致意外事故的发生。

十三、牛顽固性瘤胃阻塞

1. 病例基本情况

河南省某村有 1 头耕牛，因秋初该村遭大水灾，引起作物颗粒不收，牛饲草断绝来源，饲养人员只好在高坡上挖抓地秧根饲喂，由于根类饲草粗硬，难以消化，同槽 5 头牛均因瘤胃胀大，触之坚硬，不吃不喝不屙，已死亡 4 头，仅留下这头 4 个牙的年轻牛，并已怀孕 3 个多月，当水灾退去后，来人邀作者会诊，解决难治的瘤胃积食症。

2. 病例诊疗经过

根据经验和现实情况，作者决定进行瘤胃切开术，取出积食可能有望救活。

（1）手术前的准备工作：

①场地在室外地势高干燥避风处。

②场地打扫干净，用3%来苏儿喷洒消毒地面。

③手术器械及敷料无菌消毒。

④将病牛右侧横卧保定，使瘤胃朝上，用麻绳分别系住两前后肢，在肢体下方垫一根长2~3米的圆木棍，再用麻绳将前后肢与木棍系在一起，防止术中肢体碰伤术者。

⑤瘤胃区剪毛消毒。

⑥采取腰旁5%普鲁卡因传导麻醉和0.5%普鲁卡因在瘤胃中央术区做棱形皮下局部浸润麻醉。

（2）手术操作经过：

①术者手及手臂清洗、消毒后按常规切开皮肤、腹肌及腹膜打开腹腔，暴露出部分瘤胃，并用消毒过的长条厚层纱布填塞于瘤胃与腹壁之间。

②先在瘤胃术区切开一个小口，约长5厘米，用拇指和食指伸入胃内小心夹出部分坚实的胃内容物，再由助手提起切开的瘤胃组织，扩大切口约长15厘米，将右手伸入胃内，抓取胃内容物，当干饲草取完后，约有13面盆之多，留在胃内的液状物采用酒斟垂直提取，约提出1.5面盆量，清理术口并用75%酒精棉球消毒。之后术者第二次进行手及手臂消毒，按常规将瘤胃切口先做连续缝合，后做内翻缝合而关闭瘤胃切口。

③解除长条填塞纱布，并用75%酒精棉球彻底消毒瘤胃切口周围的软组织。

④按常规分层缝合腹膜腹肌，皮肤采用结节缝合法，并装上结系绷带以防感染。

⑤解除保定，协助站立。

（3）术后处理：

①肌内注射“精破抗”5万单位以预防破伤风。

②静脉输液，加入补水、补养、抗菌、强心等有关药物。

③每日自饮小米汤，采食易消化的青绿饲料，经5天后逐渐给一些干草、精料。10天后拆线，20天后获得了痊愈。

3. 病例剖析与体会

（1）瘤胃积食比较多见，如果口服泻药剂加油剂，多次未能解决积食时，可考虑手术疗法。本病属特殊原因所引起，通过精心手术和耐心护理，终于获得了痊愈。

（2）按“外科手术学”介绍，瘤胃切开术应站立保定，暴露瘤胃后，应将瘤胃切口周围的瘤胃浆膜层与肌层和腹壁皮肤组织进行一周连续缝合，并覆盖消毒纱布一周，以防瘤胃切开后粪水或粪渣进入腹腔内，作者免去了这个操作程序。另外，在站立保定下，瘤胃内的液体是利用真空泵接管将液体吸出体外，但在农村简易条件下，没有书本上的那些标准设备，同时病牛又是久病，无法坚持站立保定，只好在右侧横卧保定下，对液状胃内容物采用酒斟提取，十分方便而快捷，这是作者的一个自创尝试，有较好的推广价值。

此外，还有一个病例是塑料泥兜、塑料袋被误食后导致瘤胃阻塞。

1. 病例基本情况

郑州市西郊1头耕牛一直不排粪，不吃不喝，瘤胃积食，曾用多次泻药加油剂，未能解决排粪问题。另1头金水区路寨大队的奶牛犊，曾经当地兽医灌服液体石蜡油1 500毫升，输液，强心，仍然不排粪，直肠检查瘤胃内有异物，但不知是何物。

2. 病例诊疗经过

以上2头病牛经过瘤胃切开术，手术方法如前所述。仅发现瘤胃内容物中有各种颜色的大塑料袋10余个，小塑料袋已成条状，紧紧缠绕住饲草，导致瘤胃阻塞。另一头奶牛犊手术取出直径为40厘米大小的塑料泥兜和7个大塑料袋及小塑料袋（呈条状），询问其原因，是由于牛犊不戴笼头，每日在外自由活动，正好邻居家盖新房，用的泥兜由过去的布兜改为塑料兜，导致病犊误食。手术结果，前者成活，后者死亡。

3. 病例剖析与体会

（1）当今由于“白色污染”，不少废弃的大小塑料袋，常被牛误食，作者称它们为“现代塑料阻塞病”，应引起临床兽医工作者的高度重视，因为此病吃药打针绝无疗效，只有通过外科手术才能挽救生命。

（2）作者在《兽医外科手术学》教学中，因为当今农村条件不如城市好，既无手术室、手术床，更不能为此手术去买“真空泵”，应将计就计，土洋结合，有利于学生更好地适应农村的外科手术工作的开展。

十四、牛经常便鲜血

1. 病例基本情况

病例一：河南省某县个人办的种畜站里，有1头种公牛，脾气特温顺，小学生经常抚摸或钻于其腹下也不蹴踢。一天上午，饲养员发现种牛排粪时有鲜血，即请作者出诊治病，经检查发现直肠口内有一细树枝刺入其中，取出后停止出血，原来是小学生淘气办的坏事。

病例二：郑州市北郊马李庄1头奶牛，粪中经常带有鲜血，经作者直肠内检查，发现直肠黏膜呈环带状发涩，粗糙不平滑，诊断为直肠炎。经治疗3天，注射止血剂及抗菌剂，疗效不太明显，后又治疗 2 天，似乎有些好转，但每次排粪带血现象仍然存在，就采用 1% 紫药水，直接送入直肠内的病灶处，停止其他用药，隔日 1 次，2 次即愈，为了防止紫药水污染术者的手臂和衣裤，用一个薄塑料小袋，套住右手 5 指，将紫药水棉球（大块）送入直肠内，凡感觉发涩的黏膜组织均抹上药，术毕，丢弃塑料袋，既卫生又干净。

2. 病例诊疗经过

本病症临床上相对多见，通常采用止血、抗菌消炎措施，止血剂如肾上腺色腙、止血敏等，抗生素多用青霉素、链霉素或恩诺沙星等。

3. 病例剖析与体会

（1）作者认为，单纯用止血剂和抗菌剂虽然能取得疗效，但时间较长，花钱也多，如用 1% 紫药水直接涂抹直肠内的病灶处，2 ~5 天即可自愈，方法简易，花钱也很少。

（2）粪中带血，原因很多，必须进行认真的鉴别诊断。

①凡病毒性或细菌性引起的胃肠出血性炎症，其体温升高，食欲少或废绝，但粪中的血色为暗红色或黑色，因为胃肠出血红细胞破裂后，血红蛋白被胃酸作用变成酸性血红蛋白，故呈暗红、棕红或黑红色。

②直肠创伤或炎性出血，通常无全身症状，体温不高，食欲正常，血在粪中接触时间短，很快随粪便排出体外，故呈鲜红色。

十五、牛饲料球病

1. 病例基本情况

河南某市兽医单位邀请省畜牧局派专家每年对该地区种植花生的某些乡、村调查，发现牛因花生秧纤维团阻塞胃肠，用药物治疗无效，年死亡 200 多头。作者参与了此项科研工作，重点是手术取结。此间作者曾到某村见到 1 例耕牛，已病 12 天，不排粪，不吃草，鼻镜干裂，卧多立少，少量饮水，形体消瘦，最后死亡。

2. 病例诊疗经过

（1）主诉：每日以喂花生秧为主，发病率可达 3% ~5%。发病季节多集中在 9 月以后至翌年 5 月以前。5 ~9 月因吃青草，本病仅有个别发生。

（2）询问调查：几年来，从手术中观察与死亡后剖检及屠宰场所见的 200 余例中，纤维团可长期（达数月之久）存积游离于健牛真胃中并不发病，待其移行入肠腔后，随即出现梗阻症状。阻塞于肠腔的花生秧纤维团呈核桃大小，而存留于真胃的纤维团有核桃大、鸡蛋大、拳头大。表层光滑，质地坚实柔韧，手捏、拳捶均不能粉碎，必须逐层剥离才能分开。肠阻塞部位，多在十二指肠及空肠，结肠、盲肠中也有发现。据 25 例统计，阻塞于十二指肠的 14 例，占 56%；空肠的 7 例，占 28%；盲肠的 1 例，占 4%；结肠的 3 例，占 12%。在真胃存积的纤维团有 1～10 个，真胃中存 2 个以上纤维团者 25 例中有 11 例，占 44%。

(3）临床检查：病牛不见前驱症状，突然发病，同时出现食欲、反刍完全废绝，饮水减少，排粪停止。精神沉郁，被毛粗乱，皮温不正常，鼻镜干燥或龟裂，眼结膜充血污暗，也有显黄染的。口腔分泌液减少，发黏发腻。瘤胃触诊柔软，右肷部柔软有弹性，叩诊右肷部上 1/3 多呈高朗鼓音，中、下区呈浊音或半浊音。用力触诊右肷部，可听到明显的溅水音。听诊时，阻塞点以前的肠管蠕动音较为活跃，阻塞点以后肠音多呈抑制。

病牛有时可能极少量地排出灰黄色或青褐色的稀薄粪便，混有大量胶冻状的黏液，气味腥臭。尿量减少，颜色加深。部分病牛有不同程度的疝痛症状。做直肠检查时，偶尔触到右侧的十二指肠第二段中有阻塞物。

呼吸无异常，心脏在病初无变化，病情加重，心跳加快，节律不齐，可达每分钟 100 次以上，并出现摩擦音、分裂音等。体温正常，个别的也有低热。病后期肌肉震颤，甚至从鼻孔流出或从口涌出胃内容物，易导致异物性肺炎而死亡。

病程一般为 12～15 天，病势急者 2～3 天死亡，慢者 13～15 天死亡。

临床检验：对 12 头病牛进行了血、粪、尿常规检验。血液无明显变化。尿蛋白和尿兰姆、粪潜血和蛋白质均呈阳性和强阳性。

(4）诊断依据：应综合判定。

①病牛均有一段花生秧喂养史，即使近几个月已换过其他饲草，也不能完全排除病因的存在，因为真胃内的饲料球团随时会下移到肠管而突然发病。

②发病突然，不见前驱症状即出现食欲、反刍废绝，饮水减少，排粪停止。直肠检查时发现粪便量少且呈灰黄色泥状，气味腥臭，并能取出多量灰白色胶冻状的黏液团块。

③右肷部触诊有明显溅水音。

④口腔分泌液减少，发黏发腻。鼻镜干燥或龟裂，呈脱水状态。

⑤多数病牛有不同程度的疝痛，卧多立少。

⑥直肠检查：如果阻塞十二指肠、空肠、盲肠时可能在右侧下方摸到鸡蛋形的阻塞物。

⑦化验指标：尿兰姆及蛋白质阳性或强阳性。粪中潜血和蛋白质阳性或强阳性。

(5）鉴别诊断。

①第三、四胃积食时，在右肋弓后可触摸到增大的胃体。

②肠套叠时有明显的疝痛，直肠检查有时可摸到腊肠样套叠的增厚处。

③其他类型的肠梗阻无喂花生秧史。

(6）治疗措施：曾使用多种药物，均难奏效。作者曾治疗因长期饲喂花生秧而患本病的病例 18 头，只有 1 例通过泻药治愈，在 3 天内排出纤维团 8 个，不过纤维团似鹌鹑蛋大小，如果大于鸡蛋样，则根本排不出去。通常采用手术取结有良好疗效，但有严重并发症或阻塞时间长于 5 ~6 天，体质瘦弱者最终预后不良。病后 10 天以上即使手术取了结但最后多归死亡。

（7）手术疗法。

①肠切开术：右腹部局部麻醉，左侧向下横卧保定，如在地面保定操作，倒牛前先在地面挖一个可容纳病牛瘤胃的锅底形减压坑，倒牛后将左肷部瘤胃区放置坑中，减低腹压，便于操作。切口部位在右肷部第二、三腰椎横突下 5 ~10 厘米，最后肋骨后 4 ~6 厘米处，向下做 15 ~20 厘米的垂直切口，十二指肠第二段即可暴露在切口之下，此处如有阻塞物，即可施行肠管切开术。十二指肠如无阻塞物，应剪开两层大小网膜，术者左手伸入腹腔，仔细探查小肠、结肠和盲肠，找出阻塞点，切肠取结。做上述手术的同时，利用同一切口，术者应详细探查真胃，尤其要触摸真胃胃底有无游离的纤维团存在，如真胃内仍有纤维团时，需施行真胃切开手术，以防止术后二次从真胃移到小肠内而发生新的肠梗阻，这是根治本病的有效方法。

②真胃切开术，左侧横卧保定，腰旁传导麻醉，配合局麻施术。切口部位选在右季肋后，沿肋弓 3 ~5 厘米，从后上方向前下方做一斜形切口，长 15 ~20 厘米，切口下端应在乳静脉之上，约在预想的真胃体处。把真胃大弯拉出切口之外，用牵引线固定胃壁，沿大弯切开胃壁，掏出所有的纤维团，然后按常规处理结束手术。术后应注意维护机体和预防感染。如第一期愈合，7 ~10 天即可拆线，休养 1 个月后便可使役。病牛不论是一个切口还是两处切口，效果均好。

3. 病例剖析与体会

（1）花生秧纤维团引起的牛胃肠梗阻，在沙区地带，由于适合种植花生，故花生秧产量大。据群众反映，花生秧是好草，牛特别喜欢采食，那么既爱吃，又易发生本病，应该怎样预防呢?

①有条件的应用多种草混合搭配最好，群众称它为“花搭草”，既营养全面又可减少发病率。

②喂鲜或喂干透的花生秧较少发病，而农村花生秧产量大，保存条件差，在外日晒雨淋，花生秧似皮条样，粗纤维多，不易消化，同时纤维呈团状极易发病，一旦阻塞肠管则用药很难奏效，常导致死亡，损失较大。

③花生秧打碎或铡短，使长纤维不能互相缠结，是预防此病的有效措施之一。

（2）发病原因：根据对百余例病牛的调查，凡得本病的牛都有一段喂花生秧的历史，致病原因与以下因素有关。

①花生秧品质不良。瘠瘦、未到成熟期死亡、霉烂、不新鲜的花生秧，或收

获后贮藏时不干、不脆，或因气候潮湿则花生秧皮韧不易消化。

②调制饲料喂法不当。花生秧饲喂前应铡成长约3厘米，以干喂为好，如果加水拌湿喂也易患病。

③年龄、体质的关系。年老体弱的牛，消化能力降低或牙齿不整，易引起消化不良。从20例病牛的年龄看，7年龄以下为17头，占总数的35%；7年龄以上为13头，占总数的65%。

④过度劳役。役牛过度劳役后，未能充分反刍与休息，就给以足量饲喂，也易导致发病。反之，目前役牛由于农业机械化程度大大提高，役牛的劳役大大减轻，加上农村经济条件和环境卫生大大改善，老龄牛多数被淘汰食用，青壮年牛的体质也强壮，故发病率已经大大下降。

（3）本病为沙岗地区常见的一种地方性疾病，一旦发病，用泻药等各种方法很难治愈，虽然以手术方法可使不少患牛康复，但药费、手术费高昂，推广有一定难度。特别是当今以肉牛、奶牛为主要发展方向，耕牛日渐减少，如何防治本病发生，了解本病所述，仍有一定的参考价值。

十六、耕牛硫酸镁静脉注射死亡

1. 病例基本情况

作者受邀去河南豫北某县兽医院，该院院长说，在院内门诊和住院的病牛中有4头发生了静脉注射25%硫酸镁而突然死亡。又一年得知某市东郊兽医站及某县某乡兽医站也发生了同类医疗事故。

2. 病例诊疗经过

25%硫酸镁在临床上多用于治疗膈痉挛，起到镇静作用；如遇到体表水肿，破伤风强直性痉挛时有抗渗出、抗痉挛等作用，如果用量过大，浓度过高，极易中毒死亡。症状表现为精神抑郁，心率减缓，后突然心跳停止而死亡。有的兽医在抢救中立即静脉注射5%氯化钙或葡萄糖酸钙等其他药物并无疗效。

3. 病例剖析与体会

（1）据有关资料介绍，镁离子为镇静离子，具有镇静作用，也具有抗渗出的作用。上述4头牛突然死亡的事故，作者认为主要是不按说明书要求使用。说明书上指出，如果静脉注射时，必须将其稀释为5%的浓度再进行治疗，如果浓度高，用量大则易发生意外死亡的情况。

（2）25%硫酸镁通常作为肌内注射，牛1次用量为20～40毫升，作者曾遇到1例破伤风，全身肌肉强直性痉挛，试用25%硫酸镁注射液，肌内注射100毫升后，病畜肌肉开始松弛，心率极慢，呈嗜睡状态，并配合“精破抗”和抗菌素治疗，奇迹般地获得了治愈，但不应效仿，以防意外。

（3）25%硫酸镁溶液（现配、自制）为高渗溶液，多用于体表水肿，乳房炎时，每日进行热敷 2 ~ 3 次，温度为 80 ℃，每次坚持 20 分钟，对炎肿、水肿有促进消散、镇痛、减少渗出的作用。

（4）如需采用硫酸镁静脉注射，必须将 25% 硫酸镁注射液稀释为 5% 的浓度，可防止本病的发生。

（5）通常因饮用钙制剂过量会引起钙中毒，用硫酸镁进行解毒疗效卓著。反之，镁中毒用钙制剂则无疗效，其药理机制有待药理专家做进一步探讨。

十七、耕牛暴发软骨病

1. 病例基本情况

河南省某县发生旱灾，火龙岗岗坡地区 17 个村因草料不足，村里比较贫困，共 128 头大小牛出现肢体变形，行走困难，卧多立少，食欲下降，但体温、呼吸、脉搏正常，某乡兽医怀疑为缺钙性骨软症，故邀作者会诊治疗。

2. 病例诊疗经过

（1）检查发病牛群中，犊牛呈现 X 型或 O 型腿，肋骨与肋软骨交接处，肋软骨隆起呈算珠状，成年和老年牛，食欲减少，跛行，卧多立少，数头患牛已卧地不起，确诊为软骨病或骨质疏松症（老年牛）。

（2）治疗方法：将犊牛肢体变形严重者用夹板固定法扶正为正常姿态，肌内注射维生素 D 及骨化醇，补充钙剂。大牛在饲料中外加复方骨粉（骨粉 1 份，胡盐 1 份），每日 1 次 ，每头每次 120 克，对于卧地不起的患牛分散到各户专人护理喂养，要求卧铺垫沙土或干草，防止褥疮发生，发现排粪，及时清除，排尿时用尿盆接尿，防止后躯粪尿污染皮肤。同时因当时麦麸紧张，为了补磷，经县领导批示，同意批给 5 吨麸皮，分发到各村。对严重的病牛，每日静脉注射 5% 氯化钙或葡萄糖酸钙或磷酸二氢钠进行补磷、补钙。经过近月余的努力，病牛大多数恢复了健康，投入春耕大忙季节的劳役活动中。

3. 病例剖析与体会

大批牛群发生软骨病比较少见，发病原因是由于大旱，作物缺水，含钙磷不足。整个秋冬又因该地区经济力量不足，只能省吃俭用，在较长期的饲养过程中，牛机体内易缺钙或钙磷比例失调，特别是犊牛，正在生长发育期间或怀孕母牛，身怀六甲，胎儿需要大量钙磷，母牛只好动员机体骨骼内的钙磷，游离到血液中，导致软骨病或老年性骨质疏松症。

十八、给牛灌药不慎引起异物性肺炎死亡

1. 病例基本情况

某县兽医在给某校实习生示范用灌药瓶灌药的技术和方法时，他要求学生在操作前不要使患畜头部抬得过高，应使口部与牛额头呈水平状态，同时不能连续

送药以防灌呛导致异物性肺炎或突然窒息死亡。当时老师只顾讲话，忽略了手中的药瓶还在连续不断地送药液，突然患牛剧烈咳嗽，经抢救 10 分钟后因窒息而倒地死亡。此刻畜主上告法院要求赔偿，法院即派法医进行现场剖检验尸。

2. 病例诊疗经过

该患牛生前因食欲不佳，轻度瘤胃虚胀，经诊断为前胃弛缓病，用健胃剂外加 20 毫升来苏儿以健胃消食，抑制发酵为主治原则，当时法医在尸检时认为死亡原因可能与来苏儿等酊剂药物灌呛有一定联系，随即剖检尸体，仅发现心脏扩大、质柔软，网胃内有一枚大针头刺入胃组织，气管及支气管内有少量污褐色液体及泡沫，法医就从肺组织中挤出少量液体及泡沫装入青霉素小瓶内离去，数天后法院传票邀原告与被告出庭调解，各抒己见，因为得知取样在县防疫站做过来苏儿含量测定，浓度在万分之一以上，无法鉴定，加上兽医认为该牛网胃内有创伤，可能针头突然刺激前部有关组织或器官，发生疼痛性休克，加上心脏有一定问题而突然倒地死亡，最后法院因无确切法律依据，协商和平解决。

3. 病例剖析与体会

（1）本事件发生在一位老中兽医身上，可能年纪过大，口述与动手操作不协调而发生了意外，应吸取教训。

（2）灌液体药物时，应灌一口，下咽一口，进行间歇性投药，以保证病牛正常的呼吸节律，如果急于求成，快速投药，易引起喉头会厌软骨正开放时，突然投药，常误入呼吸道内，轻者连续咳嗽，引起异物性肺炎；重者发喘、胸闷而窒息死亡。

（3）法医对动物疾病了解甚少，取样部位不对，液量太少，加上兽医联系针的刺激导致疼痛、休克、心衰致死，内行人则可以正确判定是因药物误入呼吸道窒息所致。

（4）临床经口或鼻插胃导管投药必须注意操作要领，凡初次操作者，必须在老兽医指导和鉴定下才能下药。特别是胃导管送药，必须判定导管是否正确插入食管内，否则一旦误入呼吸道就会给畜主及单位造成不少困难和麻烦。

（5）作者曾会诊过 1 头牛因经鼻插管引起异物性肺炎，经乡兽医抢救 9 天，坚持抗菌消炎，每天输液 2 ~ 3 次，疗效不明显，不吃不喝，后建议静脉注射 914 及清肺、润肺、止咳化痰，中药水煎进行蒸汽吸入疗法使药物进入呼吸道内，效果显著，获得痊愈。

十九、红薯母嫩芽苗引起牛黑斑病毒素中毒

1. 病例基本情况

河南省浚县屯子乡某村为秋季种红薯提前在该队培育不少红薯母秧苗，全村饲养牛 12 头，村领导嘱托秧苗管理员，割去部分多余的秧苗喂牛，共拉回两架

子车，牛喜得好饲草饱餐1顿，翌日上午发现牛群发喘，不思饮食，随即请兽医诊治。据群众反映，该村年年都喂过红薯秧，从未引起发病，一时不能确诊，之后又请另一名老中兽医及时到村检查，也认为与红薯秧无关，又未下结论，就先对症治疗，注射硫酸阿托品，以定喘为主，谁知突然死牛1头，更不知所措，特邀作者来村做进一步确诊。

2. 病例诊疗经过

体温正常，高度呼吸困难，发喘，但不咳嗽，无鼻漏，颈后部、肩前部皮下积气，然后随村领导一起到育秧地里观察一下，结果真相大白，原来是村领导叫割取秧苗，而管理员正好遇到一群学生，就叫学生帮忙。学生们认为割秧不如拔秧来得快，很快完成了任务，但据有关资料介绍，离地三寸以内的红薯母嫩苗均含有大量甘薯酮和甘薯醇毒素，是严禁喂牛的，作者结合病因与“牛喘病”的特殊症状表现，确诊为本病，并立即采取措施。由于本病尚无特效疗法，只好对症处理。

（1）0.1%高锰酸钾液3 000毫升灌服。

（2）10%葡萄糖液2 000毫升，每500毫升液中加入100毫升过氧化氢液（必须用未开盖的密封鲜液），每头牛静脉输入。

（3）白矾散：白矾、川贝、白芷、郁金、黄芩、大黄、葶苈子、石韦、黄连、龙胆草、甘草各30克，冬蜜120克为引。煎后调蜜灌服。

（4）配合肌内注射青霉素、链霉素防止继发感染。

（5）运用强心剂，如10%樟脑磺酸钠或安钠咖肌内注射。

治疗结果痊愈10头，有2头牛病情太重而死亡。

3. 病例剖析与体会

（1）红薯母培育的嫩苗，离地3寸以内有毒，但很少有人知道，学生学习时老师主要讲解误食具有黑斑病的红薯或加工产品而发病，很少提及嫩苗也会中毒之事。

（2）中药“白矾散”是作者在《元亨疗马集》中学习到的古方，这次运用后疗效之快，死亡率低，比不用中药治愈率要高，可以试用。

（3）口服及静脉给予高氧的药液，对氧化去毒有一定好处。

（4）硫酸阿托品可作为气管、支气管内平滑肌的解痉剂。本病使用此药定喘作者认为不妥，因为阿托品尚有减少或抑制胃肠蠕动，分泌减少、口渴、烦躁及血管扩张，充血、心率加快的药理作用，从本病给牛注射2次阿托品后观察，口干红，食欲、饮水废绝，症状并不减轻，反而突然死亡1头牛，故作者提议应慎用。

二十、高渗糖液误入皮下引起急性窒息前兆

1. 病例基本情况

河南省某村饲养耕牛 7 头，因误食霉败的棉籽壳引起少食或绝食，心率快，不发热，兽医 3 人初诊为霉菌毒素中毒，立即口服中药及静脉输液，其中有 50% 高渗葡萄糖液 1 000 毫升，在输液中因病牛中途头部摆动，针头误入颈部皮下，未被发现，输完液后，发现颌下、颈部两侧及垂皮（俗称“拖泥”）迅速水肿增大，呼吸逐渐困难，眼看有窒息的后果，但又不知道怎样抢救，特邀作者来村做气管切开术。

2. 病例诊疗经过

由于情况紧急，分析肿胀原因是高渗糖液误入皮下组织量大、浓度高所引起的急性肿胀而压迫气管导致高度呼吸困难，如果当时做气管切开术不一定救活，并且术后还有不少麻烦，故决定大胆采用自创的抢救方法。即在未经消毒皮肤和麻醉的情况下，以手术刀迅速将皮下肿胀部，从前到后，一次性切开皮肤及水肿的皮下组织，当时水肿液向外流出，为了加速流量，迅速缓解呼吸困难，防止窒息，又以手抓一大把食盐在切口内上下擦动，此时水肿液流出量大增，呼吸困难明显缓解，又停半小时再一次用盐一把继续擦拭，疗效特好，呼吸恢复到正常状态。皮肤切口约 50 厘米，深约 10 厘米，但创口该如何处理？作者采用粗长的引流纱布条蘸有 75% 酒精进行填塞，皮肤以数针结节缝合、打成活结，便于换药。3 天后水肿彻底消除，除去引流纱布，改上消炎粉，按常规结节缝合法关闭皮肤切口，坚持每日 2 次用青霉素、链霉素肌内注射，防止感染，10 天后刀口第 1 期愈合，获得了痊愈。

3. 病例剖析与体会

（1）牛皮较厚，平时做静脉注射时应准确 1 次性刺入颈静脉内，但很不容易，需要反复操作才易掌握此项技术，再者牛静脉注射时因头颈部活动很容易脱针进入皮下，输液药物浓度如果是高渗葡萄糖或高渗盐水，发现轻度局部肿胀，翌日可自行消肿，无生命危险，如果高渗药液渗入到整个颈部，颈下及垂皮下可引起明显肿胀而压迫气管，呈现呼吸困难，直至窒息死亡。

（2）采用本抢救方法是一种新的自创措施之一，可供同行们参考试用。

二十一、牛跟腱断裂保守疗法治愈

1. 病例基本情况

河南省浚县城关乡某村有 1 头耕牛误入住宅内，被一妇女用镰刀驱赶时意外地割断了左后肢的跟腱，当时少量流血，卧地不能行走，随即邀作者出诊治疗。

2. 病例诊疗经过

该牛 4 年龄，母，营养中上等，除左后肢跟腱断裂外，无全身不良体征，根据牛的特点 ，用吊牛器保定，手术缝合接腱，再做石膏绷带固定，有许多困难，因为“牛不受吊”，长期吊牛会影响采食、反刍和两便排泄。作者想试用卧地，患肢自由伸展，一般外科处理，任其皮肉和腱组织开放性生长，牛卧铺垫有沙土，患肢下垫有大的软棉垫，以防患肢擦伤。初期用消炎粉与碘仿粉按 5∶1 比例混合，撒在创口内，10 天后新肉芽生长较快，但创面十分潮湿，严重影响创部愈合时间和生长速度，最后试创一种新的方法，即采用市售的甲紫粉，撒布创面上，观察到创面每日保持干燥，又不感染，化脓，创面呈紫色，发亮光。每隔 2 天撒药粉 1 次，创面日渐缩小，10 天后每隔 4 天撒药粉 1 次，坚持到 1 个月，创口皮肤合拢，愈合后，停止治疗，2 个多月后病牛自动起立，稍有跛行，3 个月后患肢彻底治愈，疗效很好。

3. 病例剖析与体会

（1）跟腱断裂，通常均采用手术疗法，如果用保守疗法能否康复，这在当时只作为一个新的试验，结果获得了成功。

（2）保守疗法的好处是：在自然条件下，肢体活动和血液循环不受外界束缚性影响，有利于创部迅速愈合。

（3）甲紫（龙胆紫）是一种染料杀菌剂，可防止创部感染，用纯粉尚有拔干作用，使创面渗出物减少直到抑制渗出，有利于创面迅速愈合。

（4）本病需约 3 个月的治疗和恢复期，由于患牛饮食、大小便与内脏活动均无异常，完全可以坚持到底，特别是此法只需要一般外科处理，花钱特少，容易被畜主接受和受到欢迎。

（5）跟腱断裂时两断端常相距 2 ~ 3 厘米，但经过创面皮肤愈合，同时会缩小跟腱两端的间距，在结缔组织填充下，会慢慢以搭桥的方式使跟腱两断端日渐吻合，最后自然连接为一体，从而能起立、卧地，最后再休息一段时间，肢体运动机能可恢复到正常状态。

二十二、临产母牛子宫扭转

1. 病例基本情况

河南省浚县城关乡某村 1 头临产母牛，妊娠期已过 2 天还未见生产胎儿，经当地兽医认为是母牛发生了难产，就让多名乡亲将牛左右来回翻身，还是不生产，随即来电话要求作者做剖宫取胎术。

2. 病例诊疗经过

作者首先检查阴道，十分紧张，子宫颈口不开张，摸不到胎儿，又进行直检，可摸到胎儿，尚存活，但触及子宫有扭曲感觉，确诊为子宫扭转，决定剖腹取胎。

（1）按常规操作程序做好术前准备工作，腰旁传导麻醉及右肷部皮下浸润局麻。

（2）按常规打开腹腔，切开大网膜，暴露出子宫，又进行剖宫术取出胎儿，子宫缝闭后才发现子宫扭转 180°，随即矫正扭曲处于正常位置。

（3）按腹壁常规分层缝闭腹腔。胎儿存活，比较虚弱。

（4）术毕，注射“精破抗”及抗菌素并输液，嘱咐饲养员加强护理，嘱托当地兽医按上述治疗措施抗菌，输液坚持 7 天。10 天后刀口生长良好，15 天拆线，大母牛全身功能基本康复，犊牛也活泼可爱。

3. 病例剖析与体会

（1）凡难产采取强制性使待产母牛来回翻身，可能是导致子宫扭转的原因之一，不应该采取这种方法。

（2）子宫扭转，在检查时必须发现阴道壁组织特别紧张，子宫颈口不开张，摸不到胎儿，直肠检查可摸到胎儿，子宫有扭曲感觉，这是诊断的主要依据。

（3）本病如不及时做剖宫取胎术，一则胎儿安全性受到损害，同时子宫扭转也不可能得到扶正，但目前农村会给大动物做剖腹产术的技术员太少，必须加强培训，以挽救更多的病畜。

二十三、奶牛患酸乳症

1. 病例基本情况

郑州市东郊某奶牛场，发生流行热疾病，采用解热止痛制剂如 30% 安乃近、青霉素、磺胺嘧啶等退热止痛、抗菌消炎已用药 6 天。病牛产乳量减少，但奶汁又必须及时出售，当奶送到奶站收购处，经检验不合格，认为是酒精阳性乳，奶卖不出去，怎么办？是什么原因造成的，想弄个明白，故找作者进行询问并建议协助做深入调查。

2. 病例诊疗经过

（1）根据收奶站的规定，凡被检验的乳汁与 68% ~70% 的酒精发生凝结现象才称为酒精阳性乳，出现此乳不能作为加工“酸奶饮料”的原料，给养殖场或个人造成一定的经济损失。

（2）本症分高酸度酒精阳性乳和低酸度酒精阳性乳两种情况。据调查，该奶场送检的乳汁滴定酸度增高（0.20 以上）。阳性乳的发生与以下因素有关：如在挤乳过程中，由于挤乳机管道、挤乳罐消毒不严，挤奶场环境卫生不良以及牛奶保管和运输中不按规定要求办事，如乳未及时冷却等，易导致乳糖分解成乳酸，乳酸升高导致蛋白变性。其防治方法是：改善饲养管理，保持日粮平衡，适当减少过高的蛋白质和钙等矿物质的供应，不喂霉败变质饲料，治流行热、乳房炎等疾病可不用青霉素或磺胺类药物，应改为其他药物。根据经验，治疗酒精阳性乳症可用枸橼酸钠粉，每日 150 克，分 2 次加水灌服，连用 7 天有较好疗效。

3. 病例剖析与体会

（1）酸乳症发生的原因很多，除了因病和饲养管理不善或应激反应外，注射青霉素或磺胺药治病也极易引起本症的发生。

（2）酸奶所含的蛋白质、乳糖、脂肪和正常乳并无差异，并未失去利用价值，它虽然不能作为“酸奶”制品的好原料，但可以零售加温饮用或送到乳品加工厂制造奶粉或奶点食品，有的因无冷藏设备，夏季天热，怕酸奶腐败，可自制“奶豆腐”出售或自用，味道鲜美可口。

（3）评定牛奶时，应根据其酸度、相对密度、脂肪率、细菌数、酒精反应等的检查将乳分成不同等级，按质论价。千万不能只凭酒精反应一个指标而将大批鲜乳废弃，而应综合评定，以减少不必要的经济损失。

二十四、牛创伤性网胃——心包炎

1. 病例基本情况

郑州市东郊，某奶牛小区，1 头奶牛体温 39.8 ℃，食欲减少，喜走上坡路，下坡时十分小心，肘肌颤抖，排便和饮水时，有时肌颤，心率快，颌下、胸前皮下水肿。经当地兽医诊断为心脏病，采用抗菌消炎，强心利尿剂坚持每日 2 次肌内注射共 12 天，病情毫无减轻反而加重，卧地不起，又怀疑是创伤性网胃——心包炎，畜主对兽医说：“病情严重，花钱不少了，到底还有无治愈希望。如确定无望，就立即淘汰屠宰。”由于该区兽医不敢确诊，故邀作者下乡会诊，给予肯定答复。

2. 病例诊疗经过

检查体温正常，能吃少量饲料，卧多立少，颌下、胸前皮下明显水肿，颈静脉高度努张，心跳快，弱而远，呼吸稍快，口臭，大小便不认异常，由于农村无 X 光及 B 超设备，作者只好采取一个绝法，进行心包穿刺术来加以确认。方法是在左侧第五肋间，肘突内侧前方小心刺入长 18 厘米的封闭粗针头，当进针 8 厘米时，抽出脓性液体，有臭味，故确诊为创伤性网胃——心包炎，建议屠宰，因为此病国内外无治愈先例。

急宰后剖检发现，肺中有 3 个脓包，如核桃大小；从网胃至心脏见到约 30 厘米长的钢丝，呈一直线排列，中途有两处断裂，心脏特别大，如成人头样大小，切开心脏，心包腔内有大量纤维素和化脓性液体，呈炒熟的鸡蛋黄色，进入心包内的细钢丝，经过左心室、左心房又弯向右心房内，至此畜主十分满意，因为此病花再多的医药费也无济于事，何况判死症前估计数日还不一定死亡。此病理标本用 15% 的福尔马林浸泡固定，送给了郑州牧业工程高等专科学校病理教研室成为学生参观的实物标本。

3. 病例剖析与体会

（1）创伤性网胃——心包炎是由于患牛误食了混在草料或地面上的尖锐金属异物，最初进入网胃，引起网胃炎后，误入心包腔，导致本病发生，俗称铁器病。临床上以网胃区疼痛，消化障碍，间歇性臌气，心跳快，弱而有远感，初期心包腔有纤维素炎性渗出则可听到心包摩擦音，病理学称为纤维素性炎症，如果听到拍水音，病理学称为心包腔积液。此外，颈静脉极度努张。如果铁器刺透网胃，也可呈现周围不同器官与组织发生病变，如胰腺炎、膈炎、脾炎、肝炎、心包炎等，作者还曾遇到一个左腹前下部有一长期不愈的慢性瘘管，经探诊后，瘘管内有异物，随即进行扩创术取出一根长 5 厘米的细铁丝，最后才获得治愈。

（2）本病一般发生缓慢，初期有短暂低热，食欲减少，瘤胃蠕动音减弱或停止，并常出现反复性的臌气。当病情较重时，尚有拱背、呻吟、磨牙，在排便努责或饮完大量水时，饲养员常发现患牛肘部肌颤，那是因为腹压加大引起刺痛所致；用手捏压耆甲部或用拳头顶压剑状软骨偏左方，患牛表现疼痛，躲闪。站立时肘关节开张；下坡、转弯或走硬路以及卧地时表现非常小心，起立时先起前肢（正常牛先起后肢）。当引起创伤性心包炎时，诊断要点：一是颈静脉明显努张；二是颌下及胸前皮下水肿；三是听诊心脏时，心跳快、弱而有遥远感觉；四是经过抗菌消炎，强心利尿等十数日治疗无效时，应考虑有本病的可能。五是当怀疑是创伤性网胃——心包炎时，又不能确诊，可采用心包穿刺术加以证实，待确诊有了依据，即可建议淘汰，停止治疗。

（3）本病目前尚无根治方法，据中国农业大学在《中国兽医学报》上发表的创伤性心包炎 100 例实验性手术治疗无一例治愈的报告，有人建议摘除病理性心脏，换上人工心脏，对人尚可进行，但对动物则因经济价值低，预计医药费及手术费达几十万元，只能是天方夜谭，毫无实际意义。

（4）预防本病的发生十分重要，措施颇多。

①在饲喂草料前，用吸铁磁棒吸出混于饲料中的金属异物。

②厩舍内外，严禁堆放金属物品，发现散落在地面上的尖锐小金属物更应及时清除。

③每半年用金属探测器对牛群进行 1 次网胃普查，测出网胃内有金属异物应及时用“金属异物吸出器”将异物吸出，可防止误伤网胃。

④每头奶牛或贵重的优良种牛可将小型棒状的永久性磁铁投入胃中，可吸着误入胃内的金属物，不易发生创伤，并每隔半年吸出磁棒，除去金属异物，然后再一次投入磁棒于胃中。此法在郑州某种牛场实行，效果显著，值得推广。

二十五、小牛脐部多发性瘘管

1. 病例基本情况

郑州北郊马李庄有 1 头小牛犊 2 个半月龄，由于出生后脐带从贴腹处断裂，感染，脐部发炎，化脓，该村老兽医仅给小牛犊涂了碘酊，打消炎针，但不按疗程进行，久之形成慢性瘘管，不断流滴少量脓液于体外，随着月龄长大，采食减少，营养中下等，但能自由活动，畜主即邀作者出诊治疗。

2. 病例诊疗经过

重点检查脐部瘘管，用医用探针试探瘘管约深 5 厘米，瘘管约为香烟头粗细，随即扩创进一步探查，又发现腹壁右下方有一深长 25 厘米的瘘管，又在脐左前部发现 1 个深长 30 厘米的瘘管，用生理盐水注入多发性瘘管内进行冲洗，看来未与腹腔相通。如果用扩创术切除瘘管，一则损伤组织太多，二则天气炎热，故采取作者惯用的有效方法，即将犊牛仰卧保定，向前后两个长距离的瘘管内分别用注射器加压灌注 1% 紫药水，脐部创口用消毒纱布暂时填塞，防止脐口创腔迅速生长肉芽组织，每隔日 1 次灌注，经过 4 次治疗后，发现瘘管已基本闭锁，也无脓液，然后开始处理脐部创口，在无脓液的情况下撒布消炎粉与碘仿粉 (5∶1混合)，既消炎促生长，碘仿又有特殊气味又有防蚊蝇叮咬作用。18 天后，病牛彻底痊愈，没有复发。

3. 病例剖析与体会

（1）人工断脐带比自然断脐带要科学卫生，不易发生脐炎及化脓性慢性瘘管。

（2）化脓性脐炎排脓后不宜立即撒布生长药促其迅速长口，由于创腔宽大，创口较小，皮肤生长又快易导致排脓不畅，创内肉芽组织中的结缔组织在脓汁的刺激作用下逐渐变硬变老化，导致瘘管壁形成，瘘腔内的存储脓汁因排流不畅即流向周围皮下或肌间组织渗透蔓延，又形成了多发性瘘管，后果不堪设想。

（3）1% 甲紫液（龙胆紫液）为染料消毒杀菌剂，既可起到冲洗作用又能杀菌消毒，还可起到拔干减少组织渗液的功能，经无数病例试验，特别对慢性瘘管疗效更为卓著（必须证明瘘管内无其他异物，如纱条、棉球、木刺、碎骨片等），可免去手术疗法对组织的大面积破坏，导致机体某些功能的障碍，是一种省时、省力、省钱的好方法。

二十六、奶牛乳房被犬咬伤后治愈

1. 病例基本情况

郑州市某畜主在自家院内饲养了 4 头奶牛，一条大狗，一天不知何因，其中 1 头产奶母牛突然被大狗从牛的后躯猛然将右后一个大乳房深咬一口，母牛哞哞鸣叫，畜主发现乳房有四个牙咬的深孔，当时即请该村兽医治疗，仅涂碘酊，认为问题不大。翌日被咬乳房肿大发炎，又打了一针青霉素，3~5天后，乳房炎更明显，乳前腹部皮下也日渐水肿、增厚，面积扩散到腹下部1/2还多，第6天，被咬乳房开始流黄色毒液和脓液，病牛体温升高，食欲大减，泌乳量很少，就请某校兽医院年轻院长出诊治疗，将腹下水肿处用粗针头乱针点刺，促进渗液外流，打上抗菌消炎针，乳区涂碘酊，并嘱托该村兽医每日2次打抗生素。又过4天，腹下水肿面积缩小1/3，乳房也基本消肿，仅留下四个瘘管每天少量流脓。故畜主找到作者邀请会诊治疗。

2. 病例诊疗经过

首先检查病牛，询问原先治疗及病情变化过程，然后用探针探查瘘管，深度为8~10厘米，管径有小指粗细，瘘管内未发现异物，全身症状不明显。

治疗措施：

（1）用三棱针在腹下水肿处乱针点刺放液，25%硫酸镁液热敷。

（2）“蝎毒愈肤油”10毫升，每个瘘管内灌注1/4药量。

（3）停止其他药物治疗。

疗效观察，每隔日灌注1次，连用4次，瘘管闭锁，下奶如常。

3. 病例剖析与体会

（1）由于瘘管时间较短，仅8~10厘米深，又因乳腺部不适宜进行瘘管扩创术，采用“蝎毒愈肤油”的确疗效显著。此药主要成分为蝎毒蛋白、冰片等。

（2）经检查大狗不是狂犬病狗，病牛乳房被咬可能是牛踢犬或其他原因激怒所致，但大犬牙长深咬，牙垢不洁，口中正常就有大量微生物，据作者亲自涂口腔棉签拭液于载玻片上，瑞氏染色，油镜检验，发现有5种细菌，即葡萄球菌、链球菌、四联球菌、八联球菌和文生氏螺旋体。这是创伤后细菌感染，乳区肿胀的真正病因。

二十七、耕牛腮部放线菌性瘘管两年不愈

1. 病例基本情况

河南省浚县屯子乡某村1头耕牛左腮部在2年前皮下明显肿大，化脓，最后肿部皮肤裂口，脓汁自流，脓液呈黄色，含多量黄色颗粒样物质，经该乡兽医按常规外科治疗，冲洗创腔，上长药消炎粉。由于不会影响生命，故当时畜主认为是个“疮”会自己康复，未坚持治疗，结果形成慢性瘘管，时隔2年，每日均有少量黄色脓液外流，决定邀作者诊治。

2. 病例诊疗经过

瘘管较深，已波及腮腺组织，做瘘管切除术危险性很大，因腮部有大动脉、大静脉，粗细不等，容易出现意外。经与畜主协商，同意彻底切除瘘管和腮腺组

织，签订了协议书。

手术程序如下：

①进行全身麻醉，右侧横卧保定，患部朝上。

②术前一切准备工作按操作要求办事。

③在患侧颈静脉沟中上 1/3 处切开皮肤，分离出颈内、颈外静脉和动脉，以贯穿缝合结扎法闭锁有关的动、静脉血流。

④分离腮腺组织，不留任何死角，因为留下极少部分腮腺组织和细胞，术后会流滴唾液，严重影响创部愈合。

⑤摘除全部腮腺和切除腮部瘘管组织，共花手术时间 3 个多小时。

⑥患部组织切除后，左侧腮区除留有钝性分离出的皮瓣处形成一个大凹陷坑，凹陷坑内由于怕术后出血，用大块灭菌纱布填塞坑内压紧。

⑦术后因患牛苏醒，颈部活动频繁，数人强制保定头部，但因气管被压迫，呼吸困难，立即抽取部分填塞纱布，呼吸恢复了正常，却带来坑内毛细血管不断渗血，也不知出血点在哪里，只好又填塞纱布加 0. 1% 肾上腺素于纱布中，就这样一会儿呼吸困难，减压，一会儿又加压止血，折腾整整 6 个小时，创腔内才停止出血，呼吸也因为减压恢复了常态。

⑧术后抗菌消炎、输液、打止血针。第三天创部换药，撒布大量消炎粉促进其肉芽快速生长并加强护理工作，防止患部被撞。

⑨术后每隔日换敷料 1 次，对症治疗后，经 25 天术部愈合良好，月后痊愈。

3. 病例剖析与体会

（1）放线菌病是牛等多种动物常见的一种慢性或亚急性、非接触性、散发性传染病。病原为牛放线菌和林氏放线菌两种。前者主要侵害骨骼等硬组织；后者主要侵害头部及颈部皮肤及软组织，可蔓延到肺部，但不侵害其他内脏，为细小多形态的革兰阴性杆菌，多数呈杆状，与巴氏杆菌形态相似。无鞭毛，不产生芽孢；在病灶中形成直径不到 1 毫米的灰白色或黄色颗粒状的菌丝，好像脓汁一样，但化脓菌（葡萄球菌、链球菌等）感染化脓绝无颗粒状物，可以将两种疾病进行鉴别。

（2）放线菌引起的皮下等软组织肿胀、化脓、破口，如不及时治疗，常形成长期不愈的慢性瘘管。作者曾做过 5 例同部位的瘘管及腮腺全切除术，其中病程最长的为 5 年之久。

（3）本手术风险很大，术者万分辛苦，虽然治愈率达到 100%，但总是心有余悸，现在作者年老体力弱，眼力已不如过去，同类手术会拒绝收治，不过当今耕牛以供肉为主，役力为次，但奶牛患本病，因经济价值较高，可以考虑手术疗法。

二十八、新生犊牛膀胱破裂尿从脐部流出

1. 病例基本情况

河南省扶沟县兽医院收治了1头5日龄的新生犊牛，为雄性。据介绍，该牛5天不见排尿，但脐部不断有液体向外滴流。食欲、精神、体温及自由活动并无发现异常变化，感到很奇怪，也不知道应该如何处理，故邀作者到该县协助会诊治疗。

2. 病例诊疗经过

由于公犊尿道长而细小，导尿十分困难。经与畜主协商同意进行剖腹探查。

（1）仰卧保定，脐部皮下局麻，与腰旁传导麻醉结合。术前一切准备工作按“无菌操作”要求办事。

（2）手术切口在右侧腹直肌旁，作一个与卧姿平行的刀口，长约20厘米。然后按常规打开腹腔探查，只见膀胱底部有一个香烟头大小的圆形小孔，膀胱空虚，从小孔内不断滴流尿液进入腹腔中，腹腔内有腹水约1 000毫升，嗅诊时似有尿臭味。按常规应将破孔锁闭即可解决问题。但细想，术前为什么尿从脐部滴流而不从尿道口排出，如果尿路有障碍，即使将膀胱口锁闭，术后尿路不通，还会引起膀胱储尿、扩大，还会发生破裂，又怎么办?

作者做了一项大胆试验，即购进一根长35厘米的自行车气门芯胶管，它的直径与破孔直径一样，经消毒处理后，将1头胶管用手术剪从胶管口开始纵向剪开胶管2处，各长1. 5厘米，将胶管分成四瓣，然后插入膀胱破孔内，各呈90°角，同时在膀胱破孔一侧约5厘米处，将膀胱人工地切开一个3厘米长的切口，用术者右手拇、食、中三指捏夹住穿有4号缝线的直针，再由膀胱内的三指将针越过其中的一个胶皮瓣，并将直针从膀胱内向膀胱外出针，将直针穿透膀胱后，以术者左手拇、食、中三指伸入人工切口内拔出直针，然后由助手将缝线压紧膀胱内的胶皮瓣，在膀胱外打结，以此方法分四次固定住四个胶皮瓣后，立即缝闭人工切开的膀胱切口。最后将胶管另一端引入腹下部切口处，切口再进行缝闭，仅保留胶管在腹壁外。术后观察，膀胱内的尿液即从胶管外口滴流，手术暂告成功。

（3）术后11天，接到该县兽医的长途电话，说是有好消息，病犊能够从尿道外口正常排尿了，腹下手术留下的人工排尿口不再滴尿，提出是否再进行二次手术将胶管除去？作者认为留下胶管进行观察2个月再商议。2个月后人工尿口仍然不再滴尿。作者认为这项手术创新试验是行之有效的，是成功的。

3. 病例剖析与体会

（1）为什么产后5天尿从脐部流滴而不从尿道外口排出，术后11天却又正常排尿，其尿路为什么患犊产后发生障碍，为什么术后又通畅了？膀胱是先天性

有破孔还是 5 天内尿存膀胱，导致膀胱破裂。这是个迷，因为术前未能插入导尿管于膀胱内，才不知道术前为什么尿路不通，11 天后又会正常排尿，原因有待今后进一步探讨。

（2）牛膀胱破裂必须及时缝闭破孔，但本病例实属例外，该犊牛如果是一头母牛，因导尿管很容易进入膀胱就可说明尿路是通畅的，将膀胱破孔缝闭后，肯定会正常排尿，就不必做人工排尿手术。

二十九、牛膀胱上皮乳头状瘤不断尿血

1. 病例基本情况

某村有 1 头母牛，因不断在尿中发现血色尿液，曾经当地兽医不定期注射抗菌剂及止血剂无效，即邀作者会诊主治。

2. 病例诊疗经过

检查病牛体温、采食、活动均无异常，可视黏膜淡红，轻度贫血，尿液检查仅有多量红细胞，无白细胞、尿管型及尿蛋白。直肠检查子宫，未发现妊娠，仅发现膀胱壁增厚，弹性减退，疑似膀胱上皮乳头状瘤病症，也采取导尿，血尿从膀胱流出，检查阴道内无异常发现。作者决定观察 5 天，注射肾上腺色腙及维生素 K_3 仍然不见好转，建议淘汰。

剖检后发现膀胱内壁上整个壁面有几十个大小不等的乳头状瘤体，瘤体向膀胱中央生长，导致膀胱腔的空间只能容纳一个核桃大小，其他内脏器官及组织未查出任何病理性变化，故确诊为本病是有绝对把握的。

3. 病例剖析与体会

（1）膀胱上皮乳头状瘤病症，作者曾在《中国兽医》杂志上见过 1 篇报道，该作者阐述在剖检病牛中发现过 9 例，而作者在数十年诊疗过程中共见过 3 例，数量虽不多，但无法治疗，作者曾试图与畜主协商，免费做一个膀胱摘除术，输尿管固定在腹壁外进行排尿。此手术在人体上因膀胱癌时曾做过此类手术。但直至今日，尚未获得畜主赞同，未能完成心愿。

（2）上皮乳头状瘤病症，作者曾在内黄县见过 9 头奶牛发生过皮肤上皮乳头状瘤，浚县 1 匹马头面部发生过 1 例千余个呈小乳头状的皮肤上皮乳头状瘤，在郑州牧业工程高等专科学校动物医院见过驻马店转来的中犬口腔颊黏膜，齿龈及舌边长有约 500 个上皮乳头状瘤，经过手术疗法均获得了痊愈。

（3）如果再遇到本病，作者还想试用一种新试验手术方案，不必切除膀胱，切除瘤体根部，肯定会出血，即用 80% 高锰酸钾液化学烧灼，一则可立即止血，二则瘤体基部组织被灼伤后不会再生长，此想法提供同道们参考试用。

三十、牛顽固性阴道全脱体外切除疗法

1. 病例基本情况

临床上，阴道脱十分常见，其中牛的发病率以耕牛和妊娠奶牛最多见，常因劳役过重、腹压增大，频频努责、阴道壁松弛而脱垂于阴门口外，轻者部分脱出，不见子宫颈外口，重者在脱出部后上方可见到子宫颈外口。耕牛或奶牛如在妊娠后期因胎儿过大、腹压增强，仅能见到部分阴道壁外露而脱垂。常用的治疗方法：

（1）首先用消毒液清洗脱出部。

（2）整复固定：固定方法很多，可参考有关资料。作者几十年来对于常用的治疗方法无效而长期脱垂按保守疗法无法整复的病例称为“顽固性阴道全脱症”。几十年来共收治105头大家畜，其中牛75头，占71.4%；驴27头，占25.7%；马2匹，占1.9%；骡1头，占0.9%。采取作者自创的体外手术切除方法，手术治愈103头，治愈率达98.1%。2006年又遇到1头宠物中型犬，因阴道全脱，未及时治疗，脱出的阴道长达半年暴露在体外，体积增大而干燥，经豫南3个兽医治疗根本无法整复到阴道腔内，又转到郑州5个宠物医院均束手无策，最后找到作者，采取了体外全切术，解决了这个难题。

2. 病例诊疗经过

主要采取切除疗法，方法与步骤如下：

（1）术前准备：

①人员组织：术者1人，助手1~2人，保定及辅助人员3~5人。

②器械准备：大弯针2枚，自制小刀针1枚（用缝麻袋的2寸长的圆直针并将针头过火，打成小刀状即可），13号粗缝合线1卷，手术刀1把，持针钳1把，止血钳6把，有齿镊子1把，阴道脱固定器1把（用15厘米长的无齿镊子1把，两镊脚套上等长的软质胶管，也可用两根1厘米宽、30厘米长的不易折断的竹片，一头用细绳固定，在夹住脱出部后另一端也用细绳夹紧固定，防止滑脱），手术剪一把，输液器1套，金属注射器20毫升及100毫升各1支，器械盘1个，消毒盘2个，保定绳2条，胶鞋2双。

③药品准备：全麻及局麻药品，紫药水1瓶，高锰酸钾、止血、强心、止痛、消炎剂若干，药棉、纱布若干。

④手术场地扫净、消毒

（2）麻醉、保定和术区处理：

①麻醉：多采用全麻配局麻，性格温顺的病畜也可用局麻。

②保定：以横卧保定施术比较安全方便。

③术区处理：洗涤并消毒术部，排空蓄粪积尿。

（3）手术方法和步骤。

①术者位于畜体术区后方，先用双手慢慢地从后向前触压检查脱出部内有无其他脏器，若有脱出的肠管或膀胱，应使其还纳到原位，最后由助手将阴道脱固定器夹于脱出部的根部。

②术者持刀，在尿道外口后方4厘米处（即于固定器的后缘），先把刀尖插入0.5厘米深，并使深度不变，环绕脱出部一周切开脱出部的第一圈外层组织（此外层包括黏膜层、肌层、浆膜层），然后用止血钳或配合手指操作，将切开的断端分别向前向后钝性分离，充分暴露出下面的第二圈内层组织（此内层包括浆膜层、肌层、黏膜层，以及子宫颈管和少量脂肪组织），由于切开外层仅有少量毛细血管出血，并能很快自凝，故不必作止血处理。

③助手松解固定外层的固定器，用同上的固定方法将已暴露的第二圈内层组织加以压迫固定，但固定器的位置应放在内层根部，即距离尿道外口2厘米处，然后术者用纫有13号粗缝合线的小刀针在固定器的前缘将整个内层组织每隔1厘米距离从一端开始上下穿针，进行连续全层水平褥式缝合，或作“鞋匠缝合”，并尽力拉紧缝线，以压迫粗大的血管，并可防止术后腹腔肠管脱出体外。为了下一步手术的顺利操作，褥式缝合后的左右两端的缝合结扎线头应留得长一些作为牵引线。此时，术者又持刀，在固定器的后缘一次性切断内层组织（包括部分子宫颈管在内），就此将整个被切除的阴道脱出部分与机体脱离，助手松解固定器后，改用双手分别拉住褥式缝合后两端的牵引线，防止术部的近心断端回缩体内，影响下步操作。

④最后将外层的断端对齐，进行一次性连续缝合打结，剪掉牵引线，这叫外包内方法，即外层组织将内层组织包埋，并将阴道脱术后留下的部分组织整复到阴道腔原位后，全部切除手术即告终结。

（4）术后治疗与护理：

①术毕，再次彻底消毒术部与会阴部，并向阴道腔内注入紫药水。

②肌内注射安钠咖或樟脑磺酸钠20~30毫升，促使患畜苏醒。

③解除保定，注意安全，保暖（冬季时）。

④术后每间隔4小时可饮水或饮小米汤1次，10小时后可采食少量饲草。

⑤有明显全身症状者可进行术后1周抗生素疗法，通常只需做术部外科治疗，如每隔日向阴道腔内注入紫药水1次，防止术部感染，阴道内的术部缝线不必拆线，按经验10天后会因组织愈合自己松解脱掉。

3. 病例剖析与体会

（1）施术对象必须是经过多次非手术疗法无效的顽固性患畜。

（2）以横卧保定、全身浅度麻醉配合局麻进行施术较为安全、方便、可靠，通常手术时间为25~45分钟。

（3）在固定、切割或缝合时，要防止损伤或压迫闭锁尿道外口与尿道，以免术后不能排尿或引起膀胱破裂，危及生命。

（4）切开外层组织，要注意深度，切忌过深而损伤内层组织的大血管，造成出血不止，使手术复杂化。

（5）个别病例可见到阴道脱又同时并发直肠脱出，应先整复固定直肠脱，必要时对不能还纳的直肠脱先进行手术截断，然后再做阴道脱体外切除术。但两项手术的间隔时间不得少于1周。

（6）本手术由于卵巢尚存，故仍然有发情现象，要禁止配种。凡已怀孕或子宫发炎或蓄脓者应严禁施术。本手术缺点是今后不能繁殖，可改为役牛或肉用牛。

三十一、牛难产——胎头外露、胎体排出困难

1. 病例基本情况

河南省某村1头黄色本地小型母牛发生难产，经有丰富经验的老兽医亲自下手助产，因为胎儿过大，且头与双眼已露出阴门外，但又拉不出整个胎头，兽医又将肛门下的阴门上联合剪开，头部总算全部外露，此时出现了意外，胎头既拉不动，也退不回，阴道腔内因为胎颈粗大，胎体更大，按接生常规，首先应使兽医生的手进入阴道腔内，才有可能矫正胎位、胎势和胎向，可连手指也插入困难，又怎能解决问题，只好邀作者来做剖腹取胎术。

2. 病例诊疗经过

作者现场检查与当地兽医诊断一致，但又细想，如果开腹成功，又怎能将子宫内的胎儿倒拉出体外呢？无奈之下，作者决定先切除头部，再做下一步处理。可是去胎头后还是解决不了问题，只好用产科钩勾住颈椎，2人协力用手夹住胎儿断头后留下的颈前部皮肤，左右晃动，使颈部拉出2/3后又将胎颈向阴道内回推，还是进退两难，如果当时改为剖腹取胎肯定能解决问题，但病牛会受痛苦，又会花更多的医疗手术费及术后治疗费。最后作者想了一个出乎常规的办法，即用一根1尺长的粗铁丝，1头呈尖头针状，另一头弯成小弯，然后用5米长的细麻绳用铁丝做引导，经过胎颈背部、颈椎间隙、颈腹侧部使铁丝尖头向外穿出，小麻绳也同时被拉出颈腹侧部外，然后将长麻绳反复呈环状松缠其他颈部皮外，并将绳环联合一起，以一根擀面杖木棍插入绳圈内，慢慢转动，拧成一股劲，使颈部转动，此时阴道出现了缝裂，可入手先矫正一前肢将系部用绳缚住，然后再送入阴道腔内，再矫正另一前肢，也用绳将系部缚住，再入手将第一次送入阴道腔的前肢拉出，将颈部、双前肢的三根绳子，以三点一线用力向外牵拉，顺利地拉出了整个胎儿，免去了手术疗法。

3. 病例剖析与体会

（1）本难产母牛是采用海福特种公牛（体重 1 000 千克）的精液以人工授精方法，将精液输入子宫内，产下的胎儿为杂交品种，其胎儿生长的速度快，个体大。据作者初步统计，由于母牛个体相对较小，难产率高达 10%，本病例本来想做剖腹产术，但实属特殊情况，只能采取截头助产的方法。

（2）断头取胎，通常有经验的老兽医都认为不妥，因为头被截除，会给助产带来困难。作者使用颈部缠绳，木棍捻转，十分有效，可以参考试用。其理由是，如果颈部只缠几圈绳子在拧转颈部时容易勒断胎颈从而造成更大的助产困难，譬如一根筷子，人用双手可以将其折断，如果一把筷子，则不会被折断。又如盖房时，在外搭架，接合部用绳多圈缠绕，中间插棍拧紧，使支架固定牢靠，不会晃动。这是集体合力，形成整体，才能转动颈部，带动胎儿转体，导致兽医有机会从阴道缝裂中入手进行助产工作。

三十二、牛上眼睑下垂内翻矫正术

1. 病例基本情况

河南省浚县某村一头耕牛，据饲养员主诉：耕牛饮水时，不小心左眼上眼皮被水桶环钩钩住，当疼痛抬头时上眼睑被撕裂出血，不断流泪，上眼皮下垂，影响了患牛的视力，故牵到县兽医院邀作者诊治。

2. 病例诊治经过

由于作者发现患牛左上眼睑下垂、内翻，睫毛不断刺激眼球而经常流泪，决定按人医眼科常用的“眼睑下垂及睫毛内翻矫正术”施术。

（1）保定：将患牛保定在六柱栏内，尽量使头部减少活动，并用牛鼻钳钳住牛的双鼻孔。

（2）切口部消毒及麻醉：根据患部的情况确定切口在上眼睑的中部，然后用带有 3 ~5 厘米细长针头的 10 毫升注射器，吸入 2% 的盐酸普鲁卡因 5 ~10 毫升，在眼睑中部，从大眼角至小眼角范围内作皮下棱形局部麻醉，15 分钟后施术。

（3）手术步骤及术后处理：术者用手术刀在眼睑中部，从大眼角至小眼角范围内，小心将皮肤做一梭形切口，并分离切口内的皮瓣，并将皮瓣除弃，然后用 7 号缝合线将梭形切口上下两端的皮肤对端做一次连续或结节缝合，使眼睑皮肤紧张，以矫正眼睑下垂，并使睫毛恢复正常位置，手术结束。术后患部缝合处每隔日用碘酊涂 1 次。一般不必拆线，任其自行脱落。

（4）效果观察：术后半月一切恢复正常，没有复发。

3. 病例剖析与体会

（1）动物和人类发生眼睑下垂、睫毛内翻的病例时有发生，多见于眼睑神经麻痹，眼睑外伤或眼睑肌肉松弛症（老年性松弛多见）。这种症状的出现，必然并发睫毛内翻刺激眼球角膜及其他周围组织，呈现流泪、发炎、视力障碍等不适症状，甚至影响正常使役和采食以及外观的容貌。

（2）几十年来，作者在临床上曾遇到过本症 12 例，其中牛 7 例，下眼睑占 2 例，均试用本手术方法获得了痊愈。本项手术方法，作者认为是兽医外科手术学中的首创，因为作者未查阅到国内兽医教科书或杂志上有过报道。

三十三、公牛尿道改道术

1. 病例基本情况

河南省浚县善堂乡张寨村 1 头公牛，因包皮、龟头创伤，未及时治疗，导致整个包皮囊发炎、肿大、化脓及皮肤坏死，龟头不能外露，排尿淋漓，十分困难，当地兽医治疗 10 天，疗效不理想，邀作者下乡诊治。

2. 病例诊治经过

检查患部炎性肿胀、皮肤坏死呈块状黑色，阴茎头不能伸向包皮口外，尿液滴流于包皮囊内，体温不高，但食欲减退，精神欠佳，在局麻下于炎肿处腹下中央切开 1 个 10 厘米切口，发现患部组织已无生机，估计按一般常规外科处理，治愈时间需要几个月之久，还不一定达到满意疗效，决定进行"尿道改道术"。

手术方法与步骤：

（1）右侧横卧保定，在肛门下方 15 厘米处（阴茎 S 状弯曲部），用 2% 普鲁卡因皮下局部麻醉。纵向切口长 4 厘米，钝性分离皮肤，皮下组织和肌膜，用右手食指将阴茎周围组织钝性分离开，将切口以下的约 15 厘米长的阴茎钩出切口外，然后用手术剪剪断多余的阴茎，仅留下切口外露的阴茎约 2 厘米长即可，由于阴茎海绵体为静脉窦状，不断溢血，即用高锰酸钾大颗粒，小心化学烧灼止血（禁止将药烧灼断裂的尿道切断口）；止血后，缝合切口处的皮肤及皮下组织，将切口处 2 厘米长的阴茎固定，暴露在体外，施术即告终结。

（2）第二步是将包皮囊内的炎性产物、坏死组织，一次性清理干净。治疗方法：抗菌消炎，并按一般外科处理、换药，隔日 1 次。

（3）术后情况：患牛术后头 7 天，包皮囊区创口生长良好，尿从肛门下方的改道口排出，畜主反映，由于外露的肛门下方留下的阴茎方向稍后侧偏移，故尿液冲击患牛右后肢股内侧皮肤上，随即加以矫正，使尿直冲后方。第二周切口及包皮囊创腔内的肉芽组织生长良好，创面无分泌物，炎性肿胀基本消失，排尿冲向后方。特别有趣的是，畜主将患牛两眼遮盖，令一妇女每日在屋内进行拉磨活动，有 1 天，该妇女反映说，"怎么屋里会下雨？"她就注意观察，原来是由于牛排尿口因手术改道为肛门下方之故。第三周后，患牛基本康复、痊愈，手术成功。

3. 病例剖析与体会

（1）本病例因为包皮囊区发生严重化脓、组织坏死、尿排入包皮囊内，给患部愈合带来不良的恶性循环，作者试用尿道改道术实为首创，并获得了成功。

（2）阴茎改道术的适应证也比较广泛，例如畜群量多的放牧群体中，计划被淘汰的公畜可采用本法，以免种群乱配，可保优良公畜与母畜交配后，以提高种群品质；其次为治疗疾病之需，如包皮区严重病变，影响排尿功能，或因尿路下段结石，手术部位和方向不明确时也可采用本法施术。

三十四、牛双砖夹捶睾丸去势术

1. 病例基本情况

牛双砖夹捶睾丸去势术，在豫北间民早有流传，颇受当地群众欢迎。至今尚流传着“捶骟牛，发大犍”的俗语。作者为了发扬祖国中兽医的宝贵经验，在某些牛中给 12 头公牛采用此法去势，它不但能保持一定的雄性性征，除去“邪性”（经常泄精、跳牲口、食欲少、掉膘等）同时还能长膘发大个。

2. 病例诊疗经过

（1）手术前准备工作：术者 1 人，助手 2 人，粗绳 1 条（长 15 米），整砖 2 块，鞭梢 1 根（长 25 厘米），清洁白布或毛巾 2 块，粗圆木杠 1 根（长 2 米）。

（2）手术操作过程

①保定：可采取一根绳藏民倒牛法或双抽筋倒牛法，横卧保定，并用木杠由助手 2 人压住牛的颈部，防止头颈活动。

②用鞭梢缠结阴囊根部，充分显出两侧睾丸部分，然后将 1 块砖竖立于地上，并在砖上铺垫一块白布，将阴囊放在砖上的竖立面上（砖的厚度面上）。术者一手捏紧阴囊底部松弛的皮肤，向地面方向按压，此时睾丸更加显现而紧张，防止捶打时睾丸前后移动；最后再用白布 1 块，垫在阴囊睾丸显现处，术者另一手拿另一块砖，对准下面的砖猛烈捶击 1 ~ 2 下，此时阴囊内的两个睾丸被击碎一大部分，解除鞭梢及双砖，用两手将阴囊内尚未击碎的部分睾丸尽力揉碎，除去保定按压的颈部木棍，使骟牛站立，并用木棍在牛的背腰部从前向后赶动使牛凹腰即可，整个手术只需 10 ~ 20 分钟。

③术后注意事项：每日白天应不断牵遛运动，给好草好料进行调理，7 天后可参加劳役；通常阴囊头几天稍肿大，不必处理，整个睾丸组织要经过 40 ~ 50 天会慢慢自动吸收、消散。

3. 病例剖析与体会

（1）公牛去势术分开放性及闭锁性两大类，开放性即切开阴囊，按常规方法切除睾丸及部分精索组织；闭锁方法很多，即不破坏阴囊组织，将睾丸以钝力击碎，使其慢慢吸收、消失。近年来，西兽医多用“公牛去势钳”钝性钳夹双侧精索（不切开皮肤），导致精索挫伤、淤血，使睾丸失去营养供给，导致睾丸慢慢萎缩、消失。

（2）本手术方法简单、实用、快捷，不花一分钱，同时可就地取材。但要求保定要确实可靠方能施术；夹捶睾丸时要上下砖对齐，才能用力击打睾丸，又不能击破阴囊皮肤（一般不会，因阴囊皮肤较厚）。

三十五、奶牛子宫破裂产道内单手缝合术

1. 病例基本情况

郑州市某奶牛养殖户有 1 头奶牛，因难产请了一位兽医助产，由于胎儿过大，为前置胎位（头向阴道后方），但胎势不正（前肢腕关节屈曲），由数人协助，猛力向外牵拉，总算强行拉出，胎儿产出后死亡，病牛 3 天少食至拒食，腹围一天比一天大，呼吸粗厉，邀作者出诊治疗。

2. 病例诊疗经过

（1）体检：体温 40.8 ℃。呼吸 78 次/分，心率 72 次/分，站立不动，不吃不喝，精神呆滞，腹围增大，用拳推腹部有溅水音，胃肠蠕动音消失。阴道检查，子宫颈口开 5 指宽，手伸入子宫颈外口前方，发现有约 10 厘米长的斜形裂口，确诊为子宫破裂。经与畜主协商，不同意开腹缝合裂口，同时作者也估计做深而难度过大的裂口缝合成功的把握太小，可能劳而无功，花钱肯定较多，畜主想弃而不治，在作者建议下同意进行子宫破裂孔产道内单手缝合术，即使手术失败导致病畜死亡，也花钱不多，但此法是第一次试创手术，能否成功没有把握。

（2）手术程序：

①站立保定，清洗消毒会阴部。

②麻醉：2% 普鲁卡因 50 毫升，在肛门与尾根之间的交巢穴用封闭长针头刺入全针，然后接上注射器，一边注射麻药，一边向后拔针，直到药液注完后出针。停 30 分钟，可麻醉直肠中、后神经再进行手术。

③由于腹水太多，怕影响手术进程，先用两根粗长针头在两侧下腹后部入针进行腹腔穿刺术，放出腹水约 15 千克。

④术者右手带有大号三棱弯针并穿有 10 号缝合线约 1 米，伸入阴道腔深部，直到破口前端，以拇、食二指小心将裂口右侧子宫破缘下方 1.5 厘米处入针，再拔出针头至阴门口外，线尾由助手牵住，术者再伸入破孔处，以同样手法，将针穿入左侧破孔缘下方 1.5 厘米处，拔出针头至阴门口外，除去针头，将阴门口外的两根线打半个结，以右手拇、食二指配合，将一根缝线从阴门口直接推入破孔缝合处，再将该线慢慢不用力地退出到阴门口外，按结节缝合法将两线头交叉打完另半个结，并送入破孔缝合处，完成了结扎任务。由于剪刀不可能进入产道内去剪断结线点外的缝线，作者以手术刀片，带入缝合处，小心割断缝线。经计时

观察，每次缝合一针，需经过缝合、结扎、断线三个步骤共计半个小时，才能完成闭口任务，按同样方法，整个破裂孔总共缝了 7 针。术毕，再检查破孔缝合闭锁情况，认为良好。并用紫药水棉球在缝合处消毒杀菌。

⑤术后每日 2 次静脉输液，注入 50% 葡萄糖 500 毫升，含糖盐水 2 000 毫升，人用的维生素 C 两盒，10% 安钠咖 20 毫升，每日 1 次，连用 7 天；青霉素 80 万单位 ×10 支、链霉素 100 万单位 ×4 支，蒸馏水 50 毫升，混合一次性肌内注射，每日 2 次，连用 7 天。此外，每隔日向阴道深部注入紫药水 30 毫升，连用 4 次。

⑥疗效观察：术后 1 ~7 天拒食，少饮小米汤；第 8 天开始少量采食；11 天后采食饮水正常。第 14 天，畜主发现阴门口有一缝合线头外露，经阴道检查，不是子宫破口开裂，而是缝线自己脱落，说明术部生长良好，并割断脱出的线头。第 21 天，全身情况良好，获得了手术成功。

3. 病例剖析与体会

（1）据查阅有关外科手术学书籍及杂志，尚未见到过体外产道内单手缝合子宫破裂孔的实例，作者认为这是一个创新手术方法。

（2）奶牛今后能否配种、妊娠，这是毫无疑问的，因为奶牛均采取人工授精方法，卵巢也正常，当发情配种后自然可以妊娠。问题是分娩是否因子宫和子宫颈做过缝合术，如果发生产道狭窄，很可能导致难产的发生，如果发生难产，只好做开腹剖宫取胎术，对繁殖工作影响不太大。

三十六、奶牛子宫脱整复术

1. 病例基本情况

郑州市西郊某村 1 头奶牛，因胎儿较大，6 个人用力强拉，幸好产下的胎儿存活，但并发子宫全脱出。从早晨 4 点，一直到下午 4 点，12 个人参与，一直不能使脱出的子宫整复，病牛不安，来回调屁股，因托送粗暴，部分母体胎盘（绒毛叶阜）被破坏，并少量流血，已束手无策，最后邀作者想办法整复治疗。

2. 病例诊疗经过

作者带领 3 名实习学生同往，检查全身状况尚好，只见脱出的子宫呈大袋状，20 ~35 千克重，然后进行整复子宫，方法步骤如下：

（1）0.1% 高锰酸钾液洗涤消毒脱出部。

（2）2% 普鲁卡因 30 毫升“交巢穴”局麻，使直肠中后、神经及其周围组织麻醉，减轻努责和疼痛，并可使阴道组织松弛。

（3）作者站在脱出部正后方，术者前下方令一学生用洗脸盆托住子宫脱出部，脱出部放在洗脸盆内，另外两名学生站在术者前方，于脱出部两侧。整复方法按“翻布袋法”进行，即术者双手向前推托脱出部，前面两个学生，各自将该侧的近阴门口的脱出组织，一手内翻一手向前阻挡，防止内翻的脱出组织滑脱复原，当50%以上的脱出部内翻塞入阴道内时，术者用一手四指或握成拳头，在脱出部底部用力向前顶送，此时术者感到脱出部顺利回纳子宫内，在这同时术者整个手臂也顺势伸入已整复后的子宫内，并用手掌摆平子宫，防止再次脱出。

（4）整复脱出的袋状子宫（实为子宫角）后，固定方法如下：

①在阴门两侧皮下做1～2层荷包缝合，两阴唇上3/4分段结节缝合数针，防止子宫再外脱，留下1/4的阴门裂缝，目的是便于排尿后尿液可流向体外。

②用一个排球内胎，内胎打气的接口短管用另一条比接口短管略粗的胶管套接好，并用细绳缠结，防止接管滑脱，内胎及胶管经消毒液浸泡消毒后，术者将内胎送入整复后的子宫腔内，助手将接管用打气筒打气，使内胎充盈气体成球状，防止子宫再脱，除去打气筒，将接管用绳缠紧打结，留在阴门口外。经2～3天，子宫消肿收缩后，将内胎放气，取出内胎。

③也有人采用将啤酒瓶塞入阴道深部，瓶底向前，瓶口向后，并在瓶口处用细绳打一个瓶口结，两条绳索一上一下，在牛腰部与预先拴上1圈的粗绳连接，在腹下部的粗绳与上下细绳连接，可防止啤酒瓶外脱，使子宫不再脱出。

3. 病例剖析与体会

（1）子宫脱出，由于体积大而阴门口较窄，将子宫脱推入阴门口内是不容易的，特别是操作人员只有1～2个人，困难更大，因为脱出部滑利，一侧推入阴门口内，又去推另一部分脱出部时，由于患牛不时努责，使开始推送的脱出部分又滑落出阴门口外，最终整复不能实现，只有4人配合操作，整复任务才可能很快完成。

（2）在整复子宫脱中，由于技术不高，有些兽医只能放弃整复子宫脱手术，导致畜主失去信心，决定淘汰处理，这是一个遗憾。

（3）作者曾听说某村村长因兽医未能将子宫脱整复，他用链刀将脱出部割断，病牛痊愈。此法是否有效，有待证实。

（4）有一位老兽医自创子宫全脱截除术，以距离阴门10厘米处，用缝合针带12号尼龙线，于子宫脱出的基部入针穿透子宫进行结扎，形状如同烟口袋嘴，扎得越紧越好。然后在结扎线的下方3厘米处切除子宫，如发现小血管出血可进行结扎。

（5）作者曾做过子宫脱体外切除术2例，均获得治愈，缺点是失去了受孕的机会。其操作方法可参考本书“牛病例三十”所介绍的手术程序。

三十七、五黄汤加脐风散治疗新生犊牛胎毒症

1. 病例基本情况

新生犊牛易患“胎毒症”，病因目前还不十分清楚，有些学者认为是一种新生犊牛毒血症，临床所遇到的病例，多与怀孕母牛产前患有“胎气”病有关。其

症状特点是犊牛产出后1~5天就表现出明显的病理特征，如精神欠佳，体温稍高，心率加快，呼吸粗厉，口色绛红，间歇性腹痛，肚腹稍胀，肠音时高时低，排粪黏而少或便秘不排粪，不吃奶或只吸吮几口奶。一般病程为3~10天，如不及时抢救治疗，死亡率达85%以上。

2. 病例诊疗经过

本病按中兽医学暂定为“胎毒症”，对于这种病症，西兽医多采用磺胺嘧啶钠，青霉素、链霉素肌内注射，配合输液、灌肠；便秘时内服石蜡油等，虽有一定疗效，但治愈时间长，死亡率也较高。作者学习浚县兽医院老中兽医王勋臣同志的祖传秘方，采用五黄汤加脐风散治疗，治愈率高达90%以上，其特点是治法简易，花钱少，疗效快，治愈率高。

五黄汤：黄连、黄芩、黄柏、栀子、大黄各9~15克，鲜艾尖10个。

脐风散：为浚县制药厂生产的成方药，每小包含药重量0.06克，每次内服3~5小包。作者通过关系又获得了这个祖传秘方，其配方和制法是红糖12克(焙干)，雄黄15克，牛黄0.15克，朱砂24克，巴豆霜3克，赤金10张，上药轧面，混合分装成小包备用。

用法：将五黄汤煎成半碗量后，先用纸卷把脐风散药面吹入患畜口中，再用金属注射器将汤药注入口中内服，每日治疗1次，连用3~5天痊愈。本方对不足月或卧地不起的患犊治愈率较低，在患犊没有便秘症状时可以不用大黄，如买不到脐风散，只用五黄汤也有效。

3. 病例剖析与体会

(1) 作者曾按此方案治愈过新生犊牛34头，认为此疗法的确疗效可靠，值得推广。

(2) 关于发病原因：中兽医认为孕牛在产前患有“胎气”，作者认为：观察怀孕母牛并无大碍，仅表现消化机能减退，如食欲减少，精神欠佳，排粪多干燥，拉稀者也时有发生。而幼犊由于新陈代谢旺盛，生长速度快，个体大，需要营养物质较多，而母牛则供应量不足，体内代谢产物多于一般母牛，产生的有毒物质也增多，对胎儿有一定影响而导致“胎毒”症的发生。有的兽医认为是“胎儿毒血症”，到底真正病因是什么，目前尚不明了，需进一步加以探讨。

三十八、母牛难产产出双头、双颈畸胎犊牛

1. 病例基本情况

河南省淇县某村2岁黄色母牛1头，发生难产。主诉：该牛8个月前曾与同槽近亲的同胞公牛自然交配后一直怀孕至分娩，为第一胎，产前一切正常，当生产时一直努责不见胎水外流，经当地兽医将胎衣撕裂，胎水大量流出，露出一条后肢，用手伸入产道，发现另一后肢屈曲，用力外拉肢体也拉不出胎儿，故邀作

者前去剖腹取胎或做截胎术来解决这个难产的问题。

2. 病例诊疗经过

病牛卧地呻吟，努责不安，胎膜已破。阴道检查：胎儿另一后肢关节屈曲，胎儿已死亡。

手术经过：先将胎儿阴道腔内的一后肢按常规矫正后拉出阴门外，然后将外露的双后肢分别用绳系住蹄上部，用助产钩与术者一只手，拉出臀部及胸腹部，发现胸腹部很短，但胸腹围近于正常，臀部及后肢与正常胎儿大小相仿。至此，助产又发生障碍，经第二次产道探查，触到两个胎头，两个颈部，两前肢紧夹头颈部，致使胎儿不能完全娩出，只好将两前肢也分别截肩断肢，拉出体外，最后又拉出了头颈部。

尸胎外观：为双头、双颈，一个躯干，并有四肢畸形胎儿，胎儿总重量为14 千克，头颈部非常发达，胸腰部共长 20 厘米，其中胸部长 12 厘米，肋骨密集，向前伸，臀部及四肢的发育异常，外生殖器有阴茎及包皮，阴囊内睾丸发育不良，肛门口较小，头颈部无异常。

胎尸剖检：发现两头部的口、眼、鼻、咽喉均正常，口内已有乳齿初露；两颈部的食管在颈部分别单行，在胸腔上部都并行，直至腹部，于瘤胃前口相汇合；两条气管在颈部分别单行，进入胸腔入口后在气管与左右支气管分支处汇接一起。胸腔内心肺器官齐全，但体积不及正常胎儿的 1/2；腹腔器官也齐全，但各脏器的体积均小于正常胎儿的 2/5 左右，其他未见异常。

3. 病例剖析与体会

（1）双头畸形胎牛比较罕见，这与父母近亲交配有一定关系，由于胎儿畸形，相对个体大，加上肢体屈曲，必然导致难产，同时母牛生产时因羊水流出体外，约 25 千克，产道开放，胎儿在子宫内肺部不能充气而导致窒息死亡。

（2）这头畸形胎儿在尸检前进行了现场摄影，留有照片，是一份罕见的参考资料。

三十九、奶牛产后瘫痪

1. 病例基本情况

郑州市东郊某奶牛小区 1 头高产奶牛生第 4 胎，产后 14 小时突然精神抑郁，不愿走动，后躯摇摆，站立不稳，起卧困难，最终不能起立，四肢屈曲或伸展于腹下，头弯向胸侧，但可用手拉直，可一松手，头仍弯向胸侧，体温下降到 37.2℃，心跳快弱，呼吸深慢，有时嗜睡，反射减弱，畜主急来邀作者出诊治疗。

2. 病例诊疗经过

根据体检，确诊为产后生产瘫痪。本病在奶牛场中时有发生，又称乳热症或低血钙症。按常规治疗方法，作者采用静脉注射 20% 硼葡萄糖酸钙 500 毫升，每日 1 次（在葡萄糖酸钙溶液中加入 4% 硼酸以提高其溶解度和稳定性），同时采用乳房送风法，以升高乳房内压，减少流入乳房的血流量，并减少钙的排出，使血钙水平上升。此外，乳房送风尚能使乳房血量进入体循环，使全身血压上升，有利于消除脑贫血，促使其恢复调节血磷血钙平衡的功能。当注入空气后，还可刺激乳腺内神经末梢，使冲动传至大脑可提高其兴奋性，消除抑制状态。

疗效观察：治疗 5 个小时后能自动起立，精神好转，少量采食。第 5 天，一切恢复正常而痊愈。

3. 病例剖析与体会

（1）引起本病的直接原因主要是分娩后（有时也可能在分娩前）血钙浓度迅速降低；也有人认为本病与大脑皮质缺氧有关。因为一时性脑贫血所致的脑皮质缺氧，导致脑神经兴奋降低，引起低血钙而发病。其次，本病见于营养良好的高产奶牛，在产奶量最好的胎次（3 ~6 胎）以及在顺产后 3 天之内发病（多数在产后 12 ~48 小时）较为多见。

（2）本病应与奶牛一些类似症状的疾病相鉴别，以免误诊误治，带来不良后果。

①奶牛酮病：

类似处：食欲减少、不排粪、沉郁，嗜睡。常在产后几天或几周内发病。

不同处：乳汁、尿和呼出气有酮味（烂苹果味），铜粉检验，乳汁和尿阳性反应。没有瘫痪特征。用钙治疗无反应，注射葡萄糖，有明显疗效。

②产后败血症：

类似处：精神沉郁，躺卧时头颈弯于一侧、昏睡，反射迟钝。

不同处：除濒死时体温下降外，一般体温均升高（40 ~41 ℃），眼睑、肛门松弛，反射不完全消失。

③牛妊娠毒血症：

类似处：不吃，不反刍，肌肉震颤，卧地不愿起立，昏睡。

不同处：多见于分娩前 2 个月左右的肥胖母牛发病。先便秘后腹泻，排恶臭黄白色稀粪，初有兴奋不安，共济失调，后昏迷、安静死亡。

④截瘫（腰椎骨折）：

类似处：肛门松弛，反射消失，卧地不起，排粪尿失禁。

不同处：有使脊髓受损害的原因，即使产后发生，脊髓损伤的后部体躯感觉消失，但前部感觉敏锐。直肠检查：腰椎有疼痛，甚至不平整。

⑤骨质疏松症（导致股骨头骨折）：

类似处：突然发病，卧地不起。

不同处：后肢有知觉，能正常排粪尿。但不能起立。检查后肢髋关节区，有两侧不对称与凹凸不平整现象，活动时听到骨摩擦音。

⑥腰后肢风湿症：

类似处：卧地不起，食欲减少。

不同处：有受风寒侵袭史，开始行步不稳，活动后或天气转暖时症状减轻，此后突然卧地不起，用抗风湿药有效果，头颈无偏向一侧的症状，能正常卧地排粪尿，皮肤知觉不消失。

（3）预防本病发生至关重要，可在干奶期，至少在预产期前2周开始，给母牛饲喂低钙高磷饲料，将每日钙的摄入量限制在60克以下，增加谷物精料，减少豆科干草和豆饼，使钙、磷摄入比例保持在1.5∶1或1∶1，可有效防止本病的发生。

（4）分娩后，立即1次肌内注射10毫克双氢速变固醇，预防本病也比较有效。如在第一次发病补钙的同时，使用双氢速变固醇还可以减少复发率。

（5）乳房送风需要一定简易设备。

①市场上有出售的专用乳房送风器。

②也可用100毫升2支金属注射器替代打气工具，但其关键是要做好空气的过滤和消毒工作。方法是“尽量挤净乳房中的积奶，消毒乳头和乳导管，将消毒的乳导管插入乳头管内。以卧侧的后乳区开始逐个打入空气（如用注射器打气，必须在吸空气时将含75%酒精的药棉做成薄片覆盖注射器乳头上，使空气经药棉获得消毒）使乳区皮肤紧张，叩之呈现鼓响音时为宜。空气过多，会使腺泡破裂，可影响疗效，逸出的空气会逐渐上移至臀部皮下或股内侧皮下，但经过1～2天积气会慢慢消失。空气量不足，则没有疗效。打气毕，捻搓乳头管括约肌，促使其收缩，防止空气回流或用绷带轻轻结扎乳头管，待病牛起立，症状缓解后再解除。

③此外，作者曾在农村无上述两种打气设备时，自制土法“乳房送风器”，其制作简易，不花1分钱，不用时可立即拆除。即预置一个500毫升的输液空瓶，并装入0.2%的高锰酸钾液150毫升，再用1毫升玻璃吸管2根，分别通过玻璃瓶上的软胶盖，一根插入玻璃瓶内远离消毒的液面上方，作为出气管。另一根玻璃管插入消毒液内作为进气管，然后取两根听诊器上用的长胶管，一根胶管两端分别与自行车打气筒的出气门芯和进气玻管相连接，另一根胶管一端与出气吸管相连接，另一端与预先插入乳头管内的乳导管针座相连接，4个连接处，必须用缝合线缠紧结扎固定，防止因打气时被高压气体冲脱而漏气。土制设备安装后，可以打气送风至乳房内。

（6）在治疗中，兽医多用市售的5%氯化钙或葡萄糖酸钙静脉输入500毫升，个体大的患牛最多用过800毫升，只有作者的1个学生来电话说，他试用1 000毫升，则出现了少食、肌颤、兴奋等不良副作用，应引起注意。

（7）本病如果在产后2～8小时发病，病情进展快，严重的可能有死亡的危险，如果经过治疗后体温较快回升，预后良好，如果体温一直下降，治疗后又无疗效，则预后不佳。复发者预后都不良。不过作者发现不少奶牛场遇到治疗 7～10 天无效时，多数拒绝再治，淘汰出售的现象颇多见。故对本病需进一步研讨出更好的疗法，是我们兽医工作者应尽的义务。

四十、耕牛上腭孔——鼻腔瘘天天流脓涕

1. 病例基本情况

河南省浚县善堂乡一位 82 岁的老兽医邀作者去该站会诊 1 耕牛发生的一种奇怪疾病。据介绍，该牛右侧鼻孔每天流脓涕，曾被淇县、内黄县、浚县的 6 个乡的兽医诊疗过，至今病已 4 个月，采用多种中西兽医疗法均毫无疗效。该患牛吃喝、反刍、大小便、精神、体温、呼吸、脉搏、活动均正常，膘满肉肥，全身体表检查也无形态异常变化，有人按肺病、肺经病、鼻炎、副鼻窦炎不间断地治疗，总定不下确切的诊断。

2. 病例诊疗经过

首先进行鉴别诊断如下：

（1）如果是肺病、肺炎，为什么患牛不咳嗽、不呼吸困难，体温不高，吃喝正常。打过消炎针，吃过清肺、润肺、止咳化痰、理气止痛的中药无效果？

（2）如果是鼻炎，为什么检查鼻孔内无异常炎性变化、用鼻导管探查鼻腔很通畅，采用抗菌消炎剂，鼻腔内注入消炎药、通关散粉剂进入鼻腔也毫无疗效？

（3）如果是副鼻窦炎，如上颌窦炎，为什么局部无骨胀，骨腔无变形体征？

（4）如果流脓涕与口腔有关联，为什么吃喝、反刍正常，口内齿、舌、颊黏膜均正常，口内也无黏液、口臭等异常变化？

最后作者认为病根肯定不在肺和呼吸道中，与口鼻有关联，因为鼻腔中部、后部太深，肉眼无法直视，又无先进仪器，是不是口腔某处与鼻腔相通所致。终于在上颚孔处发现孔外有 1 毫米长的异物，随即用镊子夹住异物从孔内夹取出一根长 10 厘米、宽 0.5 厘米的竹签，并向上腭孔内加压注入紫药水 20 毫升，发现紫药水从右侧鼻孔处流出，故确诊为上腭孔——鼻腔瘘。治法简单：停止全身疗法，每日用紫药水冲洗瘘管 1 次，3 天后改为隔日 1 次，1 周后不再流脓涕，停药后又观察 1 个月仍然不流脓涕，说明病已痊愈。

3. 病例剖析与体会

（1）上腭孔内会出现竹签的原因：原来是 4 个月前，患牛曾因肚胀，当地中兽医用流传的一种“顺气穴”治肚胀的古老方法，即用 30 厘米长的柳枝去皮，将其插入“顺气穴”内来回串动可治疗肚胀和眼疾，十分有效，此顺气穴实际上是西医所谓的上腭孔，部位在上腭最前端处，正常有两个小孔，此孔可通向大眼角处，即解剖学上的“鼻泪管”，据饲养员讲，当时兽医找不到柳枝，就用夏天

防蚊蝇的竹帘代替，而竹帘细签比柳枝硬而脆，在串动时不慎折断竹签，又无法取出，故长期留在鼻泪管中，引起化脓菌感染而化脓，而脓汁又因上腭孔被阻塞，只能刺激、腐蚀鼻泪管上方的鼻腔骨板，致使脓液从右侧鼻腔中部排出，故见到鼻孔外流脓鼻涕。

（2）兽医没有找到病根的原因：

①习惯上认为流脓鼻涕，肯定是呼吸道出了问题。

②通常检查口腔，兽医两眼只观察口腔中、后部，很少有人仰头观察上腭部，因为牛的上腭无门齿。

③顺气穴插柳枝治疗法，老兽医知道的人多，年轻兽医大都不知道，学校毕业的学生对中兽医了解欠少欠深，大部分农村中兽医对鼻泪管的名词和具体部位不了解，只有实践操作经验而解剖理论知识水平不太高的民间兽医对本病的确诊的确比较困难。

（3）由于深部瘘管无法上药和引流，也无法进行口鼻深部的外科手术治疗，按作者的经验，向上腭孔内注入紫药水，一则可以抗菌消炎（为杀菌消毒剂），二则起到冲洗作用，三则可以拔干减少渗出，四则花医药费极少。

四十一、牛重瓣胃顽固性阻塞

1. 病例基本情况

郑州市西郊某奶牛场1头奶牛5天不吃少饮，不排粪，内服过石蜡油500毫升及消食健胃散，肌内注射过维生素B_1等药物，病情不见好转，当地兽医未能明确认定是重瓣胃阻塞或是真胃阻塞或是真胃变位，故邀作者出诊治疗。

2. 病例诊疗经过

（1）检查与诊断：

①询问病史：据饲养员介绍，平时喂青玉米秆、豆饼及麸皮，近月来正是夏季青草丰盛，收购大量青草，多数青草还带草根和泥沙。饮水不如以前多。病初精神不振，食欲减退，反刍减少，毛焦，排粪干而少；进而食欲废绝，喝水量少，鼻镜干燥，排粪干小，色暗，如算盘珠样；瘤胃轻度臌气，口赤发黏。近5天来不吃不喝，不反刍，鼻镜龟裂，不排粪，尿少而黄，经多日吃药打针不见明显好转。

②体检发现：听诊三胃音消失，瘤胃内容物不饱满，不坚硬，轻度虚胀，在右侧肋弓后下方腹壁处，以四指作冲击式深部触诊，有时感触到增大、后移、坚实的重瓣胃；直肠检查：取出极少粪便，附有黑色污臭的黏液，并在患牛右下腹部处触诊，可摸到扩大、后移的三胃，按之有坚硬感觉。卧地后头常弯向一侧，有时磨牙。体温正常，呼吸粗厉，心悸。确诊为重瓣胃阻塞。

（2）治疗方案：

①静脉输液，加入含糖盐水 2 500 毫升，10% 高渗盐水 350 毫升，10% 安钠咖 20 毫升。

②内服中药，方剂为当归苁蓉汤加减。

油当归 200 克，肉苁蓉 40 克，鸡肉筋 30 克，枳实 70 克，广木香 30 克，滑石 70 克，千金子 30 克，郁李仁 30 克，番泻叶 30 克，大黄 70 克，芒硝 250 克，甘草 20 克，木通 30 克，水煎去渣，外加液体石蜡油 1 500 毫升，一次灌服。灌药后观察 1 天，经检查，仍然不吃，不反刍，胃肠音弱，体温正常，精神好转，不排粪。处理方案：继续输液，液中除去 10% 高渗盐水，其他药物同前。

③重瓣胃穿刺注药。注射部位及方法是：在患牛右侧肩端水平线与第 8 肋间交点上用长 18 厘米的封闭针头，与体表呈垂直刺入皮肤、肌肉、腹膜，进入腹腔后（无阻力）再向前进针，遇有阻力时，即为三胃阻塞部。观察皮肤外的针杆是否有横 8 字摆动，或用 100 毫升金属注射器吸入灭菌生理盐水 50 毫升，并与封闭针座连接，加压注入三胃内，稍停片刻，回抽注射器针栓，如发现生理盐水混浊或有细草末时，证明入针部位正确，接着用 2 支 100 毫升金属注射器吸入 25% 硫酸镁液 500 ~ 800 毫升（总量）、液体石蜡油 500 毫升，加压（不加压阻力太大）注入阻塞的三胃内。经过 8 小时后观察，见到稀软粪便排出肛门外，听诊胃肠音亢进，说明有较好疗效。第 3 ~ 5 天对症处理，继续补充营养、水分、电解质、强心消炎剂等，获得了排粪正常，精神好转，采食、反刍基本恢复正常状态，达到预期治愈的目的。

3. 病例剖析与体会

（1）重瓣胃阻塞，中兽医称“百叶干”病，是由于种种原因，如供水不足，消耗水分过多（如高热不退，重笃性腹泻），运动不足，饲草中含泥沙较多，胃肠疾病引起三胃机能下降，蠕动减弱或停止，使瓣胃内容物不能及时排到真胃而积于三胃中，水分被吸收，积滞物逐渐干结，最后导致阻塞。

（2）本病应与有关疾病进行鉴别诊断：

①前胃弛缓：

类似处：吃草、反刍减少或废绝，左肷下陷，瘤胃蠕动弱，虚胀，磨牙。

不同处：不出现鼻镜龟裂，瘤胃反复臌胀，在右腹侧最后肋弓上方，腰椎横突下方向里按压不能触及圆形硬块。排粪软稀，粪中有多量未消化完全的饲料。

②皱胃阻塞（扩张）

类似处：吃草、反刍减少或废绝，粪量少呈黑色球状，鼻镜干燥或龟裂。

不同处：所排粪球或稀粪均为黑色，掰开粪球内部亦为黑色。阻塞时软肋下方可触及硬块，如扩张则硬块在软肋后方至膝襞，直肠检查时手心向瘤胃，手背可触及硬块，听诊后腹上部可听到“钢管音”。

（3）本病后期，治愈率偏低，主要是由于三胃长期高度扩张，收缩机能和恢复机能明显下降，往往粪便少有排出，三胃内容物已软化，胃小叶已坏死，黏膜脱落，最终多数死亡。

（4）治疗本病最好是服中药加三胃注射其疗效好而快捷。但作者发现有的兽医用油剂量太少，只给500毫升，有的用芒硝（硫酸钠）一次给药1 000克以上，但加水太少，浓度过大，即使积粪排出，则并发胃肠炎，长期不食，血循环因血浓度高而流速减缓，导致心力衰竭而死亡，故口服中药（含大量芒硝时）或大量送入大黄、芒硝致泻时，应使药水量增加，使芒硝浓度在8%～10%，既可发挥下泄作用，又不会导致后续的肠胃炎并发症。

四十二、奶牛乳房炎长期不愈

1. 病例基本情况

郑州市惠济区某村1头7岁的奶牛，已第3胎，畜主说：他喂养的这头牛半年前患了乳房炎，经当地兽医治疗后临床症状日渐消除，仅留下乳基部下方有拳头大小的硬积块始终不消，故询问作者有何根治方法。

2. 病例诊疗经过

本病是奶牛最常见的疾病之一。按常规治疗以口服中药，每日挤乳后用80 ℃的25%硫酸镁溶液热敷20分钟，擦干后乳区涂抹10%鱼石脂软膏，肌内注射“特效抗菌消炎王”，每千克体重0.1毫升计算，每日2次，每次50毫升，连用5天，通常疗效满意，但这头患牛已成慢性，估计再用此方不一定会奏效，同时医药费用高昂，决定试用“双效宫乳净”，每千克体重0.1毫升，每日1～2次肌内注射，每次用量为50毫升。按医嘱畜主试用7天，为第一疗程。当第一疗程后畜主反映有一定疗效，又买回第二疗程药物，用后乳房硬结缩小了1/2大小，就这样一直坚持用药达50盒，硬结只有小指头大小了，基本获得了痊愈。

3. 病例剖析与体会

（1）慢性乳房炎多因急性乳房炎治疗不及时或方法不当所引起。此时乳腺部组织弹性降低、硬结、泌乳减少，乳汁变稠并呈黄色，有时内含乳凝块。有的由于结缔组织增生而变硬，致使泌乳能力丧失。个别患牛由于乳房肿大，血液循环障碍，皮肤缺乏营养导致皮肤干性坏死，久则皮肤干裂或形成感染性慢性乳房瘘管，长期排脓，失去泌乳机能。

（2）乳房炎的预防十分重要，应抓好以下工作：

①注意牛舍和牛体清洁卫生，特别是多雨泥泞季节更需要注意，如运动场最易存雨水而泥泞，故必须有排水通道，便于疏通，以保持地面干燥。

②挤奶前应洗净奶头。用吸奶器吸奶时，不要过早安装挤奶杯或过晚摘下挤奶杯，避免空吸致使乳头皮肤和乳头黏膜发炎。每周消毒一次挤奶杯的内鞘，在干奶期用青霉素100万单位，链霉素100万单位，硬脂酸铝2～3克，医用花生

油作成油剂注入乳头管内。

③长期使用青霉素的牛群，可改用邻氯苯甲异噁唑青霉素或卡星青霉素，每个乳头共1克，干奶期中注入1～2次有良效。对在泌乳期中5次患乳房炎的奶牛应考虑淘汰。

（3）目前治疗本病的方法很多，应综合治疗疗效比较快而有效。

1）抗生素疗法：如青霉素，采用局部乳房内给药（经乳头管注入）和经肌内或静脉注射全身给药，配合对症疗法，如每日2次25%硫酸镁（或硫酸钠）乳区热敷，热敷后将水擦干，在乳区涂擦10%鱼石脂软膏（要求先挤奶，然后热敷，最后涂药膏）。

2）全身疗法：采用特效抗菌消炎王（主含恩诺沙星），每日2次肌内注射，每次40～50毫升（最好配合青霉素400万单位），连用5天。

3）乳头管内注药疗法：

①新霉素乳腺炎软膏（按新霉素实际量500毫克），必要时24～48小时1次。

②红霉素乳腺炎注入剂，挤奶后注入。

③乳宫康泰注射液，每个乳头管内注入10毫升。

4）口服疗法：复方新诺明（SMZ）片、碳酸氢钠片各50～70片（每片0.5克），每日2次，连用3～5天。

5）外用药疗法：乳炎消（液体成药）1份，加乳炎膏2份，混合后涂擦乳房区皮肤，疗效良好。

6）乳区基部皮下封闭疗法：即用0.25%普鲁卡因液150～200毫升，加青霉素160万单位在乳房基部皮下环状封闭1周，隔日1次，一般1～2次有明显效果。

7）中药疗法：

适用于产后未怀孕母牛：通草19克，青皮19克，鹿角霜25克，芙蓉花18克，当归30克，连翘30克，黄柏30克，牛蒡子25克，共研细末，加黄酒200毫升，皂角刺25克（煎水去渣），同调灌服。

适用于怀孕牛：当归30克，贝母30克，炒山楂30克，炒赤芍15克，瓜蒌仁18克，水煎灌服。

（4）本病多为慢性经过，应按疗程坚持用药5～7天以上，以保持血液中的药物浓度方能见效，千万不要急于求成，经常换药，钱不少花，但常无明显疗效。本病例就是坚持持久战，终于取得了良好效果。

（5）临床经验证实，若向乳头管内注药，乳导管必须严密消毒，否则常导致病情因微生物再次感染而加重。本病例开始用药1周明显好转，由于当时畜主太忙，就请当地兽医进行了乳头管内注药，翌日乳房又发炎红肿，病情又突然加重，这是个教训应加注意。

四十三、奶牛子宫内膜炎误诊为子宫肿瘤

1. 病例基本情况

郑州市西郊某村一头奶牛生产了一头小牛犊并成活，翌日食欲减少，体温39.8℃，遂请当地某高校本科兽医专业毕业工作一年的青年兽医，他做了直肠检查，触诊子宫，发现有一个西瓜大小的硬肿物，他认为疑似双胞胎，子宫内尚有一个未降生的胎儿。建议剖宫取胎，手术费1 200元，畜主看他年轻经验不足，又邀请一位高校一直教产科的退休老教授会诊，他也进行了直检，也摸到子宫内有一个碗口大的肿物，认为胎儿不会这样小，同时原来为西瓜大小怎么会缩小呢？认为不是胎儿而疑似为子宫肿瘤，建议剖宫探查。由于畜主还不放心，又邀作者去会诊。

2. 病例诊疗经过

（1）体检：体温40.2℃，呼吸53次/分，心跳74次/分，不食不反刍，胃肠音弱，大小便不认异常，阴道检查，子宫颈口开2.5指，阴门口外及阴道内有少量黄灰色黏液，直肠检查，触及子宫内有一个碗口大小的肿物。为了证实这肿物是何原因产生的，作者按既往经验，采取直肠内引针穿刺子宫手术，即自制一个穿刺设备：方法是取一根长0.5米的硬质胶管，粗细与听诊器上的胶管相似，一端接上1枚14号静脉注射针头，将针座插入胶管口内，管口外用缝合线缠绕打结固定针座，防止滑脱；胶管另一端也用14号粗针头1枚，剪断针杆，插入管内（针座孔向外），再用缝合线缠绕打结固定针座。操作程序是，术者右手持针，以拇、食、中三指夹住针座及针杆，但针头不露指外，防止损伤直肠黏膜。当五指并拢入手至骨盆腔前口触及子宫硬块时，以中、食二指夹紧针杆，使手腕呈45°内收导致针杆与手掌呈垂直状态，再用拇指按压针座，迫使针尖及针杆进入子宫腔内，并以拇、食、中三指掐住针座，防止针头滑脱。再令助手在肛门口外的胶管口处，将100毫升注射器乳头（除去针头）与胶管口上的断杆针座连接，首先注入生理盐水100毫升到子宫腔内，并没有阻力感，又连续注入生理盐水共2 000毫升，也无阻力，同时液体也有部分从阴门口外滴流。根据体征和注液试验，确诊为急性子宫内膜炎，此硬块肯定不是胎儿，也不是肿瘤，免去了手术疗法。

（2）确诊后，每日输液2次，以抗菌消炎、补水、补养、强心为主，阴道插管至子宫腔内注入针剂土霉素，每日2次。肌内注射10%复方氨基比林30毫升。治疗1天半后，体温降至正常，开始吃少量青草。又按原治疗方案坚持4天后，采食正常，能饮水，倒沫58口，精神较好，阴道内黄灰色黏液消失，直检原子宫内的硬块消失，证明已基本康复痊愈。

3. 病例剖析与体会

（1）子宫炎是常见母畜科疾病，可能在助产中因消毒工作欠佳，子宫、阴道被微生物感染所致。

（2）鉴别诊断中，疑似胎儿，为什么硬块会缩小。疑似肿瘤？为什么直肠内引针注入子宫腔内的大剂量生理盐水无阻力。为什么确诊为子宫内膜炎？其根据是体温低热，阴道子宫内有炎性产物，直肠内引针注水数量大但无阻力，说明子宫腔有空隙，那么兽医直肠内触诊子宫发现的硬块只能是由于炎性肿胀，子宫壁增厚，呈现发硬的触摸感觉。再者，如果是女人有子宫肌瘤或子宫癌，在人医临床上并不少见，而牛至今尚未见过有关子宫肿瘤的报道，即使有报道也是非常罕见的。再者有子宫肿瘤，又怎能生产出一个成活、发育良好的犊牛呢？故其谜底已被上述诊断依据所证实。

四十四、奶牛体表患上皮乳头状瘤

1. 病例基本情况

河南省内黄县某村养奶牛的某专业户共饲养奶牛 16 头，此牛群从东北购进，购入时牛体表有几个小疙瘩，谁知道近几个月来，共发现 9 头牛体表特别是颈背部有多量小疙瘩，小的如花生米大，大的如核桃样，疙瘩基部有蒂，该县 3 名老兽医都年过 70 岁，从未在本县见过这种疾病，又不知道应如何治疗，故邀作者到现场会诊。

2. 病例诊疗情况

检查结果，体表皮肤有多量上皮乳头状瘤，但无全身异常变化。既往都采取手术摘除方法，但由于病牛较多，如进行手术摘除，数量较少可一个个局麻分离皮肤摘除之，可这群牛中，9 头病牛每头体表长瘤数目不等，少则 30 多个，多则上百个，既费时又费钱也费力，作者按自创经验方法切除瘤体又快又好，永不再犯，也不出血，也不打麻醉药，更不会创口感染。方法是先用碘酊消毒瘤体基部皮肤，再用直刃手术剪紧贴基底部皮肤，快速剪断瘤体蒂的根部，由于小血管在蒂部中央，必然会流血，作者将预置好的药棉在其中间放入 1 粒高锰酸钾颗粒按入出血点，经 0.3 ~ 0.5 分钟，除去药棉，可见到停止出血，创口被化学烧灼，经过数天后，创口被新生的上皮细胞增生而修复达到了痊愈。此方法深受同行与养殖户欢迎，由于操作简易方便，群策群力，要不了多长时间就把病根解决了。病牛又可健康而舒适地生活了。

3. 病例剖析与体会

（1）上皮乳头状瘤比较常见，人类、哺乳动物的皮肤或黏膜上都可发生。这种瘤体不大，均有瘤蒂的小肿瘤，瘤体少者不影响健康，它是一种良性肿瘤，作者见过一匹马的头面部有上千个小如绿豆大的肿瘤。人的头部、面部、颈部有个别米粒大的上皮乳头状瘤，俗称“刺猴”，只是面容不好看罢了。也见过一条狗口腔黏膜上长有500个“刺猴”影响采食咀嚼，有几头牛膀胱内膜长有指头大小的上皮乳头状瘤，影响排尿功能，如表现尿频，时有血尿现象。以上病例（包括人在内）作者均用此法化学烧灼止血，既简单又快速，易推广。

（2）口腔内黏膜上应改用瘤体剪除后，以80%的高锰酸钾液烧灼止血，但必须用防腐蚀的1毫升一次性注射器的针栓外端的小乳头进行蘸药点入出血点处。既可止血，又不会灼伤瘤体周围的健康组织。

四十五、牛蹄叉腐烂长期不愈

1. 病例基本情况

郑州市某种畜场对面有一个大院，20多户养牛专业户以养牛挤奶为营生。牛舍简陋，运动场经常潮湿泥泞，下大雨蓄水，无排水通道，饲养员去运动场都得穿长筒胶鞋，患蹄叉腐烂的牛蹄数时有增加，当地兽医采用0.1%高锰酸钾液洗净患部，涂碘酊，用纱布包扎，暂不去运动场地，通常10天左右治愈，愈后又去运动场，如此反复发病成为一种恶性循环。专业户饲养的头数不等，少则3头，多则12头，出巨大资金建造排水系统谁也心痛，只能长期维持现状。由于本病长期复发治疗不彻底，故邀作者会诊会治。

2. 病例诊疗经过

（1）本病由土壤中的坏死杆菌等多种微生物在牛蹄及蹄叉处因蹄皮及蹄角质部被水、粪、尿浸泡，蹄部抗病力下降而被感染，呈现蹄叉部发生腐烂，嗅之有腥臭味，严重者蹄部发炎，疼痛，运步跛行，食欲减少及产奶量下降，甚至卧多少立或卧地不起，蹄匣脱落等不同症状。

（2）预防措施：与各养殖户协商，统一联合各户辖区的运动场地，各自挖一条小排水沟，一家连一家，使下雨后的积水排出院外，使运动场地比过去干燥，同时要求勤除牛粪，定期将牛粪卖给种植户当有机肥料，增加收入，改善环境卫生条件。同时将饲养牛舍地面用水泥硬化，便于冲洗又卫生，加上市政府又为养牛小区，创办了小区挤奶厅，有利于奶牛在干燥的环境中生活，也保证奶的卫生和优质，也便于统一收奶，统一运送至奶加工单位。

在治疗方法中，除按上述常规治疗操作程序外，作者惯用处理病蹄的保洁方法，即穿上一只小婴儿常用的“小老虎头鞋”，此鞋正好可套住一个患蹄，并在鞋的前、后各设两条绳索分别系住蹄及系部，可防止牛运动时滑脱，既有利于患部早日痊愈，也有利于牛蹄穿上布鞋，减轻了患部触地引起的疼痛与跛行症状的缓和，这真是一举两得。

3. 病例剖析与体会

（1）导致本病发生的病因是多方面的，例如牛舍阴暗潮湿，运动场地泥泞，粪便未及时清除，致使圈舍、运动场内污物堆积，牛蹄长期被污水、粪尿浸渍，角质变软，细菌感染（多见于坏死杆菌、少见于化脓性棒状杆菌、结节状拟杆菌、产黑色素梭菌、葡萄球菌和链球菌等），地面高低不平，时见煤渣、碎石、瓦砾、玻片等异物刺伤蹄软组织易引起发炎，蹄间皮肤红肿，敏感，疼痛。当深部组织腱、趾间韧带、冠关节及蹄关节受到感染时，形成坏死组织的脓肿或瘘管，向外流出乌黑色腥臭的脓汁时跛行更加严重，食欲下降，产奶量减少，甚至蹄壳脱落或腐烂变形。

（2）本病可发生于所有类型的牛，发病率较高，占引起跛行蹄病的 40% ~ 60% 。一般热天潮湿多雨季节比冬春干旱季节发病多，后蹄发病比前蹄多，成年牛比犊牛、青年牛多，奶牛比耕牛、水牛多。

第四章 羊病例

一、羊炭疽引起人畜共患病

1. 病例基本情况

河南省浚县白寺乡前岗村养羊196只，为短尾寒羊，成年羊约占70%，其他为羊羔及青年羊，约占30%。某年夏初，放羊的小孩发现一只寒羊跟不上羊群而掉队，后突然肚胀、鸣叫、卧地不起，肛门外突，黏膜发红、有血便，不到半个小时猝死。翌日又发病9只羊，死亡2只，经兽医诊断怀疑是传染病，坚持治疗2天，发病羊达42只，死亡9只，又邀请了一位老中兽医，经剖检发现死羊都有结肠表层密布着结节状物，如绿豆粒样，他听作者说过属于羊结节虫第二期幼虫在结肠壁寄生并形成小结节，当幼虫变为成虫后进入结肠腔内过寄生生活。而结节成为永久性病灶。因此，他断定不是传染病是寄生虫病，给予驱虫及对症处理，并住在村里过夜，谁知翌日死羊累计64只，只好邀请作者前来会诊。

2. 病例诊疗经过

作者将2只死羊拉到离村1 000米外的岗坡处，挖一个深坑，在严密消毒的条件下剖检了死羊，主要发现有败血症变化，肝脾肿大，特别是脾脏比正常大3～4倍，死血呈酱油色，凝固不全，采集了脾等病理标本，迅速回县城做了载玻片触片，瑞氏染色后油镜检验，发现大量炭疽杆菌。当日下午又返回村里做了流行病学调查，结果如下：

（1）抽检一群妇女，共14人，其中6人已感染上皮肤炭疽（中医称疔疮），皮肤检查主要观察手及手臂部位，呈现黄豆粒大小的呈圆形、发黑的皮肤病灶，不痛不痒。作者问她们有何感觉，回答的说法是又不痛、不痒、不肿，不碍事的都不去医院看病。

（2）动物调查：发现近几天来原因不明地死了马驹1匹，猪2头，狗1只。

均为突然死亡。

（3）询问村里老人，他们说以前该村曾发生过人和动物急性死亡的情况，有的人和动物还七窍出血。当时村里很穷无力救治，也弄不清得的是什么瘟疫症。

（4）羊群调查：196只羊已死亡98只，尚存的羊只食欲减少或拒食，体温在40.5～41 ℃者占多数。

作者根据调查和化验结果，确认羊患的是炭疽病，并已发展成为人畜共患的传染病。当天晚上立即向县农业局、县医院、县防疫站做了疫情汇报。翌日上午，安阳地区畜牧兽医工作站及地区卫生防疫站派来专家进驻疫区，做了进一步检验和现场调查，肯定了炭疽病的诊断无误。并立即成立兽医、人医联防指挥部，由作者任指挥部主要负责人。根据会诊和在附近几十个村的初步访问、抽查，疫情尚未波及其他村，但由于羊肉有外送亲戚家的，人员来回活动，羊群放牧所经过村庄都有可能会发生本病的流行。

（5）具体防治措施如下：

①凡外来人员严禁入村，本村人员一律禁止外出，村里日常急需食品、用品统一由有关单位提供，但送货人不能进村，实行全方位封锁隔离。

②全村村民每人强制性地免费口服长效磺胺药，每家每户在防疫人员的指导和监督下经常消毒餐具，井水漂白粉消毒处理后方能饮用。每人免费进行炭疽菌苗紧急防疫注射，当时人的疫苗河南省存量不够，计划2万人的需求量，在国家和省卫生防疫部门的支援下，从成都生物药厂专机空投到疫区，解决了大问题。

③兽医部门将疫区内的动物做炭疽菌苗紧急防疫接种，检测体温，对动物及其有关环境、畜舍、用具、运输工具等彻底消毒，对可疑动物进行磺胺药物注射，对从此乡收购来的疫区羊皮暂停出口，一律进行彻底消毒。

④严禁偷食死羊病肉、尸体一律深埋或烧毁。

通过上述措施，疫情基本得到控制，尚无新发生的人畜患者，并经过21天观察后解除了封锁，保证了人畜健康。

3. 病例剖析与体会

（1）炭疽病是人畜共患的烈性传染病。通常作者发现农村兽医主要是以看病、打针、灌药为主，一旦发生传染病，有的人会逐级向上级主管单位及时汇报，可使行政部门协助对疫病迅速控制，有的人埋头看病，忽略了防疫措施，特别是人畜共患传染病，单靠兽医部门自己去控制只能使势态更加严重，只有人、畜管理的行政及业务部门联手才能真正杜绝传染病的发生与发展或流行。

（2）炭疽病依据其主要侵害部位，通常分为脑炭疽、肺炭疽、肠炭疽、皮肤炭疽4类，人类以皮肤炭疽最多见。据《实用传染病学》一书介绍，人的皮肤炭疽占人的炭疽病的97%。动物患肠炭疽者占多数。

二、羊破伤风初期被误诊为前胃弛缓病

1. 病例基本情况

某县兽医院一位年轻兽医从大学兽医专业毕业已工作年余，有一天，门诊部来了一只病山羊。主诉：采食减少，瘤胃虚胀，并无发现全身其他异常病症，他初诊为羊前胃弛缓病，给予健胃消胀的西药。翌日复诊，病情又加重，拒绝采食、腹胀反而明显，又打消炎针、维生素 B_1 针，口服石蜡油 250 毫升。第 3 天又复诊，毫无疗效，该院邀作者会诊。

2. 病例诊疗经过

体检：体温 40.3 ℃，瘤胃蠕动音消失，腹下有轻度水肿，半个月前做过睾丸去势术，查阴囊切口有干痂，创口尚未完全愈合，后肢运步不太灵活，瘤胃臌气，呼吸粗厉，心跳稍快，采食时不愿张口，将羊头猛一抬高，发现闪骨（第三眼睑）生瘀、外翻，确诊为羊破伤风。随即建议采用如下治疗方案：

（1）25%硫酸镁注射液，每日 2 次肌内注射，每次 15 毫升（配合青霉素 100 万单位）。

（2）精制破伤风抗毒素，每日 2 次，每次 20 万单位，连续用药 3～4 天。

疗效观察：据该兽医汇报，病羊已明显好转，开始采食，瘤胃已消胀，体温 40 ℃，又按原治疗方案坚持 1 天，停药观察 5 天，获得了痊愈。

3. 病例剖析与体会

（1）破伤风病的发生，常与外伤、手术、去势、火烙打号等因素有密切关联。特别是创口小而深，是这种破伤风梭菌感染后在厌氧环境下产生一些外毒素（如神经痉挛毒素、溶血毒素），尤其是神经痉挛毒素可导致全身横纹肌强直性收缩，呈现典型的破伤风症状如牙关紧闭、闪骨生瘀，耳竖尾直、腰背强硬，四肢如柱，形如木马状。特别是反刍动物羊和牛由于腹壁肌肉强直性收缩，腹壁呈硬板状，使瘤胃气体不能嗳出体外，存于瘤胃中，导致瘤胃臌气。

（2）破伤风梭菌是革兰阳性大杆菌，但 48 小时以上的老龄培养物检验时则为革兰阴性。该菌有周鞭毛，运动力微弱，能形成芽孢，芽孢呈鼓槌状。其繁殖体对外界的抵抗力差；但是，其芽孢体抵抗力却很强。在阴暗干燥处可存活 10 年以上，在土壤表层可存活数年。对 3% 双氧水、10% 漂白粉溶液敏感。各种哺乳动物都可感染发病，通常必有创口。本病多见零星散发，发病率低，死亡率高。病程快者 10 天，严重者达 15～28 天才能完全康复。

（3）本病无特征性的剖检病变。一般可见瘤胃臌气，有时可探查到创伤病灶。有时可发现异物性肺炎。

（4）典型的破伤风呈现全身性横纹肌（骨骼肌）呈强直性痉挛；关键是早期确诊比较困难，作者有一个简易办法，即突然将咀头猛向上托起患畜的头部，

如发现第三眼睑（中兽医称闪骨）外翻，明显暴露，甚至有的可遮盖半只眼的情况即可初步诊断为本病，如果是反刍动物，有瘤胃臌气，有创伤史可以确诊。此外，患破伤风的病畜还有一个特点，即死亡后体温反而比正常存活时的温度高。

三、羊多头蚴病手术疗法

1. 病例基本情况

羊多头蚴病，又称脑包虫病、转圈风，偏头风。几十年来，作者结合门诊、出诊病例采用了常规的圆锯术等 4 种手术方法取出脑内虫体包囊。方法简单、快速、安全，术后只需在术部缝合处每日涂碘酊 1 次，既不感染，也当即停止转圈症状，食欲及眼视力很快复原而治愈。

（1）临床资料统计：病畜情况：共手术 77 例，其中山羊 47 例、绵羊 15 例、牛 15 头。病畜年龄：最小的 6 日龄，最大的 5 年龄，半年至 1 年龄病畜占比例最多，达 60 头只。病畜来源：沙丘地区 38 头，山岗地区 34 头，平原地区 5 头。发病月份情况：7 ~ 10 月见到患畜达 38 头，占总头数的 50%。虫体寄生部位：左侧脑部 52 头，右侧脑部 20 头，小脑顶部 1 头，其他部位 4 头。

手术方法：圆锯术 35 头，刀切术 42 头。

预后情况：痊愈 66 头，死亡 6 头，追踪观察，不明者 5 头，治愈率达 85.7%。

虫体寄生数：77 例中，脑内寄生 1 个囊包虫体的 74 头，2 个囊包虫体的 3 头，据有关资料介绍尚有 3 ~ 4 个囊包虫体的，作者尚未遇到过。

（2）病例介绍：

①河南省浚县善堂乡酸枣庙村，畜主熊某。山羊 7 日龄，黑色，中等膘，体重约 3 千克。主诉：产后第 2 天，大母羊健康，羔羊视力障碍和轻度左侧转圈症状，6 日龄严重。诊断为多头蚴病，用刀切术开颅，于左侧角根后方脑部取出鸽卵大小的多头蚴包囊 1 个，囊内液体 8 毫升。镜检：确系多头蚴，术后 7 天恢复了健康。

②河南省浚县城关镇南关，畜主姜某。山羊，公，1 年半龄，白色，中等膘，体重约 15 千克。主诉：近半个月来不断头向右侧旋转运动，发现右侧耳根后骨板外突，指压有疼感，鸣叫，骨质软化，用 16 号针头刺入软化区，流出白色透明液体。诊断为脑包虫病，用圆锯术摘除了包囊虫体。术后 7 天痊愈。

③郑州市北郊柳林镇，畜主刘某。1 只母山羊，6 月龄，近几天一直头向后上方抬起，站立困难，今日不食，视力严重障碍，先在某高校兽医院门诊，认为是脑炎，经磺胺嘧啶钠注射液肌内注射 3 天，毫无疗效，转入作者自办的动物医院，确诊为多头蚴病，用刀切术顺利取出包囊虫体。8 天后痊愈。

2. 病例诊疗经过

(1) 本病的诊断依据是：患羊体温正常，不食，视力障碍、转圈、偏头、仰头或头向前，以额部顶障碍物后不动。在鉴别诊断时如为脑炎，特别是传染性脑炎，则体温升高。

按作者的临床经验，脑包虫的寄生部位与其所表现的脑压迫症状有关。若以前额顶障碍物，则虫体多在大脑前部；向左转圈，虫体多在大脑左侧；向右转圈，虫体多在大脑右侧；头向后仰，虫体多在后部大脑或小脑处。如果年龄较小者（1年龄以内），由于骨质硬化程度较低，当囊包虫体的体积增大时（开始小如鹌鹑卵大小，慢慢增大到鸡蛋样、鸭蛋样大小）可向脑外扩延，致使脑压增高，引起头部胀痛，也使骨板外突，变薄而软化有弹性，用手指压迫患部突起的骨板，病畜即因不适而鸣叫，同时叩诊骨板部，因骨板下有多量包囊液体，则叩诊呈浊音，而非患部叩诊则无浊音。

(2) 手术方法及操作过程：

①圆锯术：适用于骨板硬厚的大成年羊（或大小牛只）。在患部疑似虫体的寄生部位剪毛消毒，术区皮下2%普鲁卡因肾上腺素（每2毫升普鲁卡因含肾上腺素0.04毫升）皮下局麻，既可术中止痛，又可减少毛细血管出血，并可延长麻醉时间。局麻后15~20分钟在术部做一“U”形切口，钝性分离皮瓣，将“U”形底部皮瓣向对侧上翻，用止血钳夹住皮瓣，防止其恢复原位，再用手术刀尖刺入软组织及骨外膜层，做“十”字形切开软组织及骨外膜，用骨膜剥离器或刀背将“十”字切口后的软组织及骨外膜刮向四周，暴露出颅骨，如用圆锯术（牛的锯齿圆孔的直径比羊的圆孔大），将圆锯中央的针芯刺入骨板中心，然后手摇圆锯手把使锯齿呈圆周旋转，当听到锯齿无声，转动无阻力时，说明已将骨板钻透，取出圆形骨板，使颅骨形成一个骨洞呈圆形，并充分暴露出硬脑膜，用长针头连接注射器，刺入脑内，若抽出透明液体，说明脑包虫在此处。如未抽出液体，可拔针向左、右及深部入针探查，一旦确定了包囊的具体位置后，将穿刺点放在头部最低位，再用细小的纹式止血钳沿入针方向进入脑部，除去针头，并撑开止血钳使液体大量外流，此时可发现白色带原头节的囊包破裂组织暴露创口外，可用止血钳或两指夹紧囊包向体外一次性摘除。最后又将头部恢复常态，使创口向上，不缝合硬脑膜，不放回被圆锯锯掉的圆形骨板（因术后骨膜的生骨细胞可在1~2个月使圆洞生长闭合），只将“十”字形的软组织从洞孔周围向中心汇合，进行软组织缝合，撒布磺胺消炎粉或青霉素、链霉素粉剂，以防术后感染。最后松解固定“U”形皮瓣的止血钳，使皮肤覆盖原位，并将切口做一次性连续缝合，涂碘酊消毒术区，手术结束。通常只要摘除了脑包虫后，患羊（牛）就不再呈现转圈等脑神经压迫症状，说明手术成功，患畜90%以上均可痊愈。如果还有转圈症状，原因可能有二：一则脑内不只1个包囊虫体，二则由于习惯

性而一时尚未改正，如术后数日内不再转圈，采食、视力明显好转，也说明手术成功，否则，要进一步寻找另一个囊包的部位，再做第二次摘除术方能彻底治愈。

②注射术：用木工用的木铁钻在骨板上先钻一小孔（不要损伤大脑），然后用长针头刺入大脑内，若见针孔流出少量透明的囊包液体，即用注射器乳头连接针座吸液，由于囊液被吸尽，囊包壁因负压而紧贴针孔被吸出骨孔处一部分，再用镊子或止血钳夹住外露的囊壁，小心向外牵引，直至整个囊包脱离体外。如果因囊包在大脑深部，注射器吸引不成功，可在吸出囊液后，向囊内注入 10% 磺胺嘧啶钠液或 2% 敌百虫液，注入总药量应小于被吸出的囊液总量。治疗原理是原来的囊液含存 20 多种营养物质被吸出体外，取而代之的药液使包囊内的原头节失去营养供应而死亡，导致囊包慢慢地萎缩或被吸收，从而达到治愈的目的。

③刀切术：对于 1 岁以内的幼畜由于骨板变薄、软化、变脆，很容易用手术刀片切透颅骨骨板，切孔大小应视羊（或牛）的个体大小来确定其直径大小，主要便于取虫方便。但必须注意：应首先切透一小部分骨板，然后用止血钳夹紧后，并向外提起，既便于继续切割骨板，又不会损伤骨板下的硬脑膜或脑实质组织。其他手术步骤同圆锯术。

④铁凿术：是作者创新的方法。仅适用于羊或牛角向后大弯曲无法采用上述各种方法时施用。即用铁锤锤打 1～1.5 厘米宽刀的木匠使用的凿木铁凿，呈圆周状凿开骨板，凿时应以凿和骨板呈 45°角，将凿尖紧贴骨板，小心凿成一个圆形骨洞，其他步骤同圆锯术。

3. 病例剖析与体会

（1）多头蚴是犬绦虫的幼虫发育阶段，成虫为扁平长条状很像面条样，呈白色、分节状，全长分头节、颈节、体节和孕卵节，寄生在犬科动物小肠内，其生活发育史请参考有关资料。

（2）脑包虫病以羊、牛多见。目前农村兽医很少有人会做此项手术，其实关键在使用何种方法能将骨板打开，加上正确判断多头蚴的寄生部位。作者采用多种土洋并举的方法，使操作程序十分简易，人人都可掌握。因为本病药物疗法无效，必须手术治疗才能根治。例如作者有 1 个学生毕业后在兰考县做临床兽医，他给作者打了长途电话。在他预置好必备手术工具后，他和作者以电话方式做一步教一次，最后手术成功了，目前他告诉作者自己独立做羊脑包虫摘除术 12 例，治愈率达 100%。

（3）从预防本病着手，剖检出的多头蚴禁止喂狗；同时每年两次给狗驱虫，犬粪应无害化处理，以控制或消灭传染源，切断传播途径。

四、布尔山种公羊脑包虫手术困难

1. 病例基本情况

安徽省某县布尔山种羊场有1头3万元人民币进口的种公羊，2年龄，发生头向右偏，不断间歇性地转圈，食欲大减，视力下降，有时转圈突然倒地不能自立，当地兽医疑似脑包虫病或脑炎，先按脑炎治疗2天毫无疗效，由于当地兽医不敢确诊，决定用专车拉到郑州某高校兽医院诊治。到达目的地后，经院、校几位教授会诊，也疑似这两种病，就先观察治疗1周再说。治疗措施：25%甘露醇250毫升降脑压，静脉输液每日2次，每次用10%葡萄糖液500毫升，含糖盐水1 000毫升，10%磺胺嘧啶钠液以及强心剂等，2天后毫无疗效，仍然不食，卧地不起，日渐消瘦、贫血。畜主又找到作者希望动手术开脑取虫，但院方坚持疗程未到，入院第三天畜主要求出院，直接将病羊牵到作者家里，并说手术失败不埋怨医生。

2. 病例诊疗经过

体温39.4℃，精神呆滞，偏头久卧，不食，视力障碍，决定做圆锯术摘除虫体，可是一见羊角向后方形成一个大弯曲，圆锯无法接触右耳根术部，作者当时想了一个点子，花25元自费买了一套规格不一的木匠用的铁凿，取1.5厘米宽刃的铁凿作为术口凿洞的试用工具。手术过程请参考本书羊病例三介绍的方法，取出了鸭蛋大小的多头蚴包囊虫体，手术顺利、成功。在家中客厅内临时住了两天，满屋羊膻气味。术后症状大大好转，预测休息调理数日后肯定痊愈。故第三天专车回安徽，并深表谢意。

3. 病例剖析与体会

这只布尔山种公羊，价值高，又出现典型的脑包虫症状，体温又不高，有一定水平的兽医都可以确诊，但这只病羊，于该县及郑州某高校兽医院多次会诊，迟迟不动手术，可能是由于虫体寄生部位不能确立，加上弯度很大的犄角，在某大学毕业的学生只学过“圆锯术”，可能无法操作，或因经验不足，只好对畜主说疑似脑炎和脑包虫病，但药物疗法无效，手术疗法又有困难，只好坚持药物疗法，即使病亡也就无能为力了。作者认为该县兽医解决不了，求助外省高等学府解决是对病羊的负责态度，作者认为应经常进行技术交流，对疑难病例开展广泛性会诊，这样既有利于对病畜和畜主的负责，也可通过交流、会诊解决疑难问题，提高大家的技术水平。

五、奶山羊皮下斯氏多头蚴病

1. 病例基本情况

作者曾治疗过1只白色乳山羊，30月龄，营养中等，体重约25千克。主诉：产过一胎，现又怀孕 3 月余，既往从未患过病，近月来仅见右臀部皮下有一个桃大的肿包，此后日渐增大，如碗口大小。家中喂有一条大狗，村内养狗者也不少。

2. 病例诊疗经过

（1）检查：无明显全身症状。仅见患羊右臀部皮下有一个大肿疱，高出于皮肤。无热、无痛、无痒感。肿疱体积为 20 厘米 ×15 厘米 ×15 厘米，几乎占了半个臀部，触之有波动感。

（2）手术经过：在右侧坐骨结节背上方向前 3 厘米处（肿部最低位）剪毛、消毒，用针头刺入，抽出少量透明液体后随即拔针。切开皮肤 10 厘米创口，钝性分离皮肤，见皮下有一个结缔组织包囊，将包囊切一小口，又发现内藏一个白色半透明的软囊。再用注射器吸取囊液，共收集囊液 520 毫升，清澈而透明。抽液后用止血钳取出白色包囊组织，检查囊内壁上有百余个多头蚴原头节，并取数个原头节做双玻片压片。手术顺利，皮肤结节缝合。术后护理按常规外科处理，10 天后痊愈。

附：虫体鉴定：将采集的虫体标本及病例情况邮寄四川省种猪试验站请邬捷研究员协助进行鉴定与显微照相，通过鉴定证实为斯氏多头蚴病。头钩数 30 ~ 32 个，其大钩长 156. 35 ~ 172. 09 微米，平均有 164. 90 微米。

3. 病例剖析与体会

（1）本病症作者还在河南省浚县见过 4 例，在新郑市某村给 2 只奶山羊会诊治疗过本病，也采用手术疗法摘除虫体，均安全、有效。

（2）乳山羊皮下、肌肉内寄生斯氏多头蚴，国内较少报道。

六、羊传染性胸膜肺炎

1. 病例基本情况

河南省荥阳县某乡，邻近郑州市西郊，某年作者被当地羊场邀请会诊治疗一群 126 只短尾寒羊。主诉：羊群全部发病，少食、流鼻涕、咳嗽、呼吸困难，经当地兽医治疗 3 天病未减轻，有的甚至加重、卧地不起。突然死亡病羊 3 只。

2. 病例诊疗经过

（1）流行病学调查：该羊场在山坡边上，正值初冬季节，风力较大，以放牧为主，畜主是一家多口人和有关亲戚组成的个体养羊专业户，羊舍简易，主要在窑洞里，空气污浊，坡下边水塘的水为死水，羊群未做各种疫苗接种，很少喂精料，羊只营养中下等。前 3 个月羊群普遍驱虫 1 次，棚内有十青草垛 2 处，约有 1 000 千克，冬储草量不足。

（2）症状与诊断：羊群主要呈现急性胸膜肺炎的症状，体温上升至 40 ~ 42 ℃，为稽留热，全身软弱无力，头颈伸直，前肢开张，不愿卧下，呼吸困难有轻有重，有的鼻孔开张，流出黏液性和脓性分泌物，咳嗽，常发“吭”声，呈腹式呼吸，肋间有痛感，胸部听诊肺泡音减弱，有啰音、支气管呼吸音和胸膜摩擦音。健康肺区听诊肺泡音增强；叩诊肺区呈浊音或水平浊音，有的重症可视黏膜呈蓝紫色，胸前皮下水肿，脉搏快而细弱，瘤胃常出现慢性臌胀，腹泻和便秘交替发生，尿少而黄，死前病情恶化，心力衰竭、窒息死亡。初步统计，病轻者占多数、病重者占少数，已死亡病羊4只，剖检2只。

尸体剖检，主要呈现纤维素性胸膜肺炎的病变，肺部呈大理石样的肝变区，胸腔内积有无色或黄色混浊的液体，胸膜出血、肥厚，并与肺病变部粘连（多见于膈角区）。

初步诊断为传染性胸膜肺炎（只根据流行特点、临床症状及剖检病理变化，但未作微生物检验和血清补体结合反应，需回校做进一步确诊）。

（3）防治措施：

1）改善饲养管理：减少放牧时间，有大风或天气突变、气候寒冷时晚出早归；饮温水，稍加食盐使其呈等渗液体，补充足够水分，舍内堵漏洞防寒保暖，好天气多在舍外放牧，照日光，重病例不外出，给予好草好料调理。

2）隔离消毒：被污染的场地、用具用10%～20%石灰乳消毒。

3）药物疗法：①914（新胂凡钠明）：每千克体重每次10毫克，临用时用灭菌生理盐水或注射用水配成10%溶液静脉注射，隔2天再注射1次。②林可霉素：每10千克体重肌内注射2毫升，每日2次，连用3天。③中成药清肺散：每只羊120克，加人用的急支糖浆30毫升口服，每日1次，连用3天。坚持3天疗法后观察病情变化。

4）效果观察：治疗3天后，病情明显好转，初步控制了疫情，由于该羊场远离村庄，疫情没有传播。治疗过程中又死羊2只。轻病者，停用914及中成药，仍坚持每日肌内注射林可霉素1～2次，5天后病羊群基本恢复了健康，少部分病情稍重的羊只停914疗法，坚持林可霉素加中药疗法，10天后彻底痊愈。

3. 病例剖析与体会

（1）本病为羊常发的一种传染病，通常肺与胸膜同时存在病理学变化，故症状剧烈，非同一般感冒或流感疾病，要及时早期治疗，否则发展到病重期呼吸高度困难，肺炎加剧，胸膜腔积液或纤维素过多，特别是胸膜与肺病变处广泛性粘连，增加心负荷，导致心力衰竭而死亡或者突然窒息而无法挽救之境况。

（2）本病属呼吸系统病，由丝状支原体（又称霉形体）引起的一种接触性、急性或慢性传染病，该病原为革兰阴性菌，球形或多形的极小微生物，对外界抵抗力较弱，主要存在于病羊的肺组织、胸腔渗出液和气管分泌物中。其流行特点是病原主要从呼吸道排出，通过飞沫传染；也可从尿、乳排出病原，污染饲料、饮水，经消化道或生殖道传染。拥挤和饲养管理不良是发生本病的诱因。冬季和初春发病较多，夏季较少。老疫区呈散发性，多为慢性和隐性传染。

七、绵羊真胃捻转血矛线虫病

1. 病例基本情况

郑州市东郊某村，利用 1 个旧厂房及空地建羊舍，羊舍为简易大棚，凡怀孕后期的母羊另设单间加小面积的运动场地，共饲养短尾寒羊 158 只，羊场四周用砖作围墙，大门口无消毒设施，人员共 7 人，平时羊群在舍外院内活动不放牧，院墙内有杂草，羊粪遍地散落，未加收集，舍内羊粪堆积如小山，整个环境卫生条件差且饲养管理粗放，饲料以花生秧、红薯秧、杂草为主，很少喂精料，不防疫接种，前 2 年驱虫过 1 次。某年 7 ~ 8 月，多雨潮湿，天气闷热，羊群日渐消瘦，采食量下降，今日有一只种公羊卧地不起，邀作者诊治。

2. 病例诊疗经过

检查：患羊为公羊，白色被毛，为短尾寒羊。主诉：原体重为 75 千克，但现在作者触摸体表已皮包骨头，用手抓病羊可提起，约重 25 千克，体温 36. 2 ℃，眼结膜、口色苍白，高度贫血、心悸、呼吸稍快、粪便稀薄有黏液少量，未见虫体，涂玻片镜检疑似有捻转血矛线虫卵，估计治愈无望，预测当晚可能死亡。决定明日上午去羊场现场调查及诊治。

翌日 9 时，作者带领 5 名实习生下村。据场长说，昨天下午检查过的那头种公羊今晨 4 时左右死亡，经当场剖检，怀疑真胃有问题，叫学生们检查真胃。学生将草粪取了一点看看没有发现异常，作者就叫饲养员端了大半洗脸盆清水，令学生抓取真胃内一把草粪放入水盆中，有不少似头发丝细度 1 ~ 1. 5 厘米长的虫体在水中游动，虫体为红白相间颜色，作者告诉大家，这是会吸血的真胃捻转血矛线虫。虫体为什么呈现红白两色相间呢？红色是虫体吸血进入其食管内，白色是生殖系统睾丸或生殖腺呈白色。然后将草粪除尽，发现皱胃黏膜，特别是胃底部黏膜，皱褶处估计有近万条虫体，按有关资料介绍，每 3 000 条虫 24 小时内可吸食和流失羊血 15 ~ 30 毫升，如按羊体重 1/8 的全血量计算，此羊已病 20 多天，失血过多，故高度贫血，血稀薄如水。其他未发现明显病灶。还有 1 只 2 月龄羔羊，也很消瘦，行走后躯摇摆，肢体无力。多数羊也有轻度贫血，随即采取驱虫、补血措施，并进行环境卫生大扫除。具体措施是：丙硫苯咪唑（抗蠕敏），每片 25 毫克。小羊每只口服 7 ~ 8 片，大羊 12 ~ 15 片，全群集中于一个大羊圈内，集体驱虫后，收集粪便，并无害化处理（堆肥生物热发酵）杀灭虫卵和幼虫，防止传播。另外每只羊肌内注射“牲血素”，小羊 3 ~ 5 毫升，大羊 10 ~ 12 毫升，每日 1 次，连用 4 天。经过 4 天后，羊群没有死亡，连那只小羔羊也都明显好转，采食、饮水量增加，精神振奋、活动比前有力，1 个月后又下村观看羊群，一切正常，所花医药费很少，群众满意。

3. 病例剖析与体会

(1) 本病是由血矛属的数种线虫寄生于羊（牛）皱胃黏膜上引起的一种线虫病。成虫呈毛细发状，淡红色，从外观上发现虫体为红白相间的颜色。雄虫长18~22毫米，雌虫长26~32毫米，虫卵呈椭圆形，壳薄呈褐色，卵内含16~32个胚细胞。其虫体生活发育史请参阅有关资料。

(2) 本病的诊断要点是：成虫以其前端刺入皱胃黏膜内吸血，导致贫血和消化功能紊乱。成虫还分泌有毒物质，可干扰患羊（牛）的造血功能，影响胃分泌和营养物质的消化吸收。患羊（牛）经常表现精神不振、被毛粗乱，黏膜苍白，有的发生水肿或体腔内积液，便秘与腹泻交替发生，多因极度虚弱、明显消瘦、贫血、卧地不起而死亡。诊断最关键一点是生前在粪检中发现虫卵或死后皱胃发现纤细呈红白相间的虫体附在皱胃黏膜上，虫体数量巨大者可以初步诊断，但确诊本病最好与以下疾病相鉴别。

①焦虫病。

类似处：贫血、消瘦。

不同处：体温升高（41 ℃以上），不吃不喝，体表淋巴结肿大，发现有蜱虫（俗称草虱或扁虱）。

②胃肠卡他。

类似处：体温正常，消化功能紊乱，食欲减退。

不同处：眼结膜充血，无苍白现象，粪检中无捻转血矛线虫卵，剖检中未发现皱胃黏膜上有纤细虫体。

(3) 预防本病发生应每年春秋定期给羊（牛）驱虫1次，尽可能地避开潮湿牧地和幼虫活跃的时间放牧，舍饲羊群必须将环境卫生搞好，粪便及时堆集进行生物热发酵或沼气池发酵，以消灭虫卵或幼虫。

八、绵羊肺丝虫病大群感染

1. 病例基本情况

河南省浚县农业局下属的农业示范场，某年夏末秋初，全场饲养的155只短尾寒羊普遍出现咳嗽，为间歇性发作，特别在深夜和翌日黎明，咳嗽声传遍四方（因为此时夜深人静之故）。部分羊流鼻涕、发黏，部分羊呼吸困难，经屯子乡兽医去人诊断为肺炎，连续打抗生素3天，病情反而加重，但体温不高，采食日渐减少，羊群消瘦，即请作者会诊治疗。

2. 病例诊疗经过

(1) 检查：体温正常，主要症状为咳嗽、气喘、呼吸困难，尤以驱赶或夜间加重。常打喷嚏，鼻孔排黏稠液体，形成绳索状拖垂于鼻孔下或在鼻周形成结痂，逐渐消瘦、贫血，有的下颌和四肢水肿，最后因心力衰竭而死亡。

（2）剖检：剖检 3 只死羊，发现不同程度的肺膨胀不全和肺气肿及大小不一的肝变区。支气管发炎，黏膜肿胀、充血并有小出血点，支气管内有黏性、黏脓性分泌物团块，内有成虫、虫卵和幼虫。并见部分虫体堵塞支气管，导致一部分肺萎缩，一部分肺叶代偿性气肿，肺泡扩张，此种现象在肺膈叶终端最为突出，肉眼一看便知。

（3）治疗：

①全群病情较轻的每只羊均按左旋咪唑每千克体重 8 ~ 10 毫克/次，口服，每日 1 次，连用 2 天。

②病情较重的每只羊按四咪唑（驱虫净）每千克体重 10 ~ 15 毫克/次，口服，每日 1 次，连用 2 天。

③加强饲养管理，暂不到院内运动场活动，给予好草好料，饮小米汤。驱虫后的粪便集中生物热发酵进行无害化处理。

④个别并发肺炎体温升高的羊，肌内注射 10% 磺胺嘧啶钠液每日 2 次，每次 10 ~ 20 毫升。直至肺炎病情大好转为止。

疗效观察：用药后第 3 天临床症状明显减轻，咳嗽、流鼻涕减少，采食饮水增加，精神好转有神，呼吸日渐平稳，1 周后全群除又死亡 2 只病羊外，其他剩余的 150 只羊基本康复。

3. 病例剖析与体会

（1）本病是由胎生网尾线虫和丝状网尾线虫寄生于羊（牛）支气管和细支气管内引起的一类线虫病。猪也有此病，是由后圆线虫引起的。作者在郑州、浚县等地见过。但在一般书籍中统称此病为肺丝虫病或肺线虫病。《家畜寄生虫病学》中则按寄生虫学名定其病名。牛、羊患本病称胎生网尾线虫病、猪患本病称后圆线虫病。

（2）引起本病的虫体呈乳白色丝绒状。胎生网尾线虫雌虫长 60 ~ 80 毫米，雄虫长 40 ~ 55 毫米。其虫体较长，用肉眼一看便知。丝状网尾线虫较小，雌虫长 35 ~ 45 毫米、雄虫长 30 毫米。虫卵呈椭圆形，无色，内含幼虫。

（3）虫体生活发育史：成虫在支气管内产卵，卵随气管黏膜入口内，被咽入消化道并孵出幼虫。随粪便排出的幼虫在外界发育为感染性幼虫，被健康的羊（牛）误食后，幼虫钻入肠壁，随淋巴和血液移行至肺细支气管和支气管内，约经 1 个月发育为成虫。

（4）作者几十年临床工作中，认为基层兽医中部分兽医对虫体的来龙去脉不是十分了解，在治病时较少考虑虫体导致疾病的危害性，同时也有人说人和动物十有九虫不稀奇，是慢性消耗性疾病，一时也不会危及生命，故重在打针、灌药收费，忽略了驱虫和确诊为寄生虫病的可能性。在学校学习的部分学生反映《家畜寄生虫病学》这门课枯燥无味，不好记忆，由于学习不太专心，毕业后掌握的寄生虫知识也不太深透，做临床工作时也是不敢确定到底是什么寄生虫病。其实从死亡的各种病例分析统计，死于寄生虫病的动物比例并不比传染病致死率低，有人估计占30%～40%。

九、小山羊绦虫病导致肠阻塞致死

1. 病例基本情况

郑州市北郊柳林镇某养山羊专业户，共饲养淮山羊（小体型羊）82只。某年夏初，畜主送来1只死山羊请作者剖检一下，检查到底患的是什么病。主诉：羊群普遍消瘦，仅食欲不佳，精神不振，未见其他异常已近月余。昨晚突然死了这1只小山羊。

2. 病例诊疗经过

（1）剖检死羊：被毛粗乱，明显消瘦，贫血状，剖检中在小肠内见有4条很长的寄生虫，细看每条长达50厘米左右的绦虫成虫，并一条紧跟一条似带鱼样阻塞小肠，小肠很细，无一点肠内容物。其他脏器和组织无明显病灶。确诊为绦虫性肠阻塞症，是导致饥饿、营养衰竭而亡的根本原因。后经寄生虫鉴定为莫尼茨绦虫。

（2）防治措施：

1）全群进行1次药物驱虫，暂停放牧2天，将粪便集中进行堆肥生物热发酵，以杀灭虫体及虫卵，防止本病散播。并要求畜主今后每年春秋2次定期预防驱虫。尽可能减少放牧地区的中间宿主——地螨虫滋生，不在清晨、傍晚放牧，不割喂露水草。搞好舍内环境卫生，加强饲养管理工作。

2）建议采用以下药物驱虫：①硫双二氯酚（别丁），50毫克/千克体重，1次内服。②氯硝柳胺（灭绦灵），50～60毫克/千克体重，配成10%悬液内服。③丙硫苯咪唑，10～20毫克/千克体重，配成1%水悬液内服。④吡喹酮，8～10毫克/千克体重，1次内服，该片剂量为每片含200毫克。⑤羟溴柳胺，65毫克/千克体重，1次内服。⑥硫苯咪唑5毫克/千克体重，1次内服。⑦伊维菌素或阿维菌素，0.2毫克/千克体重，1次皮下注射。⑧害获灭（含伊维菌素）0.01～0.02毫升/千克体重，1次皮下注射。

以上药物应根据自己经济条件选择，其中吡喹酮、害获灭为高效、广谱、低毒、价高的良药。近年来尚有碘醚柳胺注射液，使用方便，肌内注射，价格便宜，也可试用。

3. 病例剖析与体会

（1）莫尼茨绦虫病是由裸头科莫尼茨属的绦虫寄生在羊（牛）等反刍动物的小肠中引起的一种寄生虫病。世界性分布，我国各地均有报道，常呈地方性流行，主要危害羊羔和牛犊。其成虫体均为乳白色，头节小，圆形，上有4个椭圆形吸盘，无钩，无顶突。节片宽而短。成熟节片内有 2 套生殖器官，每侧 1 套。卵巢和卵黄腺在节片两侧相互构成菊花状。睾丸数百个，分布于整个节片内，是一种雌雄同体的寄生虫，绦虫分为头节、颈节、体节和孕卵节，扁平，似面条状。作者除羊外曾见过 1 头牛，其一条绦虫总长度为 4 米，也引起小肠阻塞而致死。莫尼茨绦虫卵有圆形、四角形或三角形 3 种形态，卵内含有 1 个有 3 对小钩的六钩蚴，六钩蚴被一个梨形器的结构包围着，此虫卵很特殊，在低倍显微镜下很容易与其他寄生虫卵相区别。此外，在小肠内寄生的绦虫尚有曲子宫绦虫和无卵黄腺绦虫等，但临床上仍以莫尼茨绦虫最为多见。

（2）本病虫体的生活发育史请参阅有关资料。

（3）本病诊断要点：体温不升高，采食日渐减少；进行性消瘦、贫血，眼结膜苍白，被毛粗乱，精神不振。常拉稀，粪便常见有白色长方形的孕卵节片，有时一泡粪中有几片或十几片节片，肉眼可见其蠕动，养殖户常说他见到白色像麦粒状的东西，其实是孕卵节片收缩所呈现的一种表现形式。有的因虫体较多会互相缠绕而使小肠阻塞，不排粪而疝痛。发病后期，体力更差，常卧地不起，磨牙，口角留有泡沫，反应迟钝。尸体剖检发现，在胸腔、腹腔、心包腔内有不很透明或混浊的积液。肌肉色淡，肠黏膜、心内膜、心包膜有明显出血点，小肠腔内虫体寄生处有卡他性炎症。虫体多少不一，几条至几十条以上。有时可并发肠扩张臌气或肠套叠。病羊粪便检验时发现绦虫卵。

在鉴别诊断中应与以下疾病区别：

①蛔虫病。

类似处：体温不高，食欲不振，眼结膜苍白，拉稀，虫体多时易便秘，有疝痛。

不同处：粪灰白色，无绦虫孕卵节片，有两头尖的线状虫体。

②肠炎。

类似处：拉稀、不食、疝痛、消瘦、贫血。

不同处：体温较高（40 ℃以上），眼结膜充血，粪中有黏液、血液，腥臭，不见孕卵节片和虫卵。

③球虫病。

类似处：多发生于 1 月龄以上的羔羊，被毛粗乱，体温正常，消瘦、贫血。

不同处：易感羔羊以 1 月龄至 1 年龄多发，粪稀且常带血液及纤维素薄膜，有恶臭。急性病 1 周后体温可升至 40 ~ 41 ℃，直肠黏膜刮取物可检出卵囊。

十、羊结肠线虫病

1. 病例基本情况

河南省浚县某农场饲养短尾寒羊 300 多只，某年夏季，雨水较多，羊群圈舍简易，坡地青草生长繁茂，但在坡凹地带已被水淹没，羊群以放牧为主，精料仅辅以麦麸，近月来羊群精神不振，日见消瘦，部分羊腹泻，今日已死亡2只，邀作者到农场进行会诊治疗。

2. 病例诊疗经过

首先剖检死羊2只，发现结肠内寄生了3种虫体，即结节虫（食管口线虫）、阔口线虫（夏伯特线虫）和鞭虫（毛首线虫），并进一步结合病变部位做显微镜检验，分析结果如下：

（1）结节虫：寄生在羊的结肠内，因其幼虫（第二期幼虫）在结肠壁上形成了数百个突起似黄豆粒和绿豆粒大的结节状疙瘩，故又称结节虫病（结节的形成原因是食管口线虫的幼虫发育后又从结节内爬出来进入结肠腔内发育为成虫，并不断产卵，而结节状物则终身难以消失），当剖检时用肉眼一看就可以确诊为结节虫病。结节虫分为哥伦比亚结节虫，成虫乳白色，雄虫体长12~14毫米，雌虫体长16~19毫米，另一种为辐射结节虫，成虫也为乳白色，雄虫体长13~15毫米，雌虫体长14.7~18毫米。

（2）阔口线虫（夏伯特线虫）：寄生在结肠内。虫体粗壮，两端钝平似刀切，灰黄白色，雄虫体长14~18毫米，雌虫体长14~26毫米。

（3）鞭虫（毛首线虫）：结肠内寄生，虫体乳白色，头部细长似线，至体部突然变粗，外观很像一条鞭子，故称鞭虫。雄虫头部长19~27毫米，体部长10~13毫米,雌虫头部长21~36毫米，体部长19~14毫米，这种虫体用眼一看便能认出。

根据该羊发生的症状表现和剖检发现大量结肠线虫，其他脏器和组织无明显病灶，同时抽检粪便，发现均有上述3种结肠线虫的虫卵。说明结肠线虫病已大面积传播。

（4）防治措施：

①全场羊只除怀孕中、后期的母羊外，全部用敌百虫驱虫，每千克体重用0.1克，1次口服。

②粪便集中堆肥，进行无害化处理。

③停止放牧2天，增加营养，进行调理。

疗效观察：经过治疗驱虫后半个月内基本恢复了健康，花钱不多，驱虫疗效甚佳。

3. 病例剖析与体会

（1）以上3种结肠线虫病的虫体生活发育史比较简单，也很相似，请参阅有关资料。

（2）诊断要点：以上3种线虫，在羊结肠、盲肠内常混合感染，可同时被发现，虫体数量较少时无全身症状。当寄生虫过多时，则呈现一种慢性消耗性寄生虫病状，检查体温正常，精神不振，食欲减少，贫血消瘦，腹泻与便秘交替发生，严重者有顽固性下痢，脱水，粪便黑绿色，黏液多，有时带血和粪便中见到虫体。此外，还常见拱腰背、翘尾、频频痉挛性排尿，最后营养不良、心力衰竭而死亡。检验虫卵的方法有二：

①直接涂片法：取少许粪便放于载玻片中央，加1～2滴水，搅匀后加盖玻片，低倍镜检验。

②漂浮法：将饱和食盐水或饱和硫酸镁液装入青霉素空瓶内，加入少量粪便，搅匀静止，用载玻片盖于小瓶口上，停10～20分钟，虫卵即漂浮于玻片上，再将玻片翻转，低倍镜观察虫卵（因这3种线虫卵比重轻，自然漂浮于水面上），这3种虫卵只有鞭虫卵最特殊，似腰鼓状，上下2个平面与卵中部有明显差异，具体虫卵结构可参看寄生虫形态图谱。其次诊断时可检出粪便内的虫体，均为线状，其中鞭虫很特别，似鞭子样细长的一端为头部，粗的一端为体部。再者，如剖检死羊，发现结肠、盲肠表面有大量突起的结节状物，小的似绿豆大，大的似黄豆大，可确诊为结节虫病，切开结肠盲肠见到鞭子样的虫体，肯定是鞭虫。

（3）作者曾做过畜禽寄生虫调查，患结节虫病的羊占90%以上，说明感染率很高，对羊只健康危害甚大，同时也不利于肠衣的收集，给食品加工、医药加工（如羊肠线）带来经济损失。

（4）羊结肠内的线虫病，由于长期胃肠功能紊乱，消化吸收率降低，引起严重贫血、消瘦，易继发其他疾病，故应加以重视，每年定期2次驱虫，做到有效预防。同时，部分临床兽医遇到少食、消瘦、贫血，只管健胃、补血、加强营养，忽视驱虫工作，往往疗效不佳，应吸取教训。

十一、羊肝片形吸虫病

1. 病例基本情况

河南省浚县巨桥乡某村饲养3群小尾寒羊，每群30～50只，以放牧为主，饮水在水塘、渠沟处，水草丰富。夏末开始整天放牧，近月来放羊小孩反映羊精神不好，颌下水肿，当地中兽医诊断为“水葫芦病”。放牧回舍时颌下水肿见轻或消失，经一夜低头站立后，翌日放牧前又见颌下水肿增大。中兽医称此病不好治，无特效疗法，仅用三棱针在颌下水肿处扎乱针放出清而透明的液体，采用强心补血、补养药物的注射，结果死亡2只，特邀作者前往诊治。

2. 病例诊疗经过

（1）羊群抽检发现：羊只贫血，眼睑、下颌甚至胸下、腹下发生冷性水肿，体温正常或偏低，被毛粗乱，消化障碍，瘤胃蠕动无力，有卡他性肠炎；食欲减少，部分患羊拒食，形体消瘦，陷入恶病质。部分孕羊流产，产乳量下降。

（2）羊尸剖检：肝肿大，质软有出血点，肝实质有暗红色的索状物——虫道。压挤肝切面，用水洗沉淀法处理，发现有幼龄虫体；有1只死羊肝变硬，胆管扩大，壁增厚，呈灰黄色索状，曲折地突出于肝表面，胆管内有少量肝片形吸虫成虫，胆囊切开后有65条成虫，虫体似柳叶样。

(3) 粪便虫卵检查：采用反复沉淀法，发现了肝片形吸虫卵，此卵个体最大，是各种寄生虫卵之首。

根据流行病学调查、症状表现、病理剖检和虫卵检查，确诊为肝片形吸虫病。防治措施见后详述。

3. 病例剖析与体会

(1) 肝片形吸虫病是羊（牛）主要寄生虫病之一。病原为肝片形吸虫和大片吸虫。虫体对羊、牛及其他反刍动物危害最大。亦偶见马、猪等动物受害，也可寄生于人。由于虫体的刺激能引起急性或慢性肝炎、胆管炎或肝硬化等病状，不及时治疗，可致死亡。据有关资料介绍，每只羊有50条虫以上，1头牛有250条虫以上的，则病情特重，甚至引起死亡。

(2) 肝片形吸虫虫体扁平呈柳叶状，体长20～30毫米，宽8～12毫米，肉眼一看便知。该虫口吸盘在前端，腹吸盘在中部，雌雄同体。吸虫的卵呈长椭圆形，黄褐色，卵充满卵黄细胞。

(3) 肝片形吸虫的生活发育史比较复杂。成虫寄生在胆管或胆囊内，由于是雌雄同体，可直接产卵，虫卵随胆汁入小肠至大肠后排出体外。在有水草地方和适宜温度的环境中经10～25天，卵胚发育并孵化出毛蚴。毛蚴在水中进入中间宿主椎实螺体内发育，经过胞蚴、雷蚴、尾蚴发育阶段，而后尾蚴逸出螺蛳体，附着在水草及其他物体上变成囊蚴。当终末宿主（羊等）吞食了囊蚴后，经过体内移行到胆管内发育为成虫，历时3～4个月，成虫在胆管、胆囊内可寄生3～5年。

(4) 本病防治措施：

1) 预防：在疫区每年分别在春秋季定期驱虫，而且要把平时和驱虫时排出的粪便收集起来，堆积后外敷麦秸泥，进行生物热发酵或放入沼气池内发酵，是杀灭病原的积极预防措施；注意消灭中间宿主椎实螺；注意放牧饮水和饲草卫生，在严重感染地区和流行季节改为舍饲也是一种权宜之计。

2) 治疗：治疗药物很多，可根据药源及条件选用如下有效而经济并操作方便的驱虫药。

①丙硫苯咪唑（抗蠕敏），羊每千克体重10～20毫克，1次口服。

②硝氯酚：羊每千克体重4～5毫克，1次口服。

③碘醚柳胺（重碘柳胺），羊每千克体重7.5～10毫克。1次肌内注射。

十二、绵羊痒螨病群发

1. 病例基本情况

洛阳市郊某村个体养羊专业户，饲养短尾寒羊42只，正值冬春交界之际，全群发生了螨病，不断蹭痒，皮肤有红点、痂块，脱毛，食欲减少，日渐消瘦，个别孕羊流产。曾经当地兽医采用常规的治疗方法，2%敌百虫洗患部，中成药“狼毒散”配油涂患部虽有一定疗效，但正在寒冷季节，患羊浑身潮湿或被毛上有油剂，羊群有的并发感冒或肺炎则病情加重，畜主询问有无好办法能根治病羊，经作者推荐使用进口的杀螨药物——害获灭，取得了痊愈疗效。相隔半个多月，该村另一位养羊户，也饲养了短尾寒羊38只，也患有螨病，久治无明显疗效，也按同样方法治疗，半月后病羊基本获得了康复。

2. 病例诊疗经过

作者为了弄清羊患的是何种螨病，决定进行螨虫鉴定工作，故请畜主取羊的皮肤病变处有毛与脱毛交界部位的被毛及皮屑少许，经用10%苛性钾液处理标本，在低倍显微镜下观察玻片上的标本，发现该虫体不是“疥螨虫”，而是“痒螨虫”，随即让他们使用一种特效进口药——害获灭，每千克体重按规定皮下注射0.01毫升，共使用药量约30毫升，一次购回2次注射用药量，因为1次用药不彻底，应间隔1周后再皮下注射1次，可彻底解决问题。结果证明有明显疗效，畜主特别高兴和满意。满意点是不用洗擦全身，不剪毛（天冷怕因患羊无毛御寒力下降），操作简单，虽药费贵一些但疗效好而快捷。

3. 病例剖析与体会

（1）害获灭内含依维菌素，是目前世界上最好的驱虫药之一，高效、广谱、低毒、操作方便。每隔1周皮下注射1次，通常1~3次能取得明显疗效，它不但能驱除体外寄生虫，还能驱除体内寄生虫，故有广谱杀虫作用。此药为油性，吸药时用粗针头吸取速度加快。注射时可换1个细针头，注射时因黏滞度大，稍加压推注就可以完成注射任务。

（2）螨病是由疥螨科和痒螨科的螨类寄生于家畜或家禽的体表或表皮内所引起的慢性皮肤病，以接触感染，能引起患畜发生剧烈的痒觉以及各种类型的皮肤损伤为特征。不同种的螨类引起不同种的螨病，如疥螨引起疥螨病、痒螨引起痒螨病等。螨病给畜牧业的发展造成巨大的经济损失。

①疥螨科的特征：虫体呈圆球形，体部无明显的横纹，盾板或有或无，在假头背面后方有一对粗短的垂直刺，足均粗短。寄生于宿主的表皮层，并掘凿隧道，吸食表皮深层的细胞液和淋巴液为营养。虫体在隧道内进行发育和繁殖。在隧道中每隔相当距离即有小孔与外界相通，以通空气和作为幼虫出入的孔道。雌虫在隧道内产卵，每个雌虫一生可产40~50个卵。卵孵化为幼虫，幼虫有3对足，体长0.11~0.14毫米。孵出的幼虫爬到皮肤表面，在毛间的皮肤上开凿小穴，在里面蜕化变为若虫。若虫也钻入皮肤，形成狭而浅的穴道，并在里面蜕化变为成虫，成虫有4对足。雄虫于交配后死亡，雌虫的寿命为4~5周，疥螨的整个发育过程为8~22天，平均15天，其发育速度直接与外界环境有关。

绵羊发病时疥螨病的症状：通常开始发生于嘴唇上、口角附近、鼻边缘及耳根部，严重时，蔓延至整个头、颈部皮肤。病变如干涸的石灰，故有“石灰头”之称。初期有痒感，继而发生丘疹、水疱和脓疮，以后形成坚硬的白色象皮样痂皮，嘴唇、口角附近或耳根部往往发生龟裂，可达皮下，裂隙常被污染而化脓。病症扩散到眼睑时，发生肿胀，羞明、流泪，甚至失明。

②痒螨属的痒螨能引起绵羊痒螨病；痒螨与疥螨不同，虫体呈长圆形，体长 0.5~0.9 毫米，肉眼可见，寄生于动物体上，宿主体表的温度对痒螨发育的速度有很大影响。畜体瘦弱、皮肤抵抗力差时容易感染痒螨病。夏季对痒螨的发育不利，绵羊剪毛后，皮肤表面的温度骤降，阳光和干燥的作用，就潜伏在皮肤的皱褶中和其他阳光照射不到的部位，如耳壳、尾根下、会阴、蹄间隙等处，转为潜伏型的痒螨病。但一旦进入秋冬季节就重新活跃起来，引起疾病复发。其症状表现与疥螨不同点是皮肤皱褶的形成较不明显，病先发于长毛的部位，被侵害部毛易脱落；痒觉在夜间加剧。绵羊的痒螨最为常见，多发生在长毛的部位，开始局限于臀部，以后很快地蔓延到体侧。先发生奇痒，常就木柱、墙壁等处摩擦，或用后肢搔抓患部。患部皮肤最初生成针头大至粟粒大的结节，继而形成水疱和脓疱。患部渗出液增多，皮肤表面湿润，最后结成浅黄色脂肪样的痂皮。有些患部皮肤肥厚变硬，形成龟裂。羊群发病时，首先看到的是患羊体上的毛结成束或躯体下部泥泞不洁，而后就可以看到零散的毛丛悬垂在羊体上，以后毛束逐渐地大批脱落，甚至全身脱光。病羊呈现贫血症状，高度营养障碍，在寒冷的季节里，加上皮肤脱毛，多引起大批死亡。

十三、羔羊痢疾

1. 病例基本情况

河南省浚县某农场地处山岗坡地。某年春天，正值产羊羔之际，203 只山羊中，87 只待产母羊产下 7 日龄以内的小羔羊 39 只，突然下痢，其中 2~3 日龄的羔羊发病最多，已死亡 8 只，邀作者来场诊治。

2. 病例诊疗经过

（1）临床检查：体温偏低，为 37.8~38.2 ℃，精神沉郁，四肢软瘫，头向后仰，卧地不起，口吐白沫，重者昏迷倒地，呼吸急促。多数病例在发病不久排出黄绿色、黄白色或灰白色的面糊状或水样粪便，杂有血液，并带恶臭。

（2）尸体剖检 4 只，尸体脱水明显，真胃内有凝乳块，小肠黏膜充血，有溃疡（直径 1~2 毫米），其周围有红晕，肠系膜淋巴结肿胀充血，间有出血；心包积液，心内膜有出血点。肺有充血区或淤血斑。将肝和粪样品做细菌涂片、培养，确诊为羔羊痢疾，属 B 型魏氏梭菌所引起的一种烈性传染病。

（3）防治措施：

①全群山羊均肌内或皮下注射羊四防疫苗（紧急预防），隔离病羊，彻底消毒羊舍和用具。

②对全部新生羔羊肌内注射猝死症多价基因工程苗或腹泻多价基因工程苗，每只羔羊0.3～0.5毫升，以增强抗病免疫力。

③对症疗法：脱水严重的患羊，内服口服液（含K^+、Na^+、Ca^{++}），不饮水者腹腔注射生理盐水或复方氯化钠液，每只羊30～50毫升/次；内服中成药白头翁散，每只羊5克；恩诺沙星肌内注射，每只羊2毫升，或"后海穴"（也称地产穴、交巢穴）穴位注射，每次1～1.5毫升。

经过3天努力，70%的患羊明显好转，1周后控制了疫情。

3. 病例剖析与体会

（1）魏氏梭菌能产生强烈的外毒素，经抗毒素中和试验分为A、B、C、D、E五型。病菌多存在于土壤和水中，采食了含有芽孢的魏氏梭菌即发病，山羊或青壮年牛和孕牛也易感染，发病率11%～53%，如不及时抢救，病死率有时可达60%～100%。羔羊痢疾多发生于气候寒冷和气候变化较大的月份，特别是在大风雪后。

（2）应根据流行特点诊断，以下痢群发的羔羊临床症状和剖检特征进行综合分析、判断。也可采用送检或有条件的单位自检，做肝表面触片镜检可见革兰阴性小杆菌如克雷伯菌等其他细菌。

（3）本病以羔羊发病率最高，死亡率也很高，必须重视羊群的预防接种工作，通常都用羊四防或五防疫苗接种，其中包括羔羊痢疾在内的常发而致死率高的其他疾病，如羊快疫、羊肠毒血症、羊黑疫等烈性传染病。

（4）据《中国兽医学报》报道，曾有某高校在内蒙古自治区对羔羊痢疾进行"激光"照射"后海穴"，每头每次照射1～2分钟，治疗效果显著，有条件的单位也不妨一试。

十四、新生羔羊无肛症

1. 病例基本情况

郑州市东郊某村养羊户主诉：出生3天不见小山羊排粪。经检查原来是先天性无肛症，决定做手术。

2. 病例诊疗经过

（1）临床检查：体温39.1℃，肛门闭锁，不断翘尾努责，尚无其他异常病变。

（2）人工造肛术：首先洗净会阴部，用2.5%碘酊消毒肛门区皮肤，75%酒精脱碘（由5位实习生协助用手抓小山羊四肢，保定头部，左侧横卧）。2%普鲁卡因肾上腺素4毫升，在肛门口周围一圆圈皮下局部麻醉，20分钟后用手术刀尖刺入肛门皮肤做一周圆形切开皮肤，再用止血钳钝性分离出皮瓣，丢弃。最后用镊子或止血钳小心钝性分离皮瓣下面的皮下组织，找到直肠盲端，先切一小口，胎粪就迅速向体外排出，排粪后用0.1%高锰酸钾液冲洗直肠腔内的粪渣，然后提起盲端切口边缘组织，用弯剪刀将盲端切口呈圆形扩创，剪除多余的直肠组织，使直肠组织的圆孔直径与皮肤圆孔直径相同，并将皮肤与直肠组织进行循圆孔方向连续缝合一周、打结。术毕，在缝线处涂1%紫药水消毒杀菌。术后1周拆线，患羊一切正常，健康活泼。

3. 病例剖析与体会

（1）作者曾遇到过羊、猪、骡等新生动物先天性无肛症，部分当地兽医未学过外科手术学，他们就用扁针或粗铁丝或小火筒铁棍将1头铁器烧红，烙透肛门闭锁的皮肤及直肠盲端，初步解决了排粪问题，但1周左右，皮肤及直肠穿孔周围组织又向人工烙孔中央生长，使烙孔日渐缩小，又出现排粪困难，挤出肛门外的粪便变细，不断努责、少食甚至并发直肠脱出。这种方法只是权宜之计，不是根治本症的方法。如果按上述手术方法，手术操作安全、简易、花钱不多，又能救治1条小生命。

（2）发生先天性无肛症与遗传因素有关，多见于近亲交配产下的后代。

（3）本手术的关键问题是必须使皮肤孔与直肠盲端的切孔大小直径一样，并将两者进行连续缝合，才能达到与正常肛门一样的组织结构才能正常排粪，永不复发。

十五、布尔山种母羊乳区顽固性湿疹

1. 病例基本情况

河南省中牟县某畜牧兽医学校附属兽医院请作者会诊一只布尔山种母羊，患顽固性乳区湿疹。据主治兽医介绍，该羊乳区经常湿潮，有疹块，吃药打针多次无效，希望提供治疗方案。

2. 病例诊疗经过

（1）临床检查：体温正常，不影响日常生活，产奶量尚好，仅见乳区皮肤有湿疹，乳房、股内侧皮肤上有红斑、丘疹、小水疱和脱痂等病理变化，患羊有痛感。

（2）防治措施：

①每日用0.1%高锰酸钾液洗乳区和股内侧皮肤，擦干后涂布2%～5%的龙胆紫液，每日2次，连用3～5天。

②保持羊舍及运动场干燥、卫生，及时清除粪便，在下雨时防止被雨淋，卧地时不要卧潮湿地面和泥泞地面，保持乳区干燥、清洁，防止被微生物感染。

③建议肌内注射苯海拉明，每日1次，连用2～3次，可脱敏止痒。经过1

周后复诊而治愈。

3. 病例剖析与体会

（1）本病比较常见，是表皮和真皮（乳头层）发生的一种过敏反应性疾病，其特点是患部发生红斑、丘疹、水疱、糜烂、结痂及鳞屑等皮肤损伤，畜体有热、疼、痒等症状。

（2）本病按病理学分析，开始局部皮肤出现红斑、稍肿，指压褪色（称红斑性湿疹），进一步发展即出现粟粒至蚕豆粒大的丘疹，触诊较硬（称丘疹性湿疹），随后丘疹有渗出物并逐渐增多，在表皮下形成水疱（称水疱性湿疹）。水疱感染会形成脓疱（称脓疱性湿疹）。当水疱和脓疱破裂，露出新鲜的糜烂面并有渗出物，创面湿润（称湿润性湿疹）。糜烂面的渗出物凝固结成痂皮（称结痂性湿疹）。痂皮脱落后，新生上皮增生角化如糠麸状并随时脱落（称鳞屑性湿疹）。若转化为慢性，则病程延长，时轻时重，皮肤干燥、增厚。

（3）本病应与下列疾病鉴别：

①疥螨病。

类似处：在病程期皮肤有小结节、小水疱、小脓疱、痂皮，皮肤增厚、瘙痒。

不同处：不易形成较大的糜烂面，且可在病变中检出螨虫（可刮取有毛与无毛交界处的脱落皮屑，放在载玻片上，滴 1 滴 10% 氢氧化钾液，低倍镜观察，可发现成虫为 8 条腿、幼虫为 6 条腿，形似臭虫状的螨虫）。

②皮肤真菌病（癣病）。

类似处：皮肤有小结节、小水疱、鳞屑，瘙痒。

不同处：多发生在有毛区，镜检可见毛癣菌（小孢霉菌），有传染性。

③皮炎。

类似处：皮肤潮红，也有水疱、脓疱、渗出液、鳞屑、痂皮，瘙痒。

不同处：局部常有肿胀热痛，严重时易伴发皮下组织化脓，形成蜂窝组织炎，炎症面积大，常发热，形成坏疽性或腐蚀性皮炎。

（4）湿疹的治疗一般常用抗菌消炎，很少注意局部乳区的病灶处理。特别是不注意乳房卫生及潮湿条件的改善，结果久治无效。作者的经验是用 2% ～5% 紫药水涂患部，既有杀菌消炎功能，又能使患部皮肤干燥，药物又能在皮肤上着色，起作用不小，价格又便宜，操作又简易，不妨试用一下。如果将紫药水配成 5% ～10% 时效果更佳。配制方法：购 1 小瓶 20 克重的结晶紫粉，取 5 ～10 克药粉加少量酒精使其快速溶解，再兑水至 100 毫升即可。

十六、奶山羊乳房严重干性坏死

1. 病例基本情况

郑州市林场陈某喂养的 1 只萨能奶山羊因患过乳房炎，未及时治疗，左侧乳房皮肤干燥发黑、龟裂，且感染、化脓，形成慢性乳房瘘管，先诊断为慢性皮肤干性坏死性乳房炎，并发慢性乳房瘘管（从瘘管孔向外排出少量黄色脓液）。

2. 病例诊疗经过

检查全身状况良好，决定做左侧乳房全切除术。手术方法与步骤：

①术区乳房朝上仰卧保定，5 位实习学生分别用手捉住羊的四肢并按压头部，作者站在羊的会阴部后方。

②皮肤碘酊消毒，75%酒精脱碘。

③0.5%普鲁卡因肾上腺素 80 毫升，在乳房基部皮下进行环行封闭一周局麻，30 分钟后开始手术。

④在乳房后下方切开乳房基底部皮肤一个小口，钝性分离皮肤，向乳头方向弧形剪开皮肤暴露乳腺后半区。

⑤用止血钳钝性分离乳腺前半部分，充分暴露出乳腺及其底部的乳腺动脉及静脉。将动、静脉分别贯穿缝合结扎，彻底切断乳腺的血液供应，并向外钝性分离掉全部乳腺组织使其脱离体外。

⑥将乳房皮肤在乳房基底部进行梭形切除后除去多余的皮肤，再将修剪过的梭形切口保留剩余的皮瓣进行对端结节缝合，使创口成一平行线。

⑦术部用碘酊消毒，手术告终。

⑧术后每日 2 次青霉素、链霉素肌内注射，连用 7 天。术后第 10 天给患羊皮肤缝合处拆线，观察一切正常，痊愈，只剩下右侧 1 个乳房，仍然正常产奶，日产奶量 1.5 ~2.5 千克。

3. 病例剖析与体会

（1）乳房炎是乳山羊常见的乳腺炎症，多发生于乳用羊的泌乳期。通常是由于病原微生物侵袭所引起，以链球菌感染多见。其次是管理不当，由于摩擦、挤压、碰撞、刺划等机械因素，尤以挤乳方法不当，使乳腺受损，子宫内膜炎及生殖器官疾病也可继发本病。此外，某些传染病如布氏杆菌病、结核病、口蹄疫等，也常并发乳房炎。

（2）急性乳房炎表现乳腺患部发红、硬肿、热痛，乳量减少，乳汁变性，呈淡棕色或黄褐色，甚至乳汁稀薄，内含乳凝块或白色絮状物，有时混有血液或脓液。严重时，尚有食欲减退、精神不振和体温升高等全身症状。由于治疗不及时常导致慢性经过。

慢性乳房炎则表现乳腺患部组织弹性降低、硬结、泌乳减少，乳汁变稠并呈黄色，有时内含乳凝块。有的由于结缔组织增生而变硬，致泌乳能力丧失，但多无全身症状。个别患羊由于乳房肿大，血液循环障碍，皮肤缺乏营养导致皮肤干性坏死，久则皮肤发黑、开裂或形成感染性慢性乳房瘘管，长期排脓，失去泌乳机能。本病例纯属慢性，又有瘘管，皮肤开裂，干性坏死，已无泌乳机能，早期切除乳房比保守治疗要好，且医药手术费相对较少。

十七、奶山羊乳头口闭锁、乳房特大而垂地

1. 病例基本情况

郑州市郊圃田某个体户饲养一只萨能奶山羊，每日可挤奶 2.5 ~ 3.5 千克。近 6 天来，一只乳房增大，一点奶水也挤不出来，邀作者诊治。

2. 病例诊疗经过

检查：体温 39.1 ℃，营养中上等，精神尚好。仅见左侧乳房特大如足球样，站立时，乳头离地只有 20 厘米，明显垂降，但乳房有弹性，无热、肿、痛感觉，也无硬结，乳头外口有伤口痕迹，并呈闭锁状，随即用放血粗针头刺入闭锁的乳头口内，白色乳汁自动外流，并配合双手挤压乳房，流速加快，放半小时后流出体外的乳汁共收集 4 千克，此时乳房更加下垂松软有皱褶。由于皮肤变长，乳头口已接触地面。挤乳后暂时用细小的塑料管替代针头。便于奶汁挤后外流。同时为防止塑料细管脱离乳头口，以医用胶布紧贴固定。医嘱 3 天后复诊，不必采取药物疗法，使松弛的乳房皮肤慢慢回缩至正常状态。观察 1 周后抽出塑料细管，发现乳头口四周创面生长良好，乳汁可正常通过乳头口向外挤出，达到预期的痊愈效果。

3. 病例剖析与体会

（1）由于乳头口闭锁，乳腺又能正常分泌乳汁，在没有微生物侵入乳腺的情况下，导致乳汁积聚，内压增加，乳房一天比一天增大、加重，导致乳房下垂。当穿刺乳头口后，乳汁大量流出体外，又使乳房体积迅速缩小。采用塑料细管代替针头放出奶汁，不但扩大了乳头口，以保证乳头口圆周的创面迅速生长愈合，又能疏通闭锁的乳头口，解决了排乳的困难。

（2）本病例很罕见，患侧乳房体积增大、增重，必然下垂接地。只有乳汁能顺利向体外排出，才能使乳房体积日渐恢复正常。

十八、短尾寒羊群发真胃地膜阻塞症

1. 病例基本情况

河南省中牟县某羊场，共饲养短尾寒羊 500 余只。由于该县是大蒜出口基地，每年大量的蒜茎被弃或当柴草出售，场长设想让其作为羊的饲草，经咨询某研究所饲草研究员，认为可以作为羊的饲草来源，但必须进行糖化发酵，故在场内挖了 3 个大水泥池将蒜茎铡短进行糖化发酵，结果羊群喜欢采食。据场长介绍，在种蒜时均以地膜覆盖方法保证出蒜苗时的温度和湿度，当蒜收获时蒜茎上会有地膜混入其中，如果被羊群误食，会不会出问题。后访问那位研究员，答复是不碍事的，因为羊会挑食，不会误食的。就这样坚持用带地膜的饲草喂养了近

3 个月后，发现羊群采食量减少，就请该县某兽医诊治，诊断为消化不良，前胃弛缓病，坚持用中药健胃散、肌内注射维生素 B_1，5 天后毫无疗效，几乎每天死羊 1～3 只，故邀作者找寻死羊的原因。经作者到场剖检，确诊为地膜缠草导致真胃阻塞所致。

2. 病例诊疗经过

（1）临床检查：抽检疑似病羊 30 只。体温 38.3～39.4 ℃，呼吸稍粗厉，心跳增数，鼻镜干燥，重者龟裂。眼结膜及口色淡红，每次倒沫 36～52，口低于正常口数，食欲减少，排粪干小附有少量黏液，瘤胃弛缓、虚胀，有的患羊精神呆滞、不愿走动或卧地不起，未见神经症状。

（2）剖检死羊 4 只，主要发现真胃内有大量地膜与饲草缠结一起，阻塞了胃幽门，使食物不能下行。胃黏膜多数有剥脱现象。其他脏器和组织未发现明显的病灶。

（3）防治措施：

①立即停喂含地膜的饲草。

②再进行发酵的蒜茎必须先检出地膜再进行入池发酵。

③不必进行药物治疗，凡病情严重者又是优良的种公羊、种母羊，可考虑做“真胃切开术”，尚能挽救部分患羊，也可考虑提前出售或屠宰处理，以防久病掉膘、消瘦而导致更大的经济损失。

3. 病例剖析与体会

（1）导致本病的发生是认为羊不会误食地膜。其实羊采食比较粗放，饲草内混有地膜，在饥饿情况下采食，先简单咀嚼几口就下咽，经食管进入瘤胃，又经反刍咀嚼时由于地膜薄、轻、柔软，呈细小块状，很容易通过食管沟误入第四胃，地膜长期积累到一定数量就引起真胃阻塞、影响了消化机能，开始食欲减少，严重时拒食、营养不良、消瘦、贫血、血循环障碍，心力衰竭而死亡。

（2）羊（牛）误食塑料袋引起瘤胃阻塞的病例比较常见，但地膜阻塞真胃的实例非常罕见，主要是塑料袋较大，成型，一旦进入瘤胃后很难通过反刍再下咽至食管，并通过食管沟进入 3～4 胃内。而地膜片小、柔软易发生真胃阻塞。

（3）由于羊的经济价值低，又主要为人类提供羊肉食品。做“真胃切开术”虽然可以根治本病，但手术医疗费高昂，畜主很难接受。如用保守疗法，吃药打针肯定会无效，因为地膜为不可降解的产品。

（4）除去地膜后，又经过 1 年半的追访，场长说：现在该场的羊群饲养量已发展到 1 200 多只。

十九、布尔山种公羊偷食面团致瘤胃积食

1. 病例基本情况

河南省延津县某布尔山种羊场，共饲养布尔山种羊 35 只，其中种公羊 2 只，

其他为种母羊，当时种公羊每只进购价 2.8 万元，种母羊 2.3 万元。某日上午，公羊误食蒸馒头用的一大盆发面，肚腹增大，呼吸困难。即打电话咨询作者。作者告诉畜主迅速自己先解决两个问题。第一，每只患羊灌服食用油 0.5 千克；第二，准备 3 根粗针头，一旦瘤胃臌气严重，在瘤胃中央皮肤上取 2～3 个穿刺点紧急放气，并连夜观察病情变化，如果疗效不好，病情加重即到郑州由作者主治。

2. 病例诊疗经过

（1）临床检查：体温正常，精神沉郁，食欲废绝，反刍停止，磨牙、呻吟，有时空嚼或流涎，瘤胃饱满，腹围增大，轻度臌气。触之左侧腹壁紧张而有弹性。瘤胃蠕动音消失。腹痛不明显，有时摇尾、回头观腹、心悸、呼吸困难、鼻镜干燥、眼球下陷，常呆立不动。

（2）治疗措施：①液体石蜡油 500 毫升，消胀片（二甲硅油）15 片加水灌服。②10% 氯化钠 100 毫升，含糖盐水 1 000 毫升，10% 安钠咖 8 毫升混合 1 次耳缘静脉输液。③10% 比赛可灵 8 毫升 1 次肌内注射。

疗效观察：翌日开始排粪，软而稍稀，瘤胃开始不充满已有肷窝显露，饮小米汤。第 3 天开始吃草，精神好转，体温、呼吸、心跳近似正常值。又输液 1 次，停灌油剂，灌服健胃散，肌内注射维生素 B_1 10 毫升，10% 樟脑磺酸钠液 5 毫升。第 4 天出院，体检认为基本康复。

3. 病例剖析与体会

（1）瘤胃积食是瘤胃内积滞过多的食物，致使瘤胃容积增大，胃壁扩张而引起严重消化不良的病症。通常发病原因是贪食过多的草料所造成的。饲养管理不当，饲料保管不善，运动不足以及前胃疾病、真胃炎、真胃变位等也可诱发或继发瘤胃积食。

（2）瘤胃积食，如果经过灌油或盐类泻剂加上止酵剂，配合输液等措施未能奏效，积聚食物坚硬可考虑“瘤胃切开术”取出宿粪，常常可以根治，否则因腹压增大，压迫心肺，引起血液循环和呼吸障碍。造成自体中毒时，病情恶化，鼻镜干燥，龟裂，眼球下陷，衰竭，后期发生昏迷而死亡。

二十、奶山羊妊娠后期引起大面积腹壁疝

1. 病例基本情况

郑州北郊某养羊户将一对奶山羊经交配后母山羊受孕，按羊的妊娠期多为 5 个月后分娩。可是畜主说该羊已妊娠 4 个月时，右腹侧壁突然增大，向外异常突出，但无全身不适症状，也无腹壁创伤史。畜主邀作者诊治。

2. 病例诊疗经过

（1）临床检查：体温、心跳、呼吸等无明显的异常变化，用手触诊右腹侧壁

可摸到胎儿，静止观察右侧腹壁有时可看到“胎动”现象。同时也以手感知突出的右腹区域前后部，触及周边有增厚的感觉，未见皮肤有创伤。初诊为右腹壁大面积腹壁疝。

（2）手术经过：作者本想以手术常规方法将破裂的腹肌两端进行对端缝合根治本病。但当切开右腹壁最突出处的皮肤与皮下组织后，只见到腹膜及其深部的子宫，没有找到破裂的腹壁疝孔，此时在切口为10厘米长的基础上，又进行了扩创术，终于感触到腹肌裂口的边缘，此裂口最大直径达40厘米长，根本无法对端缝合，即使采用减张缝合法也不可能成功，只好中断手术，缝闭手术切口，等产后再复诊治疗。

3. 病例剖析与体会

（1）腹壁疝是指腹壁受到钝性损伤，但皮肤完整，皮下腹肌破裂或撕裂导致腹膜及内脏器官或组织向腹肌撕裂孔进入皮下，呈现皮肤高突似块状肿物。但腹腔因有腹膜覆盖，仍保持其完整性，与外界不相通。疝又称疝气，如脐疝、阴囊疝、腹壁疝、股疝、膈疝、脑疝等。疝包括疝孔、疝环、疝囊、疝内容物。疝内容物最常见的是大、小肠管，大网膜及某些内脏器官如子宫等。本病例实属罕见，发生右侧腹壁疝的原因是由于多胎、羊水过多、腹压过大，加上山羊的腹壁肌肉层相对较薄（腹肌包括腹外斜肌、腹内斜肌、腹横肌或腹中线两侧的腹直肌），突然引发右腹肌撕裂后导致了大面积腹壁疝，其疝囊内容物竟然是怀孕的子宫，必然疝孔很大，作者无法给患羊进行腹壁疝修补术，故只能中断手术。

（2）这次手术是错误的，带有盲目性，虽然出发点是想根治本病，但效果适得其反，是一个深刻的教训，今后再遇到此类无腹壁创伤史的情况下应禁止手术疗法，一则患羊无全身不适症状，二则已妊娠4个月，再过1个月产下羊羔后做手术也不晚，不必操之过急。

第五章 犬猫病例

一、犬瘟热

1. 病例基本情况

犬瘟热是由犬瘟热病毒引起的犬和肉食动物的一种传染性极强的急性传染病，以呈现双相热型、鼻炎、支气管炎、卡他性肺炎和严重的消化障碍为特征。作者在郑州牧业工程高等专科学校动物医院15年来，犬瘟热病是门诊或住院中最多的犬病之一。故犬瘟热约占犬病中的40%，发病率高，治愈率相对较低，死亡率或淘汰率也较高。本病多发生于3～6月龄的幼犬，青年犬也有感染，2年以上的犬很少发病。

2. 病例诊疗经过

（1）临床症状表现：

①皮肤型：比较少见，约占犬瘟热病的0.1%。有的在病初发生，呈现体温稍高（38.6～39.0 ℃），食欲减少，皮肤上有米粒样的出血点、斑。尸检中皮下组织也有出血病灶，其他脏器未发现明显的病理学肉眼观察的异常变化；另一类病例于疾病末期，在下腹部或股内侧散在米粒大至小豆大的脓疱性皮疹。病犬脚枕角质层增生、发硬。

②胃肠型：约占犬瘟热病总数的40%。症状表现：初期体温升高到39.8～41 ℃，不吃食、呕吐，开始吐出黏液或食物，畜主通常称呕吐为“翻肠”，即吐后又去吃呕吐出的食物，可能是犬贪好食、采食过多所致；如果吐后一直不食、间歇性呕吐，说明有病，同时呈现粪便干燥，眼结膜充血，精神不振。病中期持续发热，有浆液性鼻液，结膜高度充血，拒食。呕吐物以白色黏液和绿色胆汁样液体为主，粪便中附有黏液和血丝，口渴，饮水较多，呼吸粗厉，心跳加快。晚期吐血、消瘦、贫血、心力衰竭而死亡。

③呼吸型（肺型）：约占犬瘟热总数的40%。病初体温升高至40～41 ℃，

呼吸困难。流黏液性或脓性鼻涕，鼻镜干燥，咳嗽，打喷嚏，结膜充血，有黏液性眼屎，不吐、不腹泻、精神不振、不爱活动，食欲稍减，通常兽医初诊时多误诊为“感冒”，以清热解表，止咳化痰为治疗主则，但无明显疗效，仍然发热不食，听诊肺部有啰音，由干咳转为湿性痛咳，并有支气管肺炎特征。

④神经型（脑型）：多发生在上述三型之后，因为病毒侵入大脑并增殖而产生的非化脓性脑炎所致，多突然发生。初期表现敏感，口唇及皮肤抽动，随后出现兴奋、癫痫、转圈运动等阵发性症状。最初发作时间短（数秒至数分钟），一天内发作数次，以后发作时间逐渐延长。抽搐频率增加。有的则表现肌群的抽搐。作者归纳为如下三种抽搐类型：一是咬肌抽搐型：呈现不断“吧嗒嘴”现象，即上下颌不断活动，似空嚼状。二是肢体抽搐型：多为一侧前肢屈曲，同侧后肢伸展，然后后肢屈曲，同侧前肢伸展，横卧于地上。三是胸腹肌型：站立时前后抽搐。此外有的运动失调或后躯麻痹。凡出现神经症状的多预后不良或最终死亡。少数病犬恢复后仍留有局部抽搐的后遗症，即横卧时肢体抽搐，但站立运动时则不抽搐，但病犬采食、饮水等无异常变化。后躯或两后肢麻痹，一般很难治愈，作者曾用硝酸士的宁注射液皮下注射或百会穴注射1只2.5千克体重的幼犬，从每日1次、每次0.1～0.2毫升，逐日增加到0.5毫升，共5天均无中毒表现，当试用0.6毫升时，全身肌肉强直性收缩，随即注射全麻剂速眠灵0.5毫升后，又解痉了，仍然症状同前，毫无疗效，最后畜主要求以安乐死告终。

（2）尸犬剖检变化：肺部有轻度支气管炎和初期支气管肺炎的变化。胃肠型犬瘟热，多数胃肠道有出血性炎症，有弥漫性出血的，也有点斑状或条纹状出血的病理变化。神经型犬瘟热，可见大脑轻度充血、淤血或水肿。

（3）诊断：早期诊断比较困难，即使有上述四型犬瘟热症状也不能武断认为就是犬瘟热，因为常并发细菌性感染。已确认的继发感染细菌有呼吸道的支气管败血症菌和溶血性链球菌以及消化道的沙门菌，大肠杆菌，变形杆菌等。近年来，已推广使用“犬瘟热试剂盒”测试方法，80%犬瘟热定性检测试验反应为阳性，结合3～6个月龄的幼犬多发生，春秋寒冷季节多罹病，主诉尚未接种过犬瘟热疫苗或不按规定时间长期未追加免疫接种，以及呈现上述某种类型的疑似犬瘟热的症状表现可以初诊为犬瘟热病。如果有实验室条件，发现颗粒性中性白细胞明显减少或生前做过病毒抗原检查，病毒分离或血清学补体结合试验、中和试验以及采用敏感度和特异性都很好的酶联免疫试验（ELSA）等方法反应阳性者，才容易确诊。不过目前多数犬病医院的设备，特别是实验室设备和操作水平尚不够，不高，有待进一步增设、提高和继续学习。

（4）鉴别诊断：由于犬瘟热有四个不同的特殊症候群，涉及的系统也较多，如胃肠型犬瘟热与犬细小病毒在症状上十分相似，作者观察，最大的不同点是犬瘟热排粪成型稍干，附有黏液或血丝，或有含潜血黑色粪便者比较多见，而犬细小病毒以腹泻为主并大量排出暗红色而腥臭的稀便，甚至频繁地屙血水粪便比较多见，可以初步加以鉴别外，本病与犬传染性肝炎也有类似处，不过犬传染性肝炎初期多有眼病的明显症状，如流泪、羞明、眼分泌物，结膜红肿等症状呈现率较高，后期犬传染性肝炎贫血、黄疸或肝昏迷现象较突出。正如中兽医所说："肝开窍于目"有其理论依据。此外，钩端螺旋体病、弓形体病、狂犬病及日本乙型脑炎等只有通过实验室检查来鉴别。

（5）治疗措施：

①本病的特异疗法是大剂量使用高免血清或 γ－球蛋白，但只是在病毒感染初期尚有一定效果；当出现明显临床症状时，则多无效。近年来作者采用青岛绿曼公司的中试产品——"全速"，为犬基因工程干扰素其疗效尚好，也用过犬用型的白细胞介素—2 或淋巴因子等药物，均可缓解症状。在中兽医方面试用"清瘟败毒散"加"紫血丹"灌服有一定疗效。对胃肠出血的病例试用过"云南白药"止血，每小瓶粉剂（瓶内有一丸红颗粒药丸）直接口服 1/3～1 小瓶，对胃肠直接止血有较好作用（此药规定有外用的、喷雾用的，而我们试用口服后未发现不良反应）。

②对症疗法和支持疗法：如出血者，肌内注射安络血（肾上腺色腙）、止血敏、维生素 K_3 或静脉输液中加入 5% 葡萄糖酸钙注射液。如呕吐者，肌内注射胃复安或爱茂尔等，也可在输液中加入维生素 B_6 注射液，必要时可注射阿托品。体温持续升高者，可注射复方氨基比林或安乃近，配合地塞米松，虽能清热解表，但不能每日 2 次，连续数日长期使用，否则可降低免疫力，有时病情反而加重。为防止细菌性并发症或已有并发症时常用 10% 磺胺嘧啶钠每千克体重 60 毫克静脉注射，或氨苄青霉素每千克体重 20 毫克肌内注射或丁胺卡那霉素每千克体重 5～10 毫克肌内注射；头孢霉素、庆大霉素、恩诺沙星、林可霉素也较常用。抗炎、抗过敏、抗渗出可用地塞米松 5～20 毫克肌内注射。有脱水症状的病犬，大量补给葡萄糖和电解质混合液，并加入维生素 B_1 和维生素 C。有时也可对症选用强心剂、利尿剂、收敛药、止咳祛痰药等。对出现脑神经症状的犬，投与补癫酮 200～1 000 毫克/天，分 3 次口服。或安定 100～200 毫克/次，肌内注射。对缓解抽搐症状有一定效果，但彻底恢复较困难。作者曾给 1 只神经型的病犬，每日用安定 1～2 次镇静，的确未呈现抽搐症状，连用 5 天，均未发现抽搐。畜主非常高兴地说："这药真管用"，作者为了判断对神经型犬瘟热是否能根治，决定第 6 天停药，可是第 7 天抽搐又重现，最后病犬还是归于死亡。

（6）预防本病发生的根本措施是预防接种疫苗。目前犬的疫苗有单联苗（防犬瘟热），二联苗（防犬瘟热、犬细小病毒），三联苗（防犬瘟热，细小病毒和传染性肝炎），尚有五联苗、六联苗、七联苗，据说一个省正研制九联苗，除预防 1～3 联苗疾病外，还可预防狂犬病、冠状病毒病、螺旋体病、腺病毒病等多种犬的常发疾病。疫苗有国产的和进口的两种，不过进口的七联苗中缺少预防狂犬病这一项，故有补防狂犬病疫苗的任务，因为我国狂犬病未杜绝，又在公共卫生上，患犬咬人可罹患狂犬病，目前尚无高免血清，一旦得病，多归死亡。国产与进口疫苗，作用相似，不过进口的质量相对好些，但药价较高，故价位高的优良品种犬，多数畜主要求注射进口的疫苗，对广大农村养的本地看家犬，多用国产的狂犬病疫苗，至于用什么疫苗应根据本地危害最大的犬传染病进行选择，通常多用一、二、三联苗者为主，有的用五、六、七联苗不等。

犬瘟热疫苗的免疫程序，通常宠物医院多采用出生 30 天后开始初免 3 次，每次间隔半个月，然后每年追加免疫接种 1 次，至 2 年龄后很少给予接种。据作者了解，有一位专家对犬疫苗进行过研究，他认为初免时间可在 25 ~ 30 日龄开始，每隔 7 天免疫注射 1 次，连续 3 次，然后再每隔半年追加免疫 1 次，坚持到 3 年龄一般很少再接种。其理论依据是初免间隔 7 天 1 次，其体内产生的抗体环相扣紧密。作者同意该专家的意见，坚持 10 年，从未发现过 1 只犬呈现不良反应，抽查犬所在的地址访问畜主效果良好。因为追加免疫相隔 1 年以上者，作者发现有个别病犬接种半年后乃见发生犬瘟热的实例，当然原因是复杂的，例如使用的疫苗质量差或已失效，也是发病的原因之一，此外，目前国内生产的疫苗中有多个省、市的产品，有标以“防伪”标志的，有的则无，有价位高的，有非常便宜的，其包装、规格外表十分相似。

3. 病例剖析与体会

（1）犬瘟热病毒属于副黏病毒科麻疹病毒属，其核酸为 RNA 型，其麻疹病毒与牛瘟病毒之间存在某些共同抗原物质。该病毒对乙醚敏感，冷冻干燥 – 70 ℃以下可保存 1 年以上，– 10 ℃半年以上，4 ℃7 ~ 8 周，室温 7 ~ 8 天尚能存活。本病流行于全世界，我国河南、山东、河北等地发病率较高。

（2）本病死亡率和淘汰率较高，预防接种犬疫苗十分重要。作者在美国加州考察了 15 所宠物医院，它们与每一位养犬者都有密切联系。美国有关犬的法律、法规都明确规定，凡养犬者必须按免疫程序，按时去指定地点接受防疫注射，否则将受到制裁。此外，使用疫苗时，母源抗体的存在可直接干扰疫苗的免疫效果。血液中中和抗体价在 1∶100 以上时，具有保护作用，若下降到 1∶20 以下时，则可能感染。母源抗体的 2% 通过胎盘、98% 通过初乳移行给仔犬。多数仔犬在 8 ~ 12 周龄（最长 14 周龄）时，母源抗体迅速减少或消失。若能测出仔犬或母犬的中和抗体价，就能确定仔犬进行预防接种的适宜时间。此外，也可首次接种麻疹疫苗，因麻疹病毒对母源抗体不产生干扰作用，具有一定的预防效果。

二、犬传染性肝炎

1. 病例基本情况

郑州市某养犬人送来一只大母犬，10 个月龄，原在市内某宠物医院诊断为急性胃肠炎。症状呈现少食、口渴，有时呕吐、腹痛、腹泻，粪中含少量血液，眼发红，有白色眼屎。经过 3 天治疗，无明显好转，故邀作者诊治。

2. 病例诊疗经过

（1）临床检查：体温 40.2 ℃，呕吐、腹泻，鼻流浆液性、黏液性分泌物，不时呻吟，卧地不爱走动，双眼结膜充血，轻度黄染，羞明、流泪，角膜淡蓝色，拒食、口渴、尿少而黄，被毛粗乱、无光泽，粪便混有血液，右季肋弓下触诊肝区，触及肝的边缘，证明肝已肿大。初诊为传染性肝炎。

（2）治疗：由于本病为病毒性感染，尚无特效疗法，以对症治疗为主则。

①犬三联或五联高免血清每日 5 毫升 ×4 支，上、下午各肌内注射 2 支。

②先锋 5 号 0.5 克 ×4 支，用 10 毫升蒸馏水稀释，分 2 次肌内注射，上、下午各 1 次。

③爱茂尔 2 毫升 ×6 支，分 2 次肌内注射，上、下午各 1 次，每次 3 支。

④肝泰乐 2 毫升 ×4 支，分上、下午各 1 次肌内注射。

上方连用 2 天后，畜主反映左肷部皮下出现一个 3 厘米直径大小的皮肤肿块，他认为是实习生打针不注意消毒感染所致，经作者检查，与感染无关，因为用的安瓿药是药厂正规分装消毒的药液，每次打 1 针药换 1 支一次性注射器，皮肤用 75% 酒精棉球消过毒。随即进行了局部治疗。第四天未在左肷部注射，又出现 2 个新的肿块，皮肤发痒、眼结膜及皮肤明显黄染、尿也发黄，说明病情加重。患犬精神呆滞、无力、卧地不动。第六天上午因肝昏迷、心力衰竭而死亡。

（3）尸体剖检：全身皮肤、眼结膜明显黄疸。水肿、腹腔积液，肠系膜有纤维蛋白渗出物、淋巴结肿大，肝肿大 1 ~ 2 倍，肝小叶中心坏死，肝实质和内皮细胞出现核内包涵体。胆囊壁水肿、增厚、出血、胆囊呈黑红色。胃肠呈现卡他性炎症变化，大小肠内有少量点斑状或条纹状出血灶。

3. 病例剖析与体会

（1）犬传染性肝炎是由犬传染性肝炎病毒引起的急性败血性传染病，以肝小叶中心坏死、肝实质细胞和皮质细胞核内出现包涵体及出血时间延长为特征。

（2）犬传染性肝炎病毒属于腺病毒。犬的腺病毒分为 CA – Ⅰ型和 CA – Ⅱ型。CA – Ⅰ型是引起 CA – Ⅰ传染性肝炎的病原，CA – Ⅱ型是引起犬传染性支气管炎的病原。两型病毒在血清学和病原性上有明显差别。但在免疫学上能产生交叉保护。犬腺病毒的核酸为 DNA，直径为 70 ~ 80 微米，呈正 20 面体的对称球型。

（3）本病毒对酒精耐受，如附着在注射器上的病毒只靠酒精不能阻止其传播。犬和狐对本病的易感性最强，人也可感染，但不引起症状。此病毒与人的病毒性肝炎无关。在自然条件下，病毒由口腔和咽上皮侵入附近的扁桃体，由淋巴和血液扩散至全身。病毒主要在肝、肾、淋巴结和血管内皮细胞中复制，引起组织器官的损害而表现出各种症状。其中，肝细胞损害最明显。犬感染病毒后，由尿中可持续排毒6个月。

（4）本病主要侵害1岁龄以内的幼犬。病重时可引起皮肤过敏性皮疹，或形成肿块，本病例注射后出现的肿块，不是感染所致，而是过敏引起。此外，由于血中胆酸盐血浓度增高，刺激了皮肤末梢神经，故引起患犬皮肤有痒感而呈现瘙痒症状。

三、犬螨虫病

1. 病例基本情况

犬螨虫病是犬病中最常见的一种体外寄生虫病。犬螨虫常见疥螨和蠕螨2种，但以疥螨病更为多见。每年门诊病例特多，以中、长被毛犬多发生，疥螨虫幼虫有3对足，成虫有4对足，在低倍显微镜下才能观察到。疥螨虫具有钻入皮肤表皮与真皮之间挖掘隧道打孔的本领，并在隧道内产卵，破坏健康的皮肤，导致皮肤发炎，脱毛，皮肤渗液、潮湿，结痂脱落，并且发痒互相擦蹭，可引起虫体直接传播给其他健康犬群，引起本病的流行。

2. 病例诊疗经过

（1）疥螨病与蠕螨病的症状：

①疥螨病感染后，表现为丘疹和瘙痒。病变多见于四肢末端、面部、耳郭、腹侧及腹下部，逐渐蔓延至全身，因啃咬和摩擦而出血、结痂，形成痂皮。病变部脱毛，皮肤增厚，尾根和额部形成湿疹状态。病犬烦躁不安，饮食欲降低，继发细菌感染后，发展为深在脓皮症。

②蠕螨病，又称毛囊虫病、脂螨病，临床比较少见。是由蠕螨虫寄生于犬皮脂腺或毛囊而引起的一种顽固性寄生虫性皮炎，多见于幼犬。其症状归纳为四期，即干斑型期、鳞屑型期、脓疱型期和普遍型期。前两期的病变主要发生在头部、眼睑周围及四肢末端。病初可见小的局限性潮红和鳞屑，由界限不明显无瘙痒的脱毛逐渐扩大为斑状。随病情发展，患部色素沉着、皮肤增厚、发红覆有糠麸状鳞屑，随后，皮肤变为红铜色。一、二期取局限性慢性经过。后两期多伴有化脓菌侵入而转为全身性经过，病初呈湿疹样，有大量渗出液，病灶蔓延速度快，患部脱毛形成皱褶、溃疡或瘘管，挤压排出恶臭的脓汁，重者因贫血及中毒而危及生命。

（2）诊断：由于螨虫很小，肉眼不易看到，可采取用刀片搔刮新鲜病变部与皮肤交界部（至出血的程度），将搔刮物置于载玻片上，加10% ~20%氢氧化钾液，混合，放置20~30分钟后覆以盖玻片低倍显微镜检查，可查出上述两种常见螨虫的成虫、幼虫和虫卵。陈旧病灶和初期较轻病灶不易检出，需要多处取病料反复检查尚可查出虫体。此外，本病应注意与秃毛症和虱病相鉴别。

（3）防治措施：

①预防：病犬隔离，直到完全康复。犬舍及犬的用具要彻底用杀虫剂洗刷或喷洒，减少螨虫侵入健康犬只。并可防止患犬治好后又重新复发，当湿潮闷热的季节时，可提前用杀虫剂做好预防性用药，及时杀灭成虫及幼虫。

②治疗：过去作者按常规药物治疗，其疗效较差，治愈时间很长。常用处方如2%敌百虫液洗患部，使用中药“狼毒散”时先剪毛、去痂后涂于患部，都能奏效。但遇冬春天寒冷季节这些方法并不受畜主的欢迎，一则药水洗澡易发生感冒，剪毛搽油性药剂，御寒能力降低，犬的美容受损。近 20 年来，作者开始采用进口的“害获灭”（依维菌素），此药说明书上只提到羊、牛、骆驼按每千克体重肌内注射 0.01 毫升未提到犬的用量标准，故郑州不少宠物医院都按照 0.01 毫升/千克体重给药驱虫。同时，按规定每隔 1 周注射 1 次，共使用 7～10 次均无明显疗效。于是作者慢慢加量，由少到多，最后将剂量增加到 10 倍量，即每千克体重用 0.1 毫升每周注射 1 次，通常 2～3 次，80%的患犬能痊愈，20%的患犬经过 4～5 次都能痊愈。同时有部分市内宠物医院一直按说明书上要求量注射无效，畜主就转院到郑州牧业工程高等专科学校动物医院由作者加到 10 倍量治疗 2～3 次即愈。特别是作者赴美国加州某宠物医院，院长请作者会诊一条螨病大犬，体重约 75 千克，该院长按千克体重 0.01 毫升用药，每次注射 1 毫升，每周 1 次，16 周未见疗效，请作者会诊有何新的疗法。作者告诉他你所用“害获灭”应加 10 倍量才有效，不过这是个人的经验，如果在中国，作者会用 10 毫升给此患犬 1 次性注射，每周 1 次，共 3～4 次肯定有效。但作者没有美国户籍，如果出了差错负不了责任。结果院长还是用 1 毫升量，这可能是美国法律很严格，如果超量 10 倍治疗，一旦出现意外，畜主告到法院，肯定会进行赔偿。

3. 病例剖析与体会

（1）疥螨虫体近乎圆形，呈微黄白色，背面隆起，腹面扁平。雌螨体长 0.3～0.4 毫米，雄螨体长 0.19～0.23 毫米，为不全变态的节肢动物。疥螨虫的发育需经过卵、幼虫、若虫和成虫四个发育阶段。

（2）蠕螨虫体长 0.25～0.3 毫米，宽约 0.04 毫米。分头、胸、腹 3 个部分。胸部有 4 对很短的足，腹部长，有横纹。雄虫的雄茎在胸部的背面突出，雌虫的阴门则在腹面。卵呈梭形，长 0.07～0.09 毫米。

（3）螨的唾液及其代谢产物的刺激以及螨虫在挖掘皮肤表层活动时刺激末梢神经，均可引起炎症和瘙痒，如果再感染时，则出现过敏反应性病变。

（4）本文主要介绍了作者的治疗用药经验，认为使用“害获灭”治螨病可行，因为习惯上人们都按说明书行事，容易死板教条，不敢越雷池一步。由于“害获灭”并未说明犬的用量，只能通过实践来确立最佳用药量。除治疗螨病有特效外，作者还给郑州西郊一头颈部有多量虱病的奶牛，只注射“害获灭”1 次即痊愈，但用药量仍按 0.01 毫升/千克体重计算。此外还给 2 只西德长毛兔患疥螨病试用过常规疗法无明显效果时，也用“害获灭”每千克体重按 0.1 毫升量，只注药 1 次而痊愈。

（5）“害获灭”为什么规定 1 周注射 1 次呢？因为此药能杀死成虫及幼虫，但不能杀死虫卵，而虫卵需经过 7～8 天才能孵化出幼虫的缘故。

四、犬眼吸吮线虫病

1. 病例基本情况

郑州市北郊柳林镇镇政府大门口养的 1 只看门大狼犬，体重 75 千克，因双眼不断流泪、有眼屎、眼半闭，少食，邀作者诊疗。

2. 病例诊疗经过

观察双眼发现眼球外结膜囊内有大量虫体在活动，经鉴定为罗氏吸吮线虫，俗称眼虫。呈现眼结膜充血、发红，流泪、羞明、眼分泌物、眼半闭等症状表现。随即臀部肌内注射速眼灵 2 毫升全身浅度麻醉（因患犬个大凶猛、抗拒眼部治疗）后先用 1% 敌百虫液冲洗眼内虫体，使虫体中毒、神经麻痹，再用 20 毫升的注射器吸入生理盐水，除去针头，插入大眼角处，将上下眼睑闭合加压向眼内冲洗出虫体，一次冲不净虫体，可反复冲洗数次，直至完全冲净，不留 1 条虫。最后用四环素可的松眼膏点入眼内，2～3 天后一切眼疾症状消除而痊愈。

3. 病例剖析与体会

（1）有关虫体的生活发育史及其传播方式请参考牛病例——牛吸吮线虫病一节中的内容。

（2）为了防止虫体的传播，在冲洗时用弯形眼科盘或其他容器收集被冲出的眼虫，然后集中深埋或烧毁。

（3）犬眼虫病多发生于农村看家犬，市内的宠物犬很少罹患。主要是宠物犬经常在室内生活，卫生条件较好，以及较少接触传播媒介——苍蝇有密切的关系。

五、犬不断提举后肢症

1. 病例基本情况

郑州市北郊蔡某喂养的 1 只小型宠物犬经常间歇性提举右后肢，轻度跛行，经某高校宠物医院诊断为后肢风湿病，治疗 7 天后无疗效，又转入北郊某校兽医院诊断为风湿性肌炎，每日肌内注射复方氨基比林、地塞米松等抗风湿药物，又治 5 天也毫无效果。最后邀作者会诊治疗。

2. 病例诊疗经过

经 T. P. R（体温、脉搏、呼吸）检查及患肢检查和内脏常规检查，没有发现任何异常变化，最后又将患肢分段细查，终于发现了脚趾间有一只蜱虫（俗称扁虱）紧紧叮咬趾间皮肤吸血，由于虫体小和趾间被长毛覆盖不易被兽医及时发现而误诊、误治。找到病因后，作者随即用镊子拔掉蜱虫，小犬提举后肢现象立即消失而治愈。

3. 病例剖析与体会

（1）蜱分硬蜱和软蜱两大类。俗称狗豆子或草爬子，是寄生于犬、羊、牛等家畜体表的一类吸血性外寄生虫。它除本身对家畜致病外，还可传播多种疾病，如焦虫病等。硬蜱属节肢动物的种类很多，较为常见。成虫饥饿时呈长卵圆形，背面稍隆起，腹面扁平。此虫为芝麻粒大，吸饱血后体积增大几倍，成年雌虫如蓖麻子大，呈暗红色或红褐色；雄虫吸饱血后体积稍增大。

蜱的发育为完全变态，经虫卵、幼虫、若虫和成虫 4 个阶段，后 3 个阶段均可在动物体上吸血。

（2）蜱叮咬家畜吸血时，可致家畜局部瘙痒、不安、疼痛，皮肤发炎，毛囊炎等。大量虫体寄生吸血时，患畜消瘦、贫血、生长缓慢，皮毛质量降低，产乳量下降等。本病例仅此 1 个蜱虫，不断在趾间叮咬、吸血，使犬有痛痒不适感觉，故不断提举右后肢。

（3）防治：主要是消灭畜体和环境中的蜱。方法很多，如用手或器械拔除畜体上的蜱。也可用1% ~2%敌百虫溶液洗畜体或皮下注射伊维菌素或阿维菌素，按千克体重 0.2 毫克用药，每半个月注射 1 次。消灭环境中的蜱比较困难，因面积太大，常用0.01%敌杀死溶液喷洒，但应通知有关单位或个人暂停在喷药区放牧、割草或让爱犬在公园草坪上玩耍，以防家畜误食中毒的事故发生。牧区也可进行轮牧制。近年来，作者采用“血虫一喷灵”既方便，又少花钱，杀虫率高，通常喷药在 20 ~30 分钟后即可杀死蜱虫的幼虫、若虫或成虫。此药在市场上可购到，每盒 5 支，每支 10 毫升，此为原液，按 10 毫升原液加水 15 千克稀释后即可施用。

六、遛犬时犬突然呼吸困难

1. 病例基本情况

郑州市惠济区刘某喂养一只中型爱犬，从小就用塑料绳在颈部套一个项圈，如外出遛犬时，就采用狗链系挂住颈圈绳。第 1 年很安全，第 2 年某 1 天，犬主人每次外出遛犬时发现呼吸困难，除去狗链在家中自由活动又不呼吸困难和发出呼噜声音。开始请该区兽医看病，诊断为“肺喘病”。每日 2 次注射抗生素，连用 5 天不见好转。畜主邀作者诊治。

2. 病例诊疗经过

检查 T. P. R 及常规体检操作后没有发现异常变化。当时作者就检查颈部的塑料绳，发现绳子被被毛遮盖，用手指伸入绳圈内部，才发现有勒伤的创面，联系到只是牵遛运动时呼吸困难的特异现象时，说明不牵拉狗链、绳圈不勒颈部、呼吸正常，反之牵拉遛狗时，由于绳圈向前移动、绳圈突然紧勒气管，导致了呼吸困难症状。找到了发病原因后，作者即将颈部的绳圈剪断，换上另一条宽松的绳圈，畜主再牵遛爱犬运动时，不再呈现上述特异症状。由于部分塑料绳子已勒伤皮肤及皮下组织，就用碘酊消毒，防止感染。

3. 病例剖析与体会

本病例完全是饲养管理失策所致，因为爱犬幼小时所用的颈项圈用塑料绳子代替，随着个体发育、长大，本应换绳，使其宽松，但主人没有换绳导致勒伤皮肤及皮下组织，牵遛运动时才出现呼吸困难的特异现象，应引起养犬者注意。

七、犬华枝睾吸虫引起肝硬化腹水症

1. 病例基本情况

郑州市东郊王老先生送 1 只中型、雄性黑贝犬到郑州牧业工程高等专科学校动物医院来就诊。主诉：近 1 个月来，狗的腹部一天比一天大，昨日吃食大减，今晨呕吐、腹泻，不知道得了什么疾病，邀作者诊治。

2. 病例诊疗经过

（1）检查：体温 38.1 ℃，呼吸粗厉，眼结膜淡红、黄染。听诊心音快弱，无肺部啰音，胃肠音极弱、呕吐、腹泻，排尿量少，腹围明显增大，用手推腹，可听到溅水音。叩诊有水平浊音区，随即在“云门穴”（脐前正中线处）入针腹腔，放出清澈透明的腹水约 2.5 千克，就按腹水症先对症治疗，肌内注射 10% 安钠咖 3 毫升强心利尿；口服“腹水消”中成药；肌内注射抗生素。经放出腹水后腹部松弛，腹围明显缩小。过了 4 天，畜主又来复诊，主诉：回家后只饮牛奶，每次饮量较多，今天腹围又复原增大。作者又第二次放了腹水达 2 千克左右，认为可能是肝硬化所致，粪便涂片镜检发现吸虫卵，估计预后不良。畜主说：我看希望不大了，患犬比过去更消瘦、贫血，不如安乐死算了。最后作者停止了治疗，下午 2 点，患犬心力衰竭死亡。

（2）犬尸剖检：发现腹腔内仍有腹水 0.5 千克左右，主要是肝硬化，胆管内，特别是胆囊内有 65 条华枝睾吸虫。终于找到了发病的真正原因。

3. 病例剖析与体会

（1）本病是由后睾科的华枝睾吸虫寄生于犬的胆管和胆囊内引起的一种严重而常见的体内寄生虫病。猫、猪等动物也可感染发病，也是一种人畜共患的疾病之一。

（2）华枝睾吸虫虫体背腹扁平，呈柳叶状，前端稍尖，后端较钝。大小为（10～15）毫米×（3～5）毫米。口吸盘大于腹吸盘。虫卵甚小有肩峰，内含成熟的毛蚴，黄褐色。第一中间宿主为淡水螺，第二中间宿主为淡水鱼、虾。人、犬、猫、猪等动物吞食含囊蚴的生鱼、虾或未经煮熟的鱼、虾而感染。主要症状为消化不良、下痢、呕吐、黄疸、腹水、消瘦和贫血，甚至发生死亡。剖检特征为胆囊肿大，胆管增生，胆汁浓稠。胆管和胆囊中有大量虫体和虫卵。肝表面结缔组织增生，严重时发生肝硬化和腹水症。

（3）诊断本病可采用反复沉淀法和粪便直接涂片法检查虫卵，结合临床症状和剖检特征进行确诊。

（4）治疗本病可用下列药物驱虫，病初期多数有效。并发肝硬化腹水时通常多归死亡。①吡喹酮，按 50～75 毫克/千克体重，1 次口服。②六氯对二甲苯，按 50 毫克/千克体重，口服，每天 1 次，连用 10 天。③丙硫苯咪唑，按 30 毫克/千克体重，口服，每天 1 次，连用 12 天。④依维菌素，按 0.2 毫克/千克体重，1 次皮下注射。每周 1 次，连用 3 天。

（5）预防本病应控制中间宿主，禁喂生鱼、虾以及加强人畜的粪便管理。

八、犬钩虫病

1. 病例基本情况

郑州市金水区王某从广州购入 1 只腊肠爱犬，中等体型，5 个月龄。主诉：近日来发现粪中带血，食欲日渐减少，邀作者诊治。

2. 病例诊疗经过

（1）临床检查：体温正常，不发喘，精神不振，消瘦，眼结膜苍白，贫血，弓背，排出黏液性血便，带有腐臭味。粪便检验查到钩虫卵，血象白细胞分类计数中，嗜酸性白细胞明显增数达 32%，故确诊为钩虫病。随即驱虫，注射葡萄糖、维生素 B_{12}，3 天后由于病情迅速恶化而死亡。

（2）尸犬剖检：整个小肠内发现钩虫 280 多条，肠黏膜点、斑状出血，肠腔空虚无食物。其他脏器和组织呈现贫血状况，无明显病灶发现。

3. 病例剖析与体会

（1）犬钩虫病在郑州地区宠物犬中很少见到，多为外地购入的爱犬。本病主要发生于热带和亚热带地区，在我国分布甚广，除北部个别地区外，其他地区均有本病的存在和流行。

（2）钩虫病是由钩口科的钩口属和弯口属的线虫寄生于犬的小肠，尤其是十二指肠所引起的以贫血、消化功能紊乱及营养不良为特征。寄生于犬的钩虫有犬钩虫、巴西钩虫、锡兰钩虫和狭头钩虫等。但最多见的是犬钩虫。其雄虫体长 10～12 毫米，雌虫长 14～16 毫米，口孔腹缘有 3 对齿。虫卵大小为 50 微米 ×37 微米 ×43 微米。多种钩虫的虫卵形态都很相似，无色，呈椭圆形，两端较钝，新鲜虫卵内含 2～8 个卵细胞。钩虫的发育史较简单，即虫卵随粪便排出体外，经12～30小时孵出幼虫，再经1周蜕化成感染幼虫。它能沿湿草及犬笼壁爬行。犬通常经口感染，也可因接触被感染性幼虫污染的水而经皮肤感染。感染幼虫的怀孕母犬尚可经胎盘、乳汁等传给后代。

（3）患钩虫病的犬为什么会很快导致严重的贫血症状，甚至引起死亡，主要是1条钩虫在小肠内每日吸血量为0.01～0.02毫升，并因虫体能分泌一种抗血凝的物质，即使虫体离开肠黏膜，其侵害部位仍继续出血。因此每条钩虫每天可使病犬失血0.8～1.0毫升。本病例小肠剖检时发现钩虫280多条，如按上述失血量计算，这只犬每日至少要失血250～280毫升，按犬体重1/8的总血量分析，肯定在数日至20日左右可导致危及生命的后果。同时小肠失血后，血从粪便中排出，故呈现血便的症状。

（4）白细胞分类计数是血象检验的一种方法，即用载玻片1片，取1滴耳血，涂成血膜片，经瑞氏染色法着色后，可观察到以下5种白细胞，它们是嗜中性白细胞，约占70%，嗜酸性白细胞，占5%～8%，嗜碱性白细胞约占0.5%，淋巴球约占20%，大单核白细胞约占5%。当有严重的寄生虫病或过敏反应性疾病时，嗜酸性白细胞数会明显增数，本病例占32%，对寄生虫病的诊断具有一定的临床意义。

（5）钩虫病的治疗：想驱出虫体比较困难，过去多用四氯化碳口服和肌内注射，驱虫率较高，但此药毒性强，能刺激胃肠黏膜，故口服或肌内注射时应配合等量的灭菌液体石蜡油。目前以砒喹酮口服疗效较好，也安全，可按50～75毫克/千克体重，1次口服，但药价高于一般驱虫药。也可采用左旋咪唑10毫克/千克体重，1次口服；丙硫苯咪唑50毫克/千克体重口服，连用3天。硫苯咪唑20毫克/千克体重，即可杀灭钩虫卵，又可驱成虫。对贫血严重的犬可以输血，输血量5～35毫升/千克体重。同时投于止血药、收敛药、维生素B_{12}、铁制剂等。

九、新生仔犬抽搐症

1. 病例基本情况

河南省内黄县城关镇一老干部养松狮犬10多年，在家庭院内饲养大小松狮犬10多只。作者到内黄出差，她得知后专程邀请去她家看一只新生仔犬，已16日龄。主诉：此仔犬的大母犬一切正常，仔犬出生后第13天发生抽搐症状，吃奶减少，未发现其他异常变化。

2. 病例诊疗经过

（1）肉眼观察：全身阵发性颤动或抽搐、放地上症状明显，将仔犬在畜主怀里抱住，颤动和抽搐减轻。也能适时行走，但步态不稳，这头母犬共产下10只仔犬，本病例为体格较小的1只仔犬，其营养状况也不如其他仔犬。精神沉郁，颜面肌有时也抽搐，诊断为“一过性低血糖症”。

（2）治疗：每日 2 次，每次口服 20% 葡萄糖液 20 毫升，并投服维生素 A 丸 1 丸，醋酸可的松片 1 片，连服 5 ~ 7 天为 1 个疗程。治疗 7 天后，畜主来电话说：仔犬已痊愈，服药第 4 天即见症状缓和。

3. 病例剖析与体会

（1）本病是由于寒冷或饥饿所诱发的低血糖和消化器官障碍。多见于 15 ~ 90 日龄的幼犬。本病例可能因个体较小，吮乳时轮不到多乳的乳头，故吮乳量不如健壮的幼犬吃得多，加上正值春末，天气寒冷，保暖条件不到位，是导致发病的主要原因。

（2）由于当时条件问题，未能检测血糖值，通常发病的病仔犬，血糖值可减少到 30 ~ 50 毫克/100 毫升。

（3）如果月龄较大者可用 20% 葡萄糖配合等量林格液（复方氯化钠液，含 K^+、Na^+、Ca^{++}），以 10 毫升/千克体重，静脉滴注。同时可投服肾上腺皮质酮类药物，如醋酸泼尼松 0.2 毫克/千克体重，皮下注射。有食欲的病犬可少食多餐，给予 2 ~ 3 克砂糖，可防止发生低血糖。

十、犬糖尿病

1. 病例基本情况

郑州市魏某喂了一对贵妇犬，公犬因病死亡后，畜主更加疼爱剩下的一只母犬，此犬肥胖，8 年龄。近来吃得多，饮水也多，尿也频数量多，日渐消瘦。就邀作者进行诊治。

2. 病例诊疗经过

（1）症状与诊断：根据主诉介绍和临床检查有“三多一少”的症状表现，并用试纸定性测试为尿糖阳性反应，初诊为糖尿病。

（2）治疗：主要在于纠正代谢紊乱，消除症状，预防各种并发症。①给予含脂肪少的食物，以 80% 的肉和 20% 的米饭按每千克体重 25 克的量，每天分 3 次饲喂。②氯磺丙脲 2 ~ 5 毫克/千克体重，每天 1 次，口服。③胰岛素 1 ~ 2 单位/千克体重。每日 1 次肌内注射。④氯化胆碱 1 克/千克体重加入食物中内服。

疗效观察：由于畜主怕花钱，只同意①④处方药试治，3 天后无明显疗效就不想治疗，最后因糖尿病性昏迷而死亡。死后主人不同意剖检。

3. 病例剖析与体会

（1）本病是一种常见的内分泌性代谢病，是由于胰岛素（由胰腺内胰岛细胞分泌的一种内分泌素）绝对或相对不足，引起糖代谢障碍和继发脂肪、蛋白质、维生素、水及电解质的代谢紊乱。临床上以“三多一少”为症状特点，即多饮、多尿、多食、消瘦等为主要特征。本病的发病率为 0.1% ~ 0.6%，雌犬是雄犬的 3 倍，多于发情后发病。其中 5 岁以上的肥胖犬发病率较高。国外品种犬比国产地方犬多发生。

（2）本病发生原因多见于慢性胰腺炎及胰腺肿瘤，胰腺萎缩，外伤等持续破坏胰腺的胰岛 β 细胞、特发性 β 细胞减少以及对胰岛素有拮抗作用的激素（如皮质激素、雌激素等）。此外可能与多基因遗传缺陷也有一定关系。

（3）病理机制：是由于体内糖代谢障碍，高能磷酸键形成减少，脂肪和蛋白质分解代谢亢进，病犬体重逐渐减轻，日趋消瘦。由于葡萄糖不能被充分利用，而引起食欲亢进，进食增加。也带来了代偿性摄水增加。白天尿频、尿多，夜间也排尿。多尿可引起脱水，血中酮体增多，呼气时可闻到酮臭味（似烂苹果味），易倦怠、喜卧，不耐运动。此外由于代谢性酸中毒和酮体对神经系统的直接毒害作用，可呈现呕吐、少食、呼吸急促、脱水，最后陷入糖尿病性昏迷而死亡。

（4）本病应与下列疾病鉴别：

①遗传性肾性尿糖是先天性酶缺乏而引起肾小管重吸收糖的功能减退，表现为尿糖、多尿、蛋白尿、多食，但血糖值不高。正常值为 60 ~ 100 毫克，而糖尿病患犬空腹血糖值可升高到 140 毫克以上。

②尿崩症的犬尿比重降低，但无尿糖。而糖尿病尿比重升高到 1. 060 ~ 1. 068（正常值为 1. 015 ~ 1. 045）尚可出现酮尿、糖尿。

③肾上腺皮质功能亢进症，可肌内注射 20 单位促肾上腺皮质激素，根据皮质酮的消长情况来判定。

十一、肉用犬拉稀并发肠套叠

1. 病例基本情况

郑州市惠济区黄河滩上某肉狗场首次从贵州一次性购入肉用仔犬 200 只，每只进价当时为 300 元，公母均为 35 日龄左右，体重 2 ~ 3 千克，为私人养殖户。本想以办场形式供应郑州人吃狗肉，可以致富；但场长不懂技术，也不聘用行家，只找 4 位农民工管理和饲养，由于不断发生拉稀，已死亡 3 只小犬，开车将作者接到现场诊治，随同前往的有 6 位实习生。

2. 病例诊疗经过

（1）现场检查与诊断：全群幼犬精神不振、少食或拒食，都不同程度地拉稀，尾根与会阴部跗关节突出部附有稀粪、腥臭。体温稍高或正常。作者及 6 名实习生将每只幼犬进行双手触诊腹部，共发现 9 只患犬并发肠套叠，均触诊到小肠有两头细、中间宽，形似“腊肠样”的感觉。外表典型症状是不食、呕吐、腹痛、弓背，不排粪。除这 9 只肠套叠患犬必须开腹手术治疗外，其他病犬均采取以下措施：

①改善饲养管理：该场平时只供应玉米面粉加麸皮煮成半糊状任其自由采

食，饮水用具及水不洁，从不消毒食槽及水盆，饲养室仿农村猪圈的形式，一头有遮雨棚，一头为隔离圈养的小运动场地，每圈饲养 6～7 只幼犬。场大门口及饲养地区无任何消毒设施。建议克服缺陷认真改进。

②治疗措施：初步按沙门菌感染治疗患犬：全群在饲料中加入磺胺胍，每只每天 2 次口服，每次 0.5 克碾碎喂。严重者肌内注射 10% 磺胺嘧啶钠注射液 2 毫升/次，每日 2 次，连用 5 天。

（2）因场长怕开腹手术及术后治疗费用高，本身犬的价值低，决定遗弃送给学生实习用。回到郑州牧业工程高等专科学校动物医院后先由作者讲解手术操作程序，然后由实习生分头进行手术疗法，术后成活 2 只，死亡 7 只，成活的患犬均为肠套叠时间短，尚能解套，而死亡者均为肠管瘀血、肿胀失去生机，无法解套进行肠吻合术。术后采用抗菌消炎等治疗措施。

3. 病例剖析与体会

（1）肠套叠是一部分肠管套入相邻的肠管，多因持续腹泻，肠管机能紊乱，一部分肠管发生局限性麻痹，而在其前段肠管强烈蠕动下而引起的。

（2）根据症状和腹部触诊可进行初步诊断。确诊可经腹腔穿刺和 X 线拍片或 B 超检查，或手术开腹探查方能认知。

（3）防治原则是：以补液、强心、解毒和控制继发感染。有效的治疗方法是手术治疗。

十二、幼犬眼球突出症

1. 病例基本情况

郑州市管城区王某喂养一大一小两只犬，大犬雄性，1 年龄，小犬雌性，2.5 月龄，某日畜主下班回家一看，小犬左眼球外突，随即邀作者救治。

2. 病例诊疗经过

（1）检查：小犬为京巴串犬，棕黄色，左眼明显外突、流泪。

（2）手术整复固定方法：通常采用生理盐水冲洗患眼，滴入 1% 地卡因，以减轻疼痛，然后用生理盐水浸湿的棉块小心将突出的眼球向内轻压，助手用双手拇、食两指捏住上下眼睑，向上提举，后向下按压，使眼球基本整复原位，由于眼睑充血、水肿，用 4 号医用缝合线将上下眼睑进行多个结节缝合，防止眼球再脱出，术毕，每日用四环素可的松眼药膏多量挤入术部，防止感染，抗菌消炎。2～3 天后根据情况适时拆线，继续每日 2～3 次眼药膏点眼，也可配合肌内注射头孢菌素。一般眼球突出轻微或时间短及时治疗者，术后 1 周内可治愈，如果脱出时间长，未及时治疗，眼球及周围组织肿胀，整复不完全者，有的视力减退或眼球角膜损伤者，则视力障碍，甚至失明。

3. 病例剖析与体会

（1）发病原因：眼球突出症，比较常见，主要发生于宠物犬，由于家养几只爱犬，特别是幼犬，有大有小，经常在一起玩耍，打斗，特别在争抢犬喜爱的食物时，小犬抢到食，大犬眼红生气，用大嘴咬小犬的面部时误咬眼部，不慎挤咬上下眼睑部迫使眼球被挤出眼外而突出，最多见的患犬为京巴犬，因其眼、口、鼻近似一刀切，接近一个平面，平时眼大而圆，性情平和被咬概率最高。

（2）如果眼球全部脱出眼眶外，仅有视神经尚与眼球有联系，可切除之。因突出严重的眼球还纳眼窝内困难极大，即使勉强还纳，多因眼球肌破坏，眼球也不能转动，很容易复脱，不如早期摘出眼球为好。

十三、母犬股疝两年不孕

1. 病例基本情况

郑州市西郊刘某喂的 1 只爱犬，品种为黑贝犬，年龄为 2.5 年，雌性。主诉：饲养 5 月龄时一切呈健康状，后发情配种不孕。随着年龄增长，一直按时正常发情，乳房也比过去增大。近几天，畜主发现右侧乳房比左侧乳房大 1 倍，未发现全身有其他异常变化，就到西郊某宠物医院就医，诊断为乳房炎。按乳房炎常规治疗共 9 天，毫无疗效，以后相隔 2 年一直发情不孕，乳房仍然肿大，畜主邀作者诊治。

2. 病例诊疗经过

仰卧保定，触诊右侧乳房肿大部无热不痛，皮肤厚度与正常一致，然后小心将肿部最突出区向腹腔方向挤推，突然乳房不肿大了，此时用食指做深部探查，发现皮下有一个圆孔，直径约 1.5 厘米，再将患犬俯卧或站立，乳房又复增大，最后确诊为右侧股疝。决定做股疝修补术。

手术步骤：乳区及股内侧皮肤用 2.5% 碘酊消毒，75% 酒精脱碘，2% 普鲁卡因肾上腺素右侧乳房皮下局部麻醉，在右侧乳房倒数第二个乳头股内侧之间即疝孔区切开皮肤，发现疝内容物为两侧卵巢和子宫角，切开疝囊壁，将内容物送入腹腔内，最后缝闭疝孔、皮肤及皮下组织，手术结束。术后注射“精破抗”及抗菌消炎剂，又经过 10 天，创口第一期愈合，拆线。追踪访问：该犬手术后 3 个月内一直正常、健康，当发情后进行了配种，于当年 11 月 3 日生下 2 只足月的小狗崽。

3. 病例剖析与体会

（1）股疝多见于雌性动物，雄性多见阴囊疝。本病例从表面观察乳房肿大，很像乳房炎，通常所谓炎症的病理学概念是组织被微生物感染后呈现红、肿、痛、热、机能障碍等症状表现，兽医诊断时应做认真触诊，不能光凭外观的印象去诊断，容易误诊误治。另外，基层兽医知道阴囊疝、脐疝，对股疝二字不甚熟悉，往往不去鉴别诊断。这个案例比较少见，应引起重视，吸取教训。

（2）诊断股疝时，必须将患犬仰卧保定，才能使疝囊内容物（小肠多见，子宫、卵巢少见）还纳入腹腔内，因为站立或侧卧保定不易找到疝孔而导致确诊困难。

十四、犬皮下纤维组织瘤

1. 病例基本情况

郑州市金水区刘某喂养一只东北黑贝犬，雌性，体重约 6 千克，患犬胸部皮肤上长了两个硬肿块，不知是什么病，邀作者诊治。

2. 病例诊疗经过

（1）临床检查：首先仰卧保定，发现胸前半部皮下有两个硬肿块。其他全身无异常变化。两个肿块相距 5 厘米，大小约 3 厘米 ×3.5 厘米 ×2 厘米，高出皮肤，触之硬实，无热无痛，有活动性，初诊为良性肿瘤——皮下纤维组织瘤。

（2）肿瘤摘除术：①仰卧保定，剪毛消毒；②2% 普鲁卡因 20 毫升，分别在两个肿瘤四周皮下局部浸润麻醉。

（3）用手术刀切开皮肤长 3 厘米，并钝性分离肿瘤四周的皮下软组织，将带有包膜的皮下结缔组织肿瘤一次性全部摘除，放入 10% 福尔马林大口瓶内做教学标本。手术部位仅皮肤切口时有少量毛细血管出血，经止血后，整个摘除手术顺利，切口做数针结节缝合关闭创口。术毕，用 2.5% 碘酊消毒，7 天后第一期愈合，拆线而痊愈。

3. 病例剖析与体会

（1）犬皮下纤维组织瘤在临床上并不少见，病灶部位以胸、腹部呈现率高。由于不危及生命和不影响机体活动功能，犬主多数不就诊，但宠物则因美观受损，畜主多要求摘除肿瘤，花钱不多，手术时间短，安全疗效高，很受主人欢迎。

（2）肿瘤的发生原因有病毒学说、刺激学说、内分泌紊乱学说等，目前尚无定论。通常按组织种类来区别肿瘤的性质：

①上皮组织：良性瘤有乳头状瘤、皮肤瘤；恶性瘤有黑色素瘤、鳞状上皮癌。

②结缔组织：良性瘤有纤维瘤、软骨瘤、骨瘤、脂肪瘤；恶性瘤有纤维肉瘤。

③管组织：良性瘤有纤维管瘤、淋巴管瘤；恶性瘤有血管内皮瘤、血管肉瘤。

④肌组织：良性瘤有平滑肌瘤、横纹肌瘤；恶性瘤有平滑肌肉瘤。

⑤神经组织：良性瘤有神经瘤；恶性瘤有恶性神经鞘瘤。

⑥混合组织：良性瘤有纤维黏液软骨瘤、纤维黏液软骨骨瘤；恶性瘤有纤维软骨肉瘤。

（3）良性肿瘤与恶性肿瘤的区别点：

①外观：良性瘤表面光滑、整齐，有的带蒂，有被膜，与周围组织有明显界限；恶性瘤表面不整、高低不平、无被膜，与周围组织无明显界限，常溃烂不洁。

②质地：良性瘤完整，大多较硬，质地软硬均匀；恶性瘤质地不一致，软硬不一。

③痛感：良性瘤不痛；恶性瘤有剧痛。

④大小：良性瘤可长到很大；恶性瘤一般不会长很大。

⑤生长速度：良性瘤缓慢，在局部增大；恶性瘤迅速，多易转移。

⑥细胞形态：良性瘤一般细胞分化成熟，镜下细胞较规则；恶性瘤细胞未分化成熟，大小形态不规则，染色体着色深浓。

⑦对全身危害：良性瘤主要为机械性压迫，对全身危害小；恶性瘤常呈恶病质，多有全身反应。

⑧手术效果：良性瘤较易彻底摘除；恶性瘤难以彻底摘除。

⑨转移性：良性瘤通常不转移；恶性瘤多转移，手术不彻底易促进转移。

（4）纤维瘤：是由结缔组织生长而形成的一种良性肿瘤，在兽医临床上最为常见。发生部位多在皮下结缔组织丰富的部位，形状为球形或半球形，质地坚实（软纤维瘤和黏液瘤例外），常有包膜，生长缓慢，推压时具有移动性，通常多发于皮下，有时多处生长，但大小不一，手术摘除后一般不复发。

（5）肿瘤的治疗：必须坚持早发现，早治疗，防止良性肿瘤恶性变（通常恶变率为5%～10%）。目前治疗肿瘤的方法很多，主要是进行手术摘除疗法。如为恶性肿瘤，在无转移的前提下，做摘除术时由于它的恶性细胞组织可向周围组织扩散，故手术摘除时，切除肿瘤的范围要扩大，以彻底清除才能治愈，否则留有恶性肿瘤细胞可发生转移，反而提前使病情更恶化，发生生命危机，甚至导致死亡。其他带蒂肿瘤，可进行结扎法、烧灼法。恶性肿瘤多采取 X 射线、放射性同位素照射（如钴 60 照射），抗癌化学药物治疗或液氮冷冻疗法、中药疗法等。此外，由于目前动物经济价值有限，除特种良种病畜外，通常建议立即淘汰恶性病例，否则会导致高昂的医疗费开支，又不能根治，故提前决策今后的走向，必须认真分辨肿瘤是良性或恶性。

十五、犬口腔内500 个上皮乳头状瘤

1. 病例基本情况

河南省驻马店市张某喂养一只黑贝爱犬，雌性，体重约 12 千克，畜主发现采食困难，检查口腔内有数百个米粒大小的肿物，曾去该市宠物医院被拒绝治疗，又到许昌市、郑州市 6 个宠物医院就诊，回答是没见过这种病，可能是肿瘤。满嘴都是密布的小肿瘤，特别是口腔深部无法进行手术，均被拒绝收治。最

后邀作者诊治。

2. 病例诊疗经过

临床观察：无全身异常变化，只发现口腔内颊黏膜上，齿龈黏膜上密布约 500 个米粒样大小的上皮乳头状瘤，但硬腭、软腭及舌头上未发现肿瘤。此外，还发现右侧胸背部皮肤上也有 8 个米粒样的上皮乳头状瘤，作者根据往年自己创立的一种化学烧灼法，可以彻底解决这个手术难题。即既往在体外皮肤上采用术部消毒后，用手术剪迅速在肿瘤最低部剪断瘤蒂，通常蒂中央必有一根细小的血管会流血，作者采用一小块药棉，中央放入 1 粒小米或芝麻大小的高锰酸钾颗粒，当剪除瘤蒂的一刹那，立即将棉花上的药粒对准出血点，按压出血点后，立即停止出血，因为纯高锰酸钾可烧灼出血点使其组织变性停止出血之故。由于瘤体很小，不必局部麻醉。但是本病例是肿瘤生长在口腔内的黏膜上，特别是口腔深部如放置高锰酸钾颗粒不可能使烧灼点达到对准无误，反而药粒掉入口内，必然引起口腔组织的灼伤。最后作者又改用以 80% 高浓度的高锰酸钾液，并试想出利用一种不怕腐蚀的工具将药液点入出血点处，如试用毛笔蘸药液，肯定笔毛被烧掉，用竹签蘸药，竹签也被烧灼，最后采用一次性 1 毫升注射器针栓的外端上有一个小的突起，此工具很好，是一种抗酸碱、抗腐蚀的高分子塑料制品。随即给病犬用速眠灵全身麻醉，并肌内注射硫酸阿托品，以减少口涎的分泌，然后用绳分别拴住上下腭，也可用手掰开口腔便于手术操作。施术时要求保定人员及手术人员保证患犬不动，然后术者用长把手术剪迅速剪除一个肿瘤，助手迅速准确地将蘸有 80% 的高锰酸钾液的针栓突起部对准出血点，加以化学烧灼，迅速达到止血的目的，此法非常成功。就用此法，一个一个地顺利剪除了全部肿瘤。手术时间仅为 1 个多小时。术后暂停采食、饮水，每日 2 次静脉输液，补充营养、水分和电解质，并每日 2 次肌内注射抗菌消炎剂，如先锋 5 号、双黄连注射液等。3 天后口腔烧灼点黏膜生长良好，开始饮流汁食物——牛奶，自由饮口服液，第 5 天出院。相隔 1 年后，该畜主来郑州出差，专门来找作者汇报术后在家的情况。他说回家后可正常采食、饮水了，未发生其他变化。

3. 病例剖析与体会

（1）上皮乳头状瘤是良性肿瘤，皮肤、黏膜和其他上皮组织（如膀胱上皮乳头状瘤等）均可发现这种肿瘤。由皮肤或黏膜基底细胞形成的肿瘤叫基底细胞瘤，由乳头层细胞形成的叫乳头状瘤，又称“疣”、“刺猴”。基底细胞瘤下面的结缔组织基质，有时会破溃，但不转移。乳头状瘤表面常发生角化裂开，呈菜花状、树枝状或绒毛状，高出皮肤或黏膜，可随皮肤或黏膜移动。本病例肿瘤尚未角化裂开，对手术操作有利，方便、快速。

（2）过去资料中曾介绍过用 50% 高锰酸钾液给动物烧灼被毛“打号”施用；0. 1% 高锰酸钾液消毒，冲洗皮肤、黏膜。目前尚无以高锰酸钾颗粒或高浓度

（80%左右）药液进行化学烧灼止血的报道。此外，作者还曾用高锰酸钾粉1份，消炎粉（氨苯磺胺粉）1份治愈“马蹄底癌”，即用于恶性肉芽手术切除时的止血，并具有烧灼腐烂组织以及杀菌消毒的作用。

十六、犬陈旧性阴道全脱半年无法整复

1. 病例基本情况

郑州市王某喂养一只雌性黑贝犬，半年前发生阴道脱出，当时有人说，时间一长会慢慢自动还纳的，又停1个多月由于阴道脱出严重，患部软组织损伤，出血水肿，体积增大，组织变硬。当地兽医诊治已无法整复，又停3个月，脱出部结缔组织增生，又找了一位当地兽医治疗，更无法整复。由于该犬能吃能喝，经常举尾努责，决定赴郑州市治疗，可是郑州市6家宠物医院，包括两所高等农业院校的宠物医院都谢绝收治，因为已无法将干硬体积很大的脱出部整复回阴道腔内，因为脱出物体积比阴道腔还要宽大1倍多。最后有人推荐到郑州牧业工程高等专科学校动物医院找作者想办法治疗。

2. 病例诊疗经过

根据病情，已如上述，但作者采用自创的手术切除方法有把握治好。具体手术方法及程序详见本书牛病例，题目是《牛顽固性阴道全脱体外切除疗法》一文。

疗效观察：将整个脱出物手术切除后，剩下的极少部分脱出的组织很容易还纳到阴道腔内，每日向阴道腔内注入5毫升紫药水，由畜主带药回家自己处理。半月后来电话已痊愈（通常不必拆线，会自然松脱），只是不能再繁殖了，但可以发情，因为卵巢功能为正常状态。

3. 病例剖析与体会

（1）犬的顽固性阴道脱出是由于畜主未及时找兽医治疗，时间越长，脱出物越大而发硬导致整复困难，采取体外切除疗法已数十次。给牛、驴等动物进行过这项手术，治愈率达90%～100%，作者给犬进行体外切除术还是第1次。

（2）顽固性阴道脱出部分体外切除疗法是作者的一项科研成果，在《中国兽医》杂志上发表过论文，几所高等农业院校外科手术学老师曾来郑州访问作者，进行了理论知识和现场手术观察，取得了较好的推广作用。

十七、犬断尾术

1. 病例基本情况

某市公安局某刑警大队从美国进口一只“防暴犬”，找作者给此犬做断尾术。作者问其目的，回答是此犬在防暴时如遇罪犯斗咬时，怕罪犯提抓犬尾，使犬遭难或便于罪犯逃跑。再者无尾巴后，配种方便，也有利于清洁后躯的污物。

2. 病例诊疗经过

（1）该犬为枣红色被毛，雄性，体重约 20 千克，2 月龄，膘满肉肥，全身体检一切正常。

（2）断尾术：方法如下：

①全身麻醉（用速眠灵）后将尾根部前后及其周围的被毛剃净，消毒剂洗刷后擦干，进行尾根部 2% 普鲁卡因传导麻醉。术部在第 2、第 3 尾椎处碘酊消毒皮肤，75% 酒精脱碘。停 30 分钟开始手术。

②用手术刀环行一周切开第 2 与第 3 尾椎间的皮肤，再用止血钳向前方钝性分离出第 2 尾椎，并在第 1 与第 2 尾椎间截断椎间关节部的组织，使整个尾巴脱离体外，此时尾中动、静脉会出血，立即用高锰酸钾粉进行化学烧灼止血，剩下皮套进行创缘对端修剪后，将皮套作对端连续缝合，以包埋骨端。缝毕后用碘酊消毒防止感染，整个断尾手术告终。

③注射全麻苏醒剂，使犬站立后，注射“精破抗”预防破伤风；注射青霉素、链霉素抗菌消炎，每日 2 次肌内注射连用 7 天可预防术部感染。每日在术部用碘酊消毒 1 次。经过 10 天，术区皮肤第一期愈合，第 12 天拆线。饲养管理中应保证供应正常的饮食，保证尾部及后躯清洁干燥。每日牵遛慢行，减少卧地时间，促进血液循环，避开与其他犬接触，防止断尾部不被微生物感染或误伤。

3. 病例剖析与体会

（1）断尾术的适应证：尾的肿瘤溃疡长期不愈；修整犬尾适于某种形状的尾形；为了交配方便快速；满足犬主人的喜好认为爱犬与众不同，有新奇感。本例手术目的是防止防暴犬被罪犯抓尾伤犬或避免罪犯逃跑。其缺点是，对机体平衡运动稍有影响，无尾不能驱赶蚊蝇。

（2）断尾术通常以出生至 7 日龄以前进行断尾者较多，主要可减少出血量。本例手术的犬为 2 个月龄，出血量稍多，但用高锰酸钾粉或 50% ~80% 的高浓度高锰酸钾液接触出血点后，可以迅速烧灼止血点，效果快而确切。

（3）断尾保留的长度应根据具体情况和畜主的要求灵活掌握。本例手术保留 1 节尾椎，也可在第 1 尾椎前切断荐尾关节。不过作者认为保留 1 节尾椎的好处是：如果术部感染或第二次被咬伤，再做二次手术时，正好留有一些皮瓣，为皮肤缝合创造了条件。

（4）作者用高锰酸钾粉或高浓度的高锰酸钾液止血是一次创新，未发生过不良反应或影响创口的愈合。

十八、小幼犬顽固性直肠脱出

1. 病例基本情况

郑州市金水区蔡某喂了一只杂交小幼犬，灰黑色，雌性，中长毛，体重 2 千克，32 日龄。某日，因直肠脱出，邀作者诊治。

2. 病例诊疗经过

（1）主诉：食欲饮水减少，腹泻已 3 天，直肠脱出后不断翘尾、努责，精神不振。

（2）临床检查：体温正常，不喘，胃肠音时高时低，两肷凹陷，直肠脱出，呈细管状，管口直径 1 厘米，长 8 厘米，从脱出部排粪呈细条软便，每次排粪量 3～5 克。

（3）脱出部整复固定：由于个体较小，先将脱出部用 0.1% 高锰酸钾液冲洗后，作者采用 1 毫升一次性注射器的针栓，将栓头煎油，在提举双后肢的情况下将针栓插入排粪口内，慢慢将脱出部整复还纳至正常原位，再用 4 号医用缝合线在肛门口周圈进行荷包缝合，防止再脱出。术后向直肠内注入紫药水抗菌消炎。翌日发现不排粪，频频努责不安，缝合线因努责将缝线处皮肤撕裂断线又复脱出，随即进行直肠脱出部手术截断，断端距离肛门 3 厘米。奇怪的是术后整复的直肠在第四天又脱出，长度比病初 8 厘米还长 2 厘米。经与畜主协商再做 1 次直肠截断术，他不同意，并将病犬送给实习生实习之用。作者分析第一次手术失败的原因，可能是截断长度不够，应在肛门外只留下 1 厘米长的脱出物比较合适，也就是说，当送回直肠腔内后，缝合处几乎接近肛门口，就会减少努责，排粪会比较通畅。按这个设想完成了第二次直肠脱肠管截断术。由院方自己给小犬打抗菌消炎针，喂牛奶，经 1 周后，病犬采食、饮水、排粪及体检基本恢复正常。就这样在作者家里饲养到 1 年龄，健康状况非常好，后因发情就进行配种，妊娠期 59 天后分娩了 4 只小犬，灰黑色，非常可爱。

3. 病例剖析与体会

本病例做过两次直肠截断术，看来截断处以距离肛门口越近越好，特别是小犬。现介绍作者做这项手术的详细步骤及术后医护措施。

（1）首先横卧保定轻度全麻（速眠灵 0.2 毫升肌内注射）。用 0.1% 高锰酸钾液冲洗直肠脱内外的污物和粪便。然后擦干，2.5% 碘酊消毒，75% 酒精脱碘。

（2）用两根长度为 20 厘米的 4 号医用缝合线，以穿有缝线的医用直针或缝被子的大针在肛门口后方 1～1.5 厘米处的直肠脱出部呈“十”字形穿透脱出的直肠组织，再距“十”字形缝线后方 1 厘米处切断脱出部，使其离体丢弃。然后用镊子伸入断端内夹住肠腔内的“十”字形缝合线，向外拉出约 5 厘米长，在十字交叉处将缝线剪断，分别将腔内外同一股缝线用止血钳夹住，共有上下左右 4 组缝线被夹住后，不必打结，仅作为牵引线，防止脱出部被切断后剩余的脱出部分回缩直肠腔内，预防导致人为的人工直肠穿孔。

（3）截断直肠脱出物的绝大部分之后，断面创缘用 75% 酒精消毒，再用穿有 4 号缝合线的缝针将断端内外两圈肠道进行一圆周对端连续缝合，针脚为 1 毫米距离，缝毕剪断多余的线头，并松开每一股牵引线（共4股）分别进行打结，剪断结外线头。用紫药水消毒缝合处的术区，很容易将极少部分的术后脱出物还纳于直肠腔内。整个手术顺利而告终，术后一切正常，不久后痊愈。

（4）术后肌内注射抗菌消炎剂并口服磺胺嘧啶钠片或磺胺咪片，防止术后感染（也可注射精破抗预防破伤风），每日2次，连用5~7天。如按此法操作，不会再发生复脱现象。

十九、犬第三眼睑浅瞬膜腺肥大症

1. 病例基本情况

郑州市刘某喂养一只京巴犬，近几天来两眼的大眼角处第三眼睑（瞬膜）边缘出现鲜红，似半个黄豆样大小的突出物，经常流泪，眼半闭，怕光羞明，有眼屎。在当地宠物医院打了几天消炎针毫无疗效，故邀作者诊治。

2. 病例诊疗经过

本病检查后确诊为瞬膜肥大症，必须将第三眼睑突出的肥大部分手术切除方能根治。手术方法：作者做了改进，每只眼只需5分钟的手术时间。具体操作步骤是：小型犬不必麻醉，保定好头及四肢，取仰卧姿势，眼球向上，用纹式小止血钳，夹住突出的肥大肿物，向上向外提起，充分暴露出第三眼睑及其边缘的突出物，然后用弯形止血钳以弓形向外紧夹突出物根部的睑缘部分（为黑色线状的部分），用手术剪刀或手术刀切除肥大的肿物，并立即用高锰酸钾颗粒（放在干药棉中间）或硝酸银棒将切断面进行化学烧灼止血。约停几秒，再用干药棉擦去创面上的余药，松解弯形止血钳，向眼内点入四环素可的松眼药膏，手术告终。

3. 病例剖析与体会

（1）瞬膜肥大症也称瞬膜突出症。每年门诊病例较多，特别在夏季多见。本病是第三眼睑（瞬膜）从内眼角露出或反转，使眼分泌物增多，呈结膜炎症状的疾病。包括浅瞬膜腺肥大，瞬膜肥大、瞬膜外翻或内翻、瞬膜肿瘤等。临床上常见浅瞬膜腺肥大。多为两侧性发病。

（2）发病原因：主要有四种情况可引起瞬膜突出症。

①浅瞬膜腺（浅第三眼睑腺）肥大，主要因为瞬膜血流分布丰富，腺体分泌过剩所致。多发于美国叭喇犬、中国京巴犬、狮子犬、拳狮犬及比哥犬、喇叭狭等眼球突出型犬种。

②瞬膜肥大是眼窝蜂窝织炎继发，造成瞬膜高度水肿和充血。也有人认为是部分大型犬种的遗传性异常所致。

③瞬膜外翻或内翻多是由于瞬膜软骨缺损或形成不良。见于丹麦大猎犬、苏腊牧羊犬等大型犬的幼犬时期。

（3）将被切除的肥大组织进行组织学观察，可见浅瞬膜腺肥大，腺泡扩张，腺泡上皮脱落，分泌液贮留。继发细菌感染时呈轻度的卡他性变化。

(4) 本手术中或术后注意以下事项：

①小型犬一般容易保定，手术时间较短，故免去麻醉。但在操作中应防止手术器械碰撞眼球；大型犬或性格特别暴躁的中小型犬也可考虑局麻（如1%地卡因滴眼做表面麻醉）或用速眠灵肌内注射全身浅度麻醉。

②切除肥大的浅瞬膜腺必然会呈现毛细血管出血，过去常用0.1%肾上腺素液于切口部滴2~3滴防止出血或轻微烧灼止血。作者试用化学烧灼法止血快而确切，但必须注意，禁止用湿的棉球擦拭多余的药物，因为高锰酸钾细末或硝酸银棒（用固体硝酸银，禁用液体硝酸银）遇水，一旦流入眼球表面，特别是角膜，可引起腐蚀作用，发生意外的医疗事故。轻者术后眼睑水肿，重者引起无败性炎症。再者，不能在术后点滴眼药水，必须用眼药膏。眼膏为油性，可以保护眼球不受摩擦，比较柔软舒适。其中以四环素或土霉素可的松眼药膏最好，它既有抗菌消炎作用，又有抗过敏、抗炎，抗渗出的作用。如果出现上述医疗事故，必须要求畜主有专人看管，防止因眼不适而遇物擦蹭眼睛，则易发生眼睑水肿或角膜创伤，通常用眼药膏点眼每日3~4次，1~2天后可痊愈。

二十、犬截肢术

1. 病例基本情况

郑州市管城区张某在市人行道上遛犬，该犬才出满月，是雌性的狮子犬，只有1.5千克重，活泼可爱，在活动时走到马路上，一辆摩托车将犬右前肢腕关节下碾成粉碎性骨折，畜主即邀作者诊治。

2. 病例诊疗经过

(1) 临床检查：确诊为粉碎性骨折，用保守疗法无治愈希望，建议做截肢术，协商后畜主同意院方意见。将来如有条件，治愈后可考虑做假肢。

(2) 截肢手术过程：在右前肢腕关节及其下端剪毛洗刷，消毒皮肤。按常规无菌处理所用器械、敷料。术者及助手和器械传递人员手臂彻底消毒。在腕关节下方用2%普鲁卡因肾上腺素作环形皮下局部麻醉，并进行皮肤再次消毒。用手术刀于腕关节下3厘米处，环形切开皮肤，止血钳向内上方钝性分离皮肤，暴露出腕掌关节，充分结扎血管，在关节处切开软组织，剥离掉掌骨，并充分止血。断肢后的创部皮肤进行创缘修剪，将皮套上下合拢，进行对端结节缝合。术毕，患部涂2.5%碘酊，用消毒纱布、绷带包扎，避免术部碰撞和感染。每日2次青霉素、链霉素抗菌消炎，另外肌内注射精破抗预防破伤风，加强饲养管理工作。为了医护方便决定住院。作者每日让犬卧于沙发上静养，半月后拆线（第一期愈合），小犬在室内或沙发上以三条腿运步，仍保持活泼可爱的状态，出院后回到畜主身边。

3. 病例剖析与体会

（1）截肢术通常在临床上很少使用，除经济价值高的好品种可能接受治疗，通常采取保守疗法，进行小夹板或石膏绷带固定，古人云："伤筋动骨 100 天"。此法多用于肘关节以下的骨折（包括斜断、横断或骨裂等），因为高位骨折上端关节不易固定而肘关节以下部分可固定 3 个关节，才能起到稳固不动的作用，便于断裂处生长愈合。如为开放性骨折或粉碎性骨折，畜主多数拒绝治疗，有弃犬淘汰的想法，如果治疗，必须将破碎的骨片或骨粒经手术取出再进行保守疗法，但时间长，花钱多，还不保证能治愈。作者曾用治疗骨折的人用"结骨膏药"贴敷非开放性骨折的患部，有的尚可获得一定疗效。

（2）本病例因品种好，身体健康，在腕关节下部粉碎性严重骨折，做断肢术是一个适应证，加上畜主爱犬，有支付医疗费的能力，为手术成功创造了有利条件。目前断肢犬做假肢，在日本、美国等科技发达的国家对犬的假肢既生产又会安装，但费用高昂，估计畜主不会给犬装假肢。

二十一、犬肘部滑液囊肿手术摘除

1. 病例基本情况

郑州市朱某喂养一只大丹品种母犬，毛色黑白花，1 年龄，体重约 65 千克。主诉：无其他全身症状，仅见两侧前肢肘关节处各有 1 个囊状突起，也不瘸腿，经当地宠物医院诊断为肘关节炎，吃药打针，患部涂药膏已 10 天，不但不见效，反而肿胀比前更严重。为了弄清到底是什么病，故邀作者诊治。

2. 病例诊疗经过

（1）临床检查：除双前肢肘关节处各有 1 个肿物外，体检一切正常，行步运动不见跛行。重点检查患部，触诊肿部皮肤无热无痛，肿物体积为 8 厘米 ×3 厘米 ×6 厘米，两前肢肿物呈对称性显示，触诊时手感柔软，有波动现象，在严密消毒下穿刺肿物内有多量微黄色透明的液体，确诊为滑液囊炎。

（2）经畜主同意进行手术摘除肿大的滑液囊。操作步骤如下：

①肘关节及其周围皮肤剪毛、洗刷、擦干，2. 5% 碘酊消毒皮肤，75% 酒精脱碘。

②横卧保定，2% 普鲁卡因肾上腺素在肿物四周皮下局部浸润麻醉。

③在肿部后上方将皮肤作一弧形切口，小心用长止血钳进行钝性分离皮肤，暴露出部分滑液囊囊壁组织。沿囊肿底部小心钝性分离出一部分囊组织后，向外牵引于切口处。然后切开囊腔一个小口，放出囊液，一手提起囊壁组织，另一手继续用手指或止血钳慢慢进行钝性分离，直至整个囊肿被摘除为止。创腔撒布消炎粉，切口结节缝合，关闭创口，碘酊消毒缝合区。另一前肢也与本法相同做了滑液囊摘除手术。

术后每日用抗菌消炎药预防术部感染，每日碘酊消毒术区1次，在力所能及的情况下，除饮食外，坚持遛犬运动，减少术部感染，促进血液循环。坚持7天后，第一期愈合，拆线。观察原来两肘部突出的肿物消失了，畜主非常高兴。

3. 病例剖析与体会

（1）肘部有两个腔，皮下为滑液囊腔，另一个腔称关节腔，在正常情况下两个腔内有极少量液体起润滑及缓冲作用，减少摩擦、保护关节及腱的正常活动机能。当滑液囊被外伤刺激或起立时，动物均将两前肢以肘部先跪地，然后再起立，有些动物如大丹犬、奶牛等起卧频繁，不断在地上摩擦震动，引起滑液增多而积聚增大。

（2）作者查阅兽医有关外科及外科手术资料很少有此病犬的报道，特别是手术摘除疗法的操作方法，作者仅实践过这一只犬的病例。

（3）用保守疗法治疗，必须在严格剪毛、消毒下，用消毒过的注射器或一次性注射器在囊肿最低部刺入针头，抽出囊液后，换一个吸有3～5毫升的醋酸可的松或泼尼松注射器，利用已穿刺的针头，向囊内注入药液。拔针后，皮肤再进行严密消毒（如果囊腔被微生物侵入可引起化脓性炎症，其后果严重）。同时囊肿区外的皮肤每隔日涂10%鱼石脂软膏，有时也有疗效。

（4）摘除术的皮肤切口为什么在肘关节后上方呢？这主要是考虑到术后创部皮肤接触不到地面，可减少感染的机会。

二十二、犬肛腺囊肿并发肛周炎

1. 病例基本情况

郑州市西郊居民李某，家中养一只黑色长毛狮子犬，雌性，体重约25千克，近几天来从未见过爱犬排粪便，不吃食，平时爱犬性情较粗暴，不愿让人触摸它的身体，邀作者诊治。

2. 病例诊疗经过

（1）临床检查：在注射速眠灵麻醉情况下全身体检无异常，体表也无肿胀等异常变化。当测体温时才发现尾根至会阴部有一个大粪饼粘贴在那里，由于毛太长，就将毛与粪饼小心用剪毛剪剪掉一部分，发现了蝇蛆在爬动，粪饼体积约为10厘米×8厘米×4厘米，腥臭，粪饼干韧发黏，除尽粪饼后用0.1%高锰酸钾液冲洗会阴区，见到肛门口四周皮肤发炎、呈红色，用拇、食二指挤压肛门，从肛门口流出似牙膏状、灰褐色的细条样分泌物，重1克左右。确诊为肛腺囊肿并发肛周炎。

（2）治疗措施：再次用0.1%高锰酸钾液冲洗会阴区，剪掉后躯过长而密布的被毛，擦干后用“肤轻松药膏”（人用的似眼药膏的大小）塞入肛门内，加压挤出半小支药物，此时1/2药量又从肛门口外出，以此药将药物涂抹到肛门口四周发红的皮肤上消炎。按此方法，每日1支药膏分两次塞入肛门内上药。2～3天后一切恢复常态，大便通畅、排尿不淋漓，肛周炎消除。

3. 病例剖析与体会

（1）肛腺囊肿多因卫生不好，不经常洗澡，特别是长毛犬易发病，由于肛腺囊肿，排粪不畅，有痒感，常在排粪时以尾顶物用力努责挤压，使黏稠的粪便与长毛粘在一起，数日后形成粪饼，越积越厚。同时因毛太长，遮盖会阴部，不易在外观上被畜主发现，只有畜主发现多日不见粪便或少食拒食才引起注意，特别是有蝇季节，招来苍蝇在粪中产卵生蛆。这种病经常在门诊部看到，其中有1只病犬，蝇蛆已将肛门口外的皮肤蛀成较深的小洞孔，只能用镊子一个个地镊出蝇蛆。

（2）本病按作者治法已如上述，其疗效特好而快捷。操作也方便，花药费有限。第1次可由医生示范操作，以后涂上"肤轻松药膏"，通常1～2天后均获痊愈。预防本病应经常保持会阴区的清洁卫生，常洗澡，炎热季节可将长毛剪短，减少被毛与粪便粘连一起，也可将体表被毛剪短，增加皮肤汗腺散热速度，可预防中暑症的发生。

二十三、犬敌鼠钠鼠药中毒

1. 病例基本情况

郑州市东郊某木材加工厂喂了一只狼犬，经常在工地上走动看家。一日早晨老板突然发现狼犬口吐白沫，全身抽动，卧地不起，粪中带血。邀作者紧急抢救。

2. 病例诊疗经过

作者根据现有症状认为是一种中毒的症状表现，但毒源从何而来？经询问才知该场地老鼠较多，他从市场上购了一种所谓的"气体老鼠药"，为液状，红色透明，与食物混合后老鼠误食即慢性中毒，查看存放的药盒只写有灭鼠药，小瓶装，无生产厂家，无瓶签说明。作者曾在某个农业职业高中校办工厂内见过此药，此药内含敌鼠钠，如果被老鼠误食，老鼠体内慢性出血、口渴寻水喝，故老鼠不死在洞内。有资料介绍，此药放在2个立方米的容器内，老鼠吸入气体老鼠药，慢性中毒死亡，故确诊为敌鼠钠鼠药中毒。

解毒药通常采用维生素K_3，其他药物无效，这药可产生抗凝血的功能，故抑制了慢性出血。作者曾采用维生素K_3肌内注射解救。服量少，服毒时间短又及时抢救者有40%以上的治愈率。本病例可能延误治疗，经抢救无效而死亡。

3. 病例剖析与体会

（1）鼠药毒饵很多，如误食含砒霜的毒饵，口干红、瞳孔散大，心悸、腹痛，抽搐，二巯基丙醇为特效解毒剂；误食氟化物中毒，用解氟灵解救特效；有机磷农药中毒用解磷定或硫酸阿托品解救。敌鼠钠中毒用维生素K_3解救则有一定疗效，但不及时治疗多归死亡。

（2）一些不法分子，为了偷窃物品、钱财，怕看家犬吠叫，就先将毒药与肉类结合投于犬前，使犬服毒中毒或死亡以达到不可告人的罪恶目的。为了保证犬的健康和安全，畜主应随时提高警惕与防范意识。尤其是宠物爱好者，禁止爱犬乱跑，或遛犬时不让犬吃路边食物或在垃圾箱内外堆积杂物的地方找食吃。

二十四、犬注射硝酸士的宁中毒

1. 病例基本情况

郑州市金水区居民姜某喂了一只1月龄的小犬，为腊肠犬优良品种，畜主特别喜爱它。不知何因，该1.5千克的小幼犬突然两后肢瘫痪不能行步，只用两前肢慢慢爬行。先在某农业高校宠物医院诊断为“后肢麻痹症”，重点使用硝酸士的宁肌内注射以兴奋运动神经，提高横纹肌的收缩力，但这样小的犬，用多少量该院兽医心中无数，一旦用量过多而中毒怎么办？随即采用上海产的人用硝酸士的宁注射液，每支2毫升含4毫克，每盒两支精品包装。首次用最小量0.1毫升肌内注射，每日1次，连用5天无效。畜主心急就转入郑州牧业工程高等专科学校动物医院找作者医治。

2. 病例诊疗经过

临床检查，全身除双后肢瘫痪外，无明显的其他异常变化，用针头刺激后肢皮肤及尾部皮肤有刺痛反应，后肢肌肉尚有一定的紧张度。随即分析了该院运用硝酸士的宁对那么小的幼犬到底每次用多少硝酸士的宁才能有效。作者给犬每日肌内注射或“百会穴”皮下注射，每次剂量由0.2毫升逐日升到0.5毫升后，开始有一定疗效，为了进一步加快痊愈速度，作者为了掌握准确的用药量，于第7天每日每次用量加到0.6毫升。注射后不到15分钟，患犬突然全身肌肉强直性抽搐，呼吸加快，心律不齐，想起立又不能实现。由于作者备有解毒药即全身麻醉剂“速眠灵”，立即皮下注射0.5毫升，很快强直症状缓和，约停20分钟又恢复到常态。双后肢看起来比以前明显有力，但仍然不能自立，日后又用手托扶站立，双后肢着地显得软弱无力。作者掌握了具体最大用药量后，改为隔日肌内注射与百会穴注射交替运用注射部位，每次用0.5毫升，加上肢体不定时做按摩，直到患病后第21天，才会自己起立行步，初步获得了战果，并建议停止用药，每日做肢体按摩，月余后才彻底恢复了健康、活泼、可爱的状态。

3. 病例剖析与体会

（1）双后肢瘫痪其病因很复杂，如脊髓炎、多发性神经炎、慢性变形性脊髓障碍、脑炎或犬瘟热麻痹型等多种疾病以及腰荐部被钝伤等均可导致双后肢瘫痪症状。作者对本病例未做深入的病因探讨和特殊的检验，尚不能确诊是何原因引起的上述病状。但从单一的药物治疗，使其神经功能及肌肉收缩力获得康复性疗效也算是万幸。

（2）硝酸士的宁是一种剧毒药品，近年来，市场上很难买到且价格昂贵，2毫升合人民币10元1支，可是兽医临床上仍然需求量不减，故建议有关厂家生产一些兽用的硝酸士的宁产品，其价格应比人用产品偏低一些。

二十五、犬子宫蓄脓

1. 病例基本情况

郑州某高校家属院一位姓姚的老教师，喂了一对京巴犬，母犬曾正常产过1胎2仔的历史，这一次腹部比正常稍大，不断有少量黏液性分泌物从阴道排出体外，食欲下降，邀作者诊治。

2. 病例诊疗经过

（1）临床检查：体温低热，胃肠音弱，不喘不咳嗽，两便尚正常，阴道有少量黏液性分泌物，后下腹部增大，触诊子宫内有波动感，并通过B超检查和进行子宫穿刺，抽出脓液。确诊为子宫蓄脓症。

（2）经畜主同意，签订了手术合同，决定做子宫摘除术。其操作程序如下：

①按常规做好各项术前准备。

②仰卧保定，全身麻醉。

③术式：术部选在耻骨前缘至脐部之间的正中线上，纵向切开皮肤8厘米。再按卵巢摘除术的要领切开腹肌层、腹膜，露出子宫。结扎子宫动脉。然后，每间隔1厘米束状结扎子宫阔韧带附着部4~5个部位，再结扎卵巢动脉，切断子宫阔韧带及输卵管，使一侧子宫角和卵巢分开。另一侧采取同样的方法处置。将离断的子宫（根据情况卵巢也可同时摘出）拉出创口外。然后，用肠钳尽量夹住子宫颈，约在宫颈前2厘米处，用另1肠钳固定。沿前方肠钳后缘剪断子宫，断端用灭菌纱布充分清洗消毒，荷包缝合。依次缝合腹膜、腹肌层和皮肤。术后，按常规处置，注意保暖。

3. 病例剖析与体会

（1）子宫摘除术的适应证，多用于对子宫蓄脓症投给抗生素无效时或子宫肿瘤，或因某种原因妊娠胎儿已经腐烂，剖腹产发现子宫已明显变色，也少见于雌激素过剩症等疾病均可施以本手术。

（2）本病例可能因为配种后产道化脓菌（链球菌或葡萄球菌较多见）感染，又未能及时治疗引起子宫蓄脓症。该患犬术后发胖，行动缓慢，饮食较好，精神一般，现已术后4年仍保持健康水平。

二十六、犬棘球蚴导致肝破裂

1. 病例基本情况

郑州市花园路刘某喂养东北黑贝犬1只，雄性，半年龄。主诉：1个月前，喜食生肉和动物脏器，此后慢慢食欲减少，消化不良，被毛粗乱，精神不佳，便秘与腹泻交替发生，故邀作者诊治。

2. 病例诊疗经过

（1）临床检查，体温正常，眼结膜淡红发白，并有黄染；营养中下等；有时呕吐，腹泻。粪便检查发现细粒棘球绦虫，虫体很小，链体全长 2～6 毫米，用放大镜观察虫体有 1 个头节和 3～4 个节片，低倍显微镜下观察，孕卵节片内含 500～800 个虫卵。以油镜观察，虫卵的直径为 30～36 微米，外被一层辐射状的胚膜。

（2）治疗与尸体剖检。由于发现寄生在犬小肠内的细粒棘球绦虫，进行了吡喹酮驱虫，按 5～10 毫克/千克体重，每日内服 1 次，输液补养，辅以健脾、利胆、助消化药物，促进和调理胃肠机能。但两天后因体质下降，病情加重，心力衰竭而死亡。经畜主同意后剖检，发现肝肿大，肝被膜上有破裂孔，被膜下瘀积血块，腹腔内有淡红色腹水 1 千克左右。切开肝脏才确诊患犬主要致死于棘球蚴导致的肝破裂。同时也观察到在肿大的肝脏内，肝实质萎缩，肝内有多量的单室棘球蚴，为不正形的厚壁囊泡，囊泡有大有小，大的如鸡蛋样，小的如鹌鹑蛋大小，囊内含液体及大量原头节。

3. 病例剖析与体会

（1）犬棘球蚴是细粒棘球绦虫的幼虫，主要寄生在肝、肺等实质器官内（也可寄生在牛、羊、猪、马、骆驼等动物的肝、肺内）。但犬的发病率较低。同时，由于肝内寄生大量的棘球蚴，严重影响肝的功能，表现长期消化障碍，营养不良，日渐消瘦。随着棘球蚴囊泡不断增大，导致肝组织压迫性萎缩、肝被膜因肝内压增大，被膜破裂、血管瘀血和出血，引起无败性腹膜炎，故腹水呈淡红色。

（2）本病例在郑州某宠物医院也曾遇到过 1 例，死后剖检情况与本病相似。

（3）本病的治疗，如为成虫，它寄生在小肠内，用驱虫药如吡喹酮等药物有较好疗效，但其幼虫阶段——棘球蚴的驱虫率极低，因为球棘蚴寄生在肝、肺等实质器官内，一则药物直接杀虫不太容易，二则在大量棘球蚴寄生的情况下，肝等实质器官已遭受压迫性损伤，很难使实质器官复原，故死亡率极高。再者，在诊断上只做体检及肝功能试验和血、粪、尿化验，对确诊本病其难度极大。

二十七、疑似犬冠心病

1. 病例基本情况

郑州市金水区陈某家有一辆面包车，他经常开车带自己喂养的一只狐狸犬外出。近 1 个月来，犬在家不显任何病状，但只要一坐汽车就发喘、不安，一到公园草坪上玩耍时也发喘、不安，但不呕吐，曾在某农业高校宠物医院就诊，疑似“哮喘病”，但一到院内又一切正常，以阿托品及定喘中药治疗 5 天未见疗效，他又将爱犬拉到另一所高校宠物医院，初诊为过敏性喘息病。只进行对症治疗 3 天后也毫无疗效。又转入郑州牧业工程高等专科学校动物医院邀作者诊治。当进入门诊部后又一切如常，听说作者在家里，未上班，只离院 200 米，就牵狗到家中，一路上又发喘，到家后又复常态。这到底是什么疾病呢？

2. 病例诊疗经过

临床检查：患犬一到作者家中，经检查未发现异常病症。当时作者疑似为“冠心病”，但犬书上没有这个病名的记载，由于作者做过人医，也见过冠心病人，冠心病是人类常见的一种心血管机能障碍的疾病，病人不犯病时一切正常，但在活动或受某种刺激就突然感到胸闷、气喘、心区绞痛，如不及时抢救就有生命危险，此病是由于冠状动脉痉挛，一时性心肌缺血所引起的。那么患犬是不是冠心病呢？作者就让其试用口服人用的特效药——速效救心丸 2 粒，并让畜主带药回家，每日服 2 粒，计划连用 5 天后再联系。第二天，畜主来电话说：昨日从你家走到动物医院，并坐车回家，一路上犬没有发生喘息症状，认为有特效。就这样又按医嘱坚持服药 5 天，不论坐车或到草坪上玩耍均未见喘息不安症状。最后作者让畜主自己去购速效救心丸，每小瓶 20 丸，只要 5 元人民币，很便宜。不过改为每隔日服药 1 次。以后 2 个月追访均未见复发。

3. 病例剖析与体会

（1）人的冠心病较多见，是否犬也有此病，作者只见过这一个病例，又未做过特殊检查，至今不敢确诊，希望同道们共同探讨。

（2）据人的冠心病资料介绍，平时常态中做心电图呈正态的 Q、P、R、S、T 波。当发生冠心病时，要求首先进行口服解救药速效救心丸或用亚硝酸戊酯吸入气体即可使冠状动脉舒张，心脏供血流畅，很快治愈。症状消失后，再做心电图又成为正常波形。如果先做心电图检查，再抢救病人，则会导致生命危险。为了保证患者健康，凡人的冠心病患者，身上必备有急救药盒，随时可取药自救或他救。

（3）本病犬也由畜主掌握情况施药，是否已根治，不服药是否会再复发，这是个需要商榷和探讨的问题。

二十八、犬静脉注射氨茶碱引起心悸、增温

1. 病例基本情况

某日郑州某校兽医院院长邀请作者给一只爱犬会诊。据院长说：他诊断某研究员喂养的这只病犬为“急性肺热喘病”，呈现发喘、发热，少食症状，决定静脉输液，外加头孢霉素、维生素 C 等药物。当输液过程中，他说他加入氨茶碱注射液 2 毫升想促使呼吸道平滑肌舒张，有利于缓解呼吸困难，谁知加入氨茶碱后，体表触诊皮肤温度更高，又测肛门温度，体温直线上升，由原来 39.9 ℃升

至40.8 ℃再至41.5 ℃，喘息症状虽得到缓和，为什么体温会直线上升，心跳也相应加快？应如何救治。

2. 病例诊疗经过

首先暂停输液，另打开500毫升1瓶的5%含糖盐水给患犬自饮，先喝了约200毫升，患犬还不解渴，就让其分次慢慢饮用。同时肌内注射10%复方氨基比林2毫升（加入青霉素80万单位），注射后体温慢慢下降到38.5℃（正常范围）。此时已下午6点半钟，就让畜主带犬先回家，有情况来电话或再来院复诊（因为畜主家离兽医院不远）。翌日来电话说：回家后一切正常。不再发喘了，饮食如常，两便通畅，精神大好转而治愈。

3. 病例剖析与体会

（1）到底患犬得的是什么病？作者分析认为，当日正是炎热天气，犬的汗腺不发达，加上患犬肥胖散热机能受阻而突然发生中暑症状，呈现发喘、伸舌流涎、皮温升高，肛表测温发热。医者未用清热解暑之剂，开始用药方案尚可，后加入氨茶碱静脉输入才出现直线升温、心跳加快的奇异现象。

（2）那么为什么加注氨茶碱会直线升温、心跳加快呢？作者查阅有关药理学资料，初步认为氨茶碱具有一种拟肾上腺素的药理作用，可使交感神经兴奋。故具有舒张呼吸道平滑肌的效应作用，有利于缓和气喘症状。资料还介绍说，由于氨茶碱可兴奋心脏，使心跳加快，同时还能使微循环充血，使体内散热更加困难，内热不能向体外发散，加上炎热天气，外界高温，皮下脂肪较多，就导致体温直线上升。是否在理，可与同道商榷。

二十九、老母犬乳腺多发性肿瘤

1. 病例基本情况

郑州市经三路王某喂了一只10年龄的老母犬，毛色浅黄色，杂种。主诉：食欲减少，日渐消瘦，乳房上有大小不等的多个肿瘤，其中左侧乳区最后一个乳房肿瘤特大，似新生婴儿的头部大小，快坠入地面，卧多立少，估计已有1年之久，从未看过病。畜主要求将肿瘤摘除。

2. 病例诊疗经过

（1）临床检查：体温正常，两侧乳房有大小不等的良性乳腺肿瘤8个，其中左后乳腺肿瘤特大，导致患犬行走困难。经与畜主协商，同意全部摘除肿瘤，但考虑到患犬年龄大，体质差，肿瘤太多，有一定危险性，故签订了手术合同说明，如有意外或死亡与本院无关。

（2）肿瘤摘除术的方法与步骤：

①按常规做好一切术前准备。

②横卧保定，全身麻醉。

③术部剪毛、洗刷、擦干、消毒。0.5%普鲁卡因肾上腺素在每个乳房基部皮下环周局部浸润麻醉。

④首先将最大的乳腺肿瘤摘除，用磅称一称重达 1.6 千克。由于每个乳腺有互相联接紧密的特点，故决定将乳腺组织一并全部摘除，并将分离后的皮肤进行修剪多余的部分，做对端结节缝合。由于手术较复杂，面积太大，手术时间共 2.5 个小时。术后注射“精破抗”预防破伤风，抗生素疗法免受感染，术部 2.5%碘酊涂抹。

3. 病例剖析与体会

（1）本病例如此严重，病史年余，实属少见。如果手术只摘除一个最大的肿瘤，决不可能彻底痊愈，因为小肿瘤会慢慢长大，肿瘤又与乳腺相连，留下的乳腺还会分泌乳汁，会影响术部愈合，甚至形成乳腺癌。

（2）术后 12 天拆线，第一期愈合，经过 1 个月追访，营养状况好转，饮食大增，行走安稳，彻底痊愈。

三十、母猫宫外孕

1. 病例基本情况

郑州市某高校教工喂养一只母猫，白色，体重约 1.5 千克。2 个多月前发情、配种后，妊娠期已到，分娩时先产出一只健康的小猫，随后又产下另一只已死亡的小猫。但仍然有阵缩、努责情况，不吃不排粪。经附近某农业高校宠物医院诊断为便秘症，腹部触诊证明腹内子宫无第三只小猫。随即输液，按便秘症治疗，5 天治疗仍然不排粪便、日渐消瘦。畜主又转院找到另一家宠物医院诊治，其诊断及治疗方案基本同前。治疗 3 天后也无疗效。于是邀作者会诊。

2. 病例诊疗经过

根据上述两位宠物医院教授的诊断与治疗，为什么无疗效呢？作者重点做了腹部双手触诊，整个大肠内均为多量干硬的蓄粪，奇怪的是在右髂窝区有一个硬块，约长 10 厘米、宽 3 厘米、厚 2.5 厘米，按压有硬韧感，以两手配合按压压不扁，不确定是什么东西。最后经畜主同意，做开腹探查术。按手术操作要求，打开腹腔后，从切口取出一段大肠，结粪坚硬，即切开肠管，分段取出肠前、肠后全部积粪后，缝合肠管切口，送回腹腔内，再以右手小心将右髂窝区那块大的“肿物”拉到腹部切口外，才明白原来是第三只小猫，为子宫外孕。小猫的营养供应是靠大网膜血管与脐部相接连才生长发育成一个成形的小猫。取出小猫后测量的数据与作者腹部触诊的大小相差无几，头部有两处按压伤痕，骨板下陷，其他部分与产下的小猫一样。最后按常规关闭腹腔，手术告终。

3. 病例剖析与体会

（1）猫子宫外孕实属罕见。查有关资料，见到过一篇有关猫子宫外孕的报道。

（2）目前宠物医院很少有 B 超、X 光设备，只进行腹部触诊，要确诊子宫外孕难度较大。

（3）本病例曾经两位教授治疗 8 天来解决便秘不排粪问题，只靠每日 2 次输液来维持大猫生命。如果不进行开腹探查，作者也不可能确诊为子宫外孕，更不可能使猫痊愈。

（4）为什么内服果导片、油剂、灌肠，从肛门口注入“开塞露”（主含甘油及其他药物）均不见排粪呢？主要原因是子宫外孕的胎儿压迫后段结肠，阻碍了粪便向体外排出的缘故。

三十一、新生仔猫先天性膈疝

1. 病例基本情况

河南省郑州市阎某曾送一只雄性白色的杂交波斯猫前来郑州牧业工程高等专科学校动物医院就诊。

（1）主诉：该猫 5 天前出生，同胎还有 4 只仔猫，当时大母猫及小猫均健康，而这只小患猫开始食量较多，以后食欲日渐减少，少食流汁食物，常鸣叫，有时用爪抓胸腹部，生长缓慢。

（2）体检：体温正常 37.5 ℃，呼吸困难，以呼气困难及腹式呼吸为主；心悸，精神欠佳、营养不良，多取左侧卧式，腹部触诊未觉异常，仅大肠后段有少量硬粪球，初诊为营养不良症，给予钙片、维生素 B_1 片、大黄苏打片等药物治疗。治疗 2 天后仍不见效。

2. 病例诊疗经过

（1）作者将患猫抱回家中观察、治疗，每日卧在大沙发上，一直以左侧横卧姿势，如将体位改为右侧横卧，该猫立即翻身，保持原卧位。呼吸困难症状，在运动时和采食后加重，但无鼻漏，不咳嗽，也不呕吐，不腹泻。直到第三天，患猫突然病情加剧，前肢抱胸，左眼紧闭，裂嘴，可视黏膜高度发绀而死亡。

（2）尸体剖检：打开胸、腹腔后，仅见到左侧胸腔内几乎被充满气体的胃脏（体积为 4.5 厘米 ×3.5 厘米 ×6 厘米）所填充。左肺被压向胸腔背侧，只有极少量肺组织在胃体前方显露。心脏及纵隔明显右移，右肺受心脏压迫，导致肺脏隐藏在右侧胸腔 80% 范围内。膈肌完整无缺损，仅见食管裂孔较大，为 1.4 厘米 × 1.8 厘米大小，呈卵圆形状。食管裂孔前方为突入左侧胸腔内的庞大胃体与大网膜组织，食管裂孔后方有 2/3 的脾脏，另 1/3 脾脏前移，且阻塞着裂孔（疝口），使胃脏不能复位于腹腔内。肝脏、肠管等腹腔其他器官无变位现象，且无明显的病灶。

3. 病例剖析与体会

（1）膈疝是较少发生的一种内疝，临床上以牛为多见，马、羊、猪也有发生，但多为后天性膈疝。本例患猫则为先天性膈疝，或称膈疝食管裂孔疝，且因无疝囊，故又称假疝。作者曾查阅国内外有关资料，尚未见到类似猫病例的报道。

（2）本例患猫主要呈现心脏和肺受压症状，即由于腹内脏器——胃脏占据胸腔，导致心和肺受压，故有气急、心悸，呼吸困难和可视黏膜因缺氧而发绀，特别在进食和运动后呈现明显加剧。为了缓解呼吸困难，多取左侧横卧位，反之以右侧横卧，使右肺代偿功能因右肺受卧底压迫，呼吸肌不能正常扩张，必然使呼吸更加困难，故立即翻身仍以左侧横卧位可缓和呼吸困难症状。此外，由于胸式呼吸受阻的情况下，被迫呈现明显的腹式呼吸症状。

（3）诊断本病可根据呼吸困难和黏膜发绀，且在进食后胃容积增加，胃体扩大或运动时需氧量增多，呼吸困难现象必然加剧。此外，尚有胃肠功能紊乱、心悸等症状表现，但体温保持正常值，不发热，卧地的左侧或右侧胸腔内必有胃和部分脾脏等疝内容物在剖检时被发现。如有 B 超或 X 线照射或拍片更容易为确诊创造良好条件。

（4）膈疝修补术通常比较难做，以腹部下手可将突入胸腔内的胃、脾拉回腹腔内，并缝合部分扩大的食管裂孔，可以消除肺、心受压的病状；如手术通路以开胸还纳胃脾于腹腔原位，医疗设备中离不了“阳压麻醉机”，以保证开胸时防大气压压迫肺脏，导致肺萎缩，因为肺内压为负压之故。目前做这种大手术，手术费必然较多，故应根据病畜年龄、营养状况、病情严重程度及动物本身的经济价值，全面分析后，才能决策是否进行膈疝修补术。同时做这类手术，术者必须有较好的外科手术知识和手术实践经验，才能做到万无一失。

第六章 马属动物病例

一、马流行性淋巴管炎

1. 病例基本情况

河南省浚县某国营农场马场共饲养新疆伊犁马 120 匹，其中 39 匹马皮肤及黏膜上发现指头大小的结节，少者数十个，多者数百个，结节在阴道及鼻腔黏膜上仅少数病例被发现，主要为皮肤结节，有的已溃烂或化脓。当时场长邀请该县 11 个乡镇兽医会诊，疑似皮鼻疽，但用鼻疽菌素点眼试验为阴性反应，故邀作者参与诊疗工作。

2. 病例诊疗经过

（1）鉴别诊断方法。

1）马痘：由痘病毒引起。通常体温升高，本病例则不升高。另采用“包氏角膜划刺法”，即用 3 只家兔，用结节溃烂物及脓液，以针头蘸病料，在角膜上轻轻划刺，观察 3 天，如角膜无异常变化为阴性反应，如明显角膜炎症状为阳性反应。本试验为阴性反应，可以排除。

2）淋巴管炎：

①化脓性淋巴管炎：体温升高，局部病灶化脓，镜检有化脓菌，结果无化脓菌，可以排除。

②流行性淋巴管炎：体温正常，结节溃烂物及分泌物似脓样物，涂片镜检有病原——分芽霉就可确诊。本病例发现多量分芽霉，似南瓜子样形态。为了进一步确诊，取病料结节，10% 福尔马林固定，送到中国农大病理教研室请范国雄教授亲自检验，证明为本病。

③皮鼻疽：经两次“鼻疽菌素”滴眼，反应阴性，也排除了皮鼻疽的可能性。

④皮肤肿瘤：多见于上皮乳头状瘤，但肿瘤个体小，不化脓、不溃烂，故又

加以排除。

（2）治疗方案：确诊为流行性淋巴管炎之后，采用以下措施。将有症状和无症状的马匹严密隔离饲养，有症状的将轻型与重型分开喂养；全群场地、用具彻底消毒，专人护理；凡有症状和无症状的马匹都进行静脉注射 10% 新胂凡钠明（914）。有结节或溃烂的病马，用作者自制的 20% 黄连素粉加凡士林软膏涂于病灶处。对 1 头全身数百个皮肤结节、鼻黏膜与阴道黏膜严重溃烂、化脓的病马加以淘汰处理，防止病原传播。经过 1 个月的防治后，全部治愈。

3. 病例剖析与体会

（1）马的流行性淋巴管炎，在我国有些地区有地方性流行，该县某农场的马匹从新疆伊犁引进，可能是带入分芽霉的来源，导致马匹流行本病有一定因果关系，因为据该县兽医反映，从未见过本病。

（2）查阅有关文献资料，目前尚无本病的特效疗法，作者试用 914 疗法，加上自制的 20% 黄连素粉加凡士林软膏局部病灶涂抹，能达到痊愈的效果，可供同道们参考试用。

二、骡破伤风

1. 病例基本情况

河南省浚县巨桥乡某村，有 1 头 5 年龄的健康骡子，是周围 10 个村结婚时最喜欢骑用的好脾气骡子。谁知这头骡子患了破伤风病，牙关紧闭，瞬膜外翻，耳竖尾直，腰背僵硬，四肢如柱，形如木马状，是一种典型的由破伤风梭菌通过深部创口在厌氧的情况下所产生的神经毒素引起强直性痉挛，本病为死亡率很高的传染病。同时，该村又是该县县委书记和农业局重点试范村，县局领导也非常重视，请了十多位名兽医来会诊治疗，要求必须将骡子治好。经过 6 天使用中药活血散风的“蔓菁子散”、“白花蛇散”，注射“精破抗”、硫酸镁，土单方及针灸对该病特效的疗法均无好转迹象，兽医均无治好的信心的情况下，就邀请作者去该村会诊治疗。

2. 病例诊疗经过

作者分析了全部用药情况，应该治疗显效。可能是多日不进饮食、不喝水、不排粪、血循环障碍，施用了大量中西特效药物无效，主要矛盾是体内缺水，血流不畅，血液黏稠度增高，好的药物未能全部发挥其应有效力有一定关系，譬如河水因干旱无雨，河床水位下降到无法行船情况下，船上装满了多量治破伤风的特效药，但不能全部运到目的地，导致有药不能治好骡病的预期效果。怎样解决这个矛盾呢？关键必须大量输液，补水、补养，使骡体内未发挥的药效达到最好效果提供了支撑。但据当地兽医反映，此病骡不能输液。即用针头刺入颈静脉时，或大量快速输液途中，骡子就突然倒地，症状加剧。最后作者坚持要输液，但方法做了改进。第一，用“打飞针”快速刺入静脉，以减轻对病畜的不良刺激；第二，不用输液器，改用针管慢慢注射，减少不良刺激；第三，先注射500毫升，根据情况逐日增加输入量。试用结果表明非常成功。在场的老、中年兽医都认为，自古以来有一句格言，即“紧七、慢八、九天忧，一过十天不用愁”，即发病第7天，近心端有创口而发病者可能死亡；第8天，远心端有创口而发病者，可能死亡；第9天，病情即使有一定效果还有死亡的可能；第10天后可停止用药，即使症状尚未全部消除，会慢慢日渐好转直至痊愈。而现在是病后第7天，大家非常关注，可能是死亡的1天。通过输液后，第8天还未死亡，作者又以上法输入1 000毫升，症状未见好转变化，又闯过了第8天，第9天又输液1 500毫升，症状还无明显变化。此时作者考虑到病骡一直站立怕支持不住，一旦倒地后果不堪设想，坚持到第10天，正当作者听诊心音时，突然倒地，但却未死，即多人将其抬立，马上用大麻袋及粗绳临时做了一个土制的吊马器，保定好患骡，就停止一切治疗，任其慢慢恢复。经观察，第13天牙关紧闭开始松动，可在上下牙之间塞入一指距离，开始有了食欲（吃几根草），第15天能吃正常采食量的30%草量。第15天病骡排粪困难，经鼻投服液体石蜡油500毫升，第16天开始第1次排粪，但腹下仍然皮下水肿，四肢关节开始活动；第18天外出牵遛活动，腹下水肿自消80%；第20天一切恢复常态而彻底痊愈。

3. 病例剖析与体会

过去不断访问过老人医和兽医，都说破伤风病“紧七、慢八、九天忧，一过十天不用愁”的古训经验，从这头骡子的整个病程获得了证实。

三、马骡砷（砒霜）中毒

1. 病例基本情况

河南省某村有5头骡马，饲养员是一位老者，他自称经验丰富，别人喂养不了，正好被会计小青年听到此话，对老者说，有什么了不起，你喂的牲口太瘦，群众有意见，我们年轻人比你喂得更好。老者说：“你来试试，我不喂了。”村领导无奈只好让年轻会计喂养，经2个月的科学、精心饲养后，群众都称小青年有本事，气得老饲养员心里不痛快。不久，奇怪的事件发生了，每隔1个月病死1头，共死5头，经当地兽医及浚县兽医诊断是“急性胃肠炎”，因不断排水样粪便，脱水而死亡。干群及兽医也感到奇怪，每月死1头，又是同一类症状，便邀请作者看看第5头死马的剖检情况，探讨是何原因致死的。

2. 病例诊疗经过

据当地主治兽医反映，此病很奇怪，从发病到死亡不过1天，主要症状是一直拉水样粪便。该主治兽医自己命名此病为“稀屎风”。当作者到村后立即剖检尸体，发现胃内有面条，胃肠卡他及出血病灶。作者即在现场做了“铜片试验法”，证实面条中含毒药——砒霜，又同时检验饲料及水缸内的水和食槽剩料，均未检出砒霜，怀疑有人下毒。随即给该县公安局报案，法医现场进行胃内容物化验，确诊为砒霜中毒致死。侦察结果如下：原老饲养员手拿一碗含砷毒的面条让马骡单个服毒所致。这是人为下毒事件，老饲养员受到了法律制裁。

3. 病例剖析与体会

（1）砷本身毒性不大，而其化合物，尤以三氧化二砷（俗称信石或砒霜）为烈性毒药。含砷药物如新胂凡纳明、雄黄、砒霜或亚砷酸钾溶液、卡巴砷等过量使用后也可引起砷中毒。

（2）砷为细胞原浆毒，对组织有强烈的腐蚀作用，可引起局部糜烂、溃疡和出血，经吸收后，作用于机体的酶系统，抑制酶蛋白巯基，特别是与丙酮酸氧化酶的巯基结合，使酶失去活性，阻止了细胞的氧化和呼吸，导致细胞死亡，代谢障碍，危害神经细胞，造成广泛的神经系统病变。此外，砷进入血液循环后，尚能直接损害毛细血管，使其扩张松弛，渗透性增加，使血压迅速下降，亦有可能使血管舒缩中枢麻痹，造成血管的渗透性发生改变，从而影响组织的营养，引起心、肝、肾及脾等内脏实质器官的损害。

（3）本病经口误食含砷毒的面条引起了急性中毒，潜伏期为数分钟至数小时，多以急性胃肠炎症状为特征。马骡有疝痛，不久即出现下泻，呈水样黏液性，大便中含多量的脱落黏膜，并常混有血液。个别病例有血尿。病马骡口渴，精神沉郁或有肌肉抽搐。重症病马骡除上述症状加重外，可因腹泻、脱水而发生循环衰竭或休克，严重病例出现中枢神经系统症状，表现兴奋不安，不听呼唤、惊厥、阵发性痉挛等，最后可因呼吸中枢麻痹而死。

此外，砷中毒的病例的眼结膜的颜色较特殊，呈淡红色。瞳孔散大，齿龈呈暗黑色。

（4）确诊本病最简易的方法是“铜片试验法”，操作步骤如下：取玻璃试管 20 毫升容量 1 支，将可疑的被检物（如胃内容物或食槽收集的饲料剩余物，料缸或水缸中的料或水等）放入试管内约 5 克，再放入一小块红铜或铜丝，如被检物为固体，应加适量水混匀，再加 2 毫升浓盐酸。用试管夹夹住试管上部（或用布包垫试管上部）呈 45°角放在酒精灯火焰上（或用酒精棉块点燃）使热力将试管内的被检物煮沸达 3 ~ 5 分钟后，将试管内的被检物倒入凉水盆中，取出铜片或铜丝，如果发现铜的表面变为黑色，证明被检物中含砷毒。其原理是氧化铜被还原为亚铜之故。此法最适合在农村现场操作，作者经常使用此法。

（5）砷中毒的特效解毒药是二巯基丙醇，每次 2. 5 ~ 5 毫克/千克体重，深部肌内注射。

四、马骡木贼草中毒

1. 病例基本情况

河南省延津县某村共饲养马骡 13 头，某年秋严重缺草，故翌年初春动员劳力割木贼草（俗称节节草）和挖茅草根，坚持饲喂 1 个月。开始，马骡很喜欢采食。但 1 周后 5 头马骡发病，表现精神呆滞，上下唇麻痹下垂，视力减退，不愿卧地，贫血、消瘦，但体温正常。经县、乡兽医会诊，认为没有见过此症状，不能确诊，采取换草及对症疗法，又经 1 周后不但无疗效，全群都得了同一病状。故邀请作者及某高校 7 位老师会诊。老师们认为是营养不良性衰竭症，作者认为是木贼草中毒。有一位内科老师提出疑问：第一，为什么停喂木贼草已 1 周，反而全群都发病了；第二，邻近村也喂木贼草，为什么不发病，只是死了一匹小马驹。作者提出了诊断理由是：第一，据现场调查，发现食槽下面还存有两背篓木贼草，询问饲养员王某说，一换别的饲草马骡不喜欢吃，我就偷偷地每日割草叫它们吃，这说明发病后还在喂木贼草；第二，该村去秋受灾后还保留部分饲草，喂木贼草只占日采草总量的 30% 左右，通常不会发生中毒。由于小马驹不拴在槽柱上，可自由出入，放在室外的木贼草就成为小马驹 100% 的主食，由于抗病力、耐受力不如成年马骡，故引起中毒死亡。

2. 病例诊疗经过

经过会诊后统一了思想，确诊为木贼草中毒，此病无特效药，只能对症治疗。

（1）坚决停止再喂木贼草，改为其他饲草。

（2）每日补饮小米汤，增加营养，并补充多维素。

（3）每日输液 1 次，内含高渗糖、氨基酸、维生素 B_{12}、强心剂及能量药（肌酐或 ATP、辅酶 A 等）。

经过 1 个月的调理喂养，对症治疗后病马骡全部治愈。

3. 病例剖析与体会

（1）木贼草是食草动物经常采食的饲草来源之一，动物特别喜欢采食，通常日采木贼草总量不超过 30% 不会发生中毒。本病例则 100% 地喂了木贼草所引起，根据作者的临床经验，长垣县、浚县也曾发生过这类中毒事件。此外，羊、兔采食过量的木贼草，开始病轻者发生腹泻、肚胀，停喂后即很快症状消失。

（2）木贼草引起中毒，因为它含有木贼毒和二氧化硅两种有毒物质。

五、马浑睛虫病“开天穴”穿刺取虫术

1. 病例基本情况

河南省滑县某兽医在诊断一匹患病马时，主诉患马每天流泪，有眼屎，常以

眼接物擦痒，经医者检查眼角膜，发现在眼球角膜内前房的房水中有一条1厘米左右长的细线虫在房水中游动，不知道是什么虫，怎样能取出虫？故邀作者现场会诊。

2. 病例诊疗经过

临床诊断：本病由丝状线虫的幼虫（中兽医称“浑睛虫”）寄生在马骡驴或牛的眼前房和后房中，以房水为其生活的营养来源。西兽医多采取手术方法取出虫体。但400多年前《元亨疗马集》一书上有“开天穴巧治浑睛虫”的记载。方法是用三棱针在开天穴处（巩膜与角膜交界处6点钟的地方）当虫体头部游到开天穴处或邻近的地方，快速刺透角膜最下缘，虫体顺房水外流时离开眼角膜外出，就可取出虫体。此法作者不敢盲目操作，非常危险，一旦出现意外，即可损伤眼角膜及其周围组织，责任重大。最后作者试创更科学、更保险的取虫方法并获得了成功，取出的虫体长1.2厘米，似棉线粗细，呈白色。术后用四环素可的松眼药膏每日点眼4次，5天内患眼康复而痊愈。

3. 病例剖析与体会

（1）本病的虫体在眼球房水中，没有学过“家畜寄生虫学”的兽医根本不知道该虫的来龙去脉，即使上过大学的兽医专业学生也不一定都知道虫体的生活史，因为此病罕见，作者只诊疗过4头马、驴。专业教师通常也不提及此病，故遇到本病例后一般是束手无策。

（2）作者取虫的手术方法与步骤如下：

①将马头拴在六柱栏前柱一侧木桩上，用耳夹子由助手紧夹马耳，胸前颈部与背腰部用绳保定，防止患马向外窜动。

②用1%地卡因滴入角膜及眼球进行表面麻醉。

③1%普鲁卡因5毫升球后浸润麻醉，可减轻疼痛并使眼球外突，固定不动。

④助手将上下眼睑掰开或用眼睑开张器，充分暴露眼球。

⑤在“开天穴”用16号注射针头（先用缝合线缠住针尖1厘米后部，仅露出针杆1厘米长度）以10°角刺透角膜6点钟最低处约1厘米深。为防止房水外流和控制放水外流的最佳时间，术者入针穿刺时必须先将拇指指腹阻塞针座的小孔，中、食两指夹紧针杆，小心穿透角膜后暂停不动，当浑睛虫头部游向6点钟角膜低处或邻近处，术者放开拇指指腹，房水立即外流，虫头及体部随房水进入针头孔内，拔出针头后，如虫体尚有部分留在房水中，用手或小镊子轻轻向外拔出全部浑睛虫。术后用四环素可的松眼药膏点眼即可。术毕，不必采用其他疗法，每日只用眼药膏点4次，经过3~5天眼睛一切症状消失而痊愈。这项改进的手术方法比较实用，仅供参考。作者共手术过4例，治愈率达75%，而取虫率达100%（注：未愈的1例，虽取出了虫体，但因病驴手术前患眼角膜创伤太严重而导致了失明）。

（3）马属动物混睛虫病的病原可能有3种：指形丝状线虫或鹿丝状线虫，有时是马丝状线虫的童虫。中间宿主为蚊类。每只眼内，常寄生有1~3条虫，游动于眼前房中，虫体长1~1.5厘米，其形态构造均近似成虫。

（4）本病的症状为角膜炎、虹彩炎和白内障。病马畏光，流泪，角膜和眼房液轻度混浊，视力减退，眼睑肿胀，结膜和巩膜充血。病马时时摇晃头部或在马槽和木桩上摩擦患眼，严重者可导致失明。对光观察患眼，可见有虫体在眼前房中游动，时隐时现。在手术时，也可先用3%毛果芸香碱液点眼，使瞳孔缩小，有利于虫体控制在眼前房内使手术取虫更为快捷。

六、马媾疫

1. 病例基本情况

某县马群马媾疫疾病大流行，种畜站种马也发生这种疾病。作者被邀参与了马媾疫的紧急防治工作。

2. 病例诊疗经过

（1）临床症状：本病的潜伏期为2~3个月，其症状可分为3期。第一期为水肿期，主要症状为生殖器官水肿，在黏膜上出现豌豆粒大的黄红色结节和溃疡。这种结节和溃疡在自愈后留下无色素的白斑，病马性欲亢进，发情不正常。第二期为皮肤病变期，在病马的身体各部，特别是胸腹、臀部的皮肤上发生圆形或椭圆形的扁平肿块，时而发生，时而消失，称之为“丘疹”，此为特有的症状之一。第三期为麻痹期，较常见的是颜面神经麻痹，表现为嘴唇歪斜、耳及眼睑下垂等。病情进一步恶化，则呈现后躯萎缩，臀部及后肢肌肉萎缩，步态异常，体质衰弱、消瘦，最后因极度衰竭而死亡。

（2）诊断：病初在水肿液中，在阴道或尿道冲洗液中检出锥虫，必要时可抽血到有关单位将血样标本做血清学诊断，如补体结合反应或间接血凝试验。

（3）防治：我们采用下列药物治疗，疗效很好。

①贝尼尔，按3.5毫克/千克体重，配成5%溶液做深部肌内注射，每日1次，连用3次。

②那加诺，按6毫克/千克体重，配成10%溶液做静脉注射，每隔7天注射1次，3次为1个疗程。

对于病马，特别是种公马，必须严格隔离，治愈后观察1年，方可作种用或合群。尽可能采用人工授精，配种时做好消毒工作。对种公马要严格检疫。

3. 病例剖析与体会

（1）马媾疫是马媾疫锥虫寄生于马属动物引起的一种原虫病。过去由于农业机械化程度逐年提高，马属动物在农村因畜力减少，饲养头数大幅度地下降，但部分地区如牧区仍然保持一定数量，旅游骑马以及少数赛马场仍有马属动物，故发病率已明显减低或少量发病。

（2）马媾疫锥虫的形态与伊氏锥虫无明显区别，但生物学特性则有很大差异。仅马属动物有易感性，主要寄生于病畜的生殖道黏膜、水肿液及短暂地寄生于血液中。主要通过病马与健马交配传染，人工授精时，器械未经严格消毒也可发生感染，有些马匹感染后暂时不出现明显症状而为带虫者，常成为主要传染来源。

七、马中暑引起黑内障失明症

1. 病例基本情况

鹤壁市鹿楼乡供销社枣红大马 1 匹，因在夏天炎热季节，独自驾辕一辆马车，因拉西瓜过量，突然倒地，呼吸困难，口干红，出大汗，随即解套，经该乡兽医测体温为 42.8 ℃。立即放大血（颈静脉血）1 500 毫升，5% 葡萄糖液 3 000 毫升静脉输液，坚持 2 天治疗后，中暑症状明显好转，吃喝、大小便恢复常态，仅发现双目失明。按常规疗法，眼药水点眼，每日口服中药“清肝明目散”1 次，连用 3 天，视力没有转好，邀作者到该市会诊治疗。作者接受了这个从未经历过的新问题。经认真体检和观察病马自己会不会走出舍门，结果是盲马撞墙。同时请使役员驾马车使鞭指挥上下进出大土坑时，使役员反映：患马的确失明了。到底失明的原因是什么？作者分析可能是受高热，眼底黄斑或视网膜充血、水肿，才引起视力障碍，导致一时性失明，按中兽医诊断，称为“黑内障”。

2. 病例诊疗经过

根据黑内障的发病原因，有资料介绍可能与视神经一过性麻痹有关。故作者设计出一个完整的“五日疗法”方案，看看是否有效。

（1）硝酸士的宁：每日肌内注射 1 次，每次 10 毫升，连用 5 天。

（2）热藏鸡胚组织液：每日肌内注射 1 次，每次 30 毫升，连用 5 天。

（3）碘化钾粉：每日 1 次加水 5 千克自饮，每次 5 克，连用 5 天。

（4）每只眼垂睛穴（在眼眶上方的颞窝处）注入氢化可的松 20 毫升与青霉素 80 万单位混合 1 次注入。5 天内只在第一天使用，以后 4 天停药。

疗效观察：

第 1 天：无明显疗效。

第 2 天：用拌料棍在马眼前举起晃动，马即向后退一步，说明眼有一点视力，已有初效。

第 3 天：视力已恢复 60%。

第 4 天：请饲养员将马松解缰绳，马自己会走出槽屋门外。又请使役员驾马车到大土坑上下活动，据使役员说，外眼已复明 90%，里眼已复明 100%。

第 5 天：彻底痊愈。

3. 病例剖析与体会

（1）作者首次对中暑后双目一时性失明试用“五日疗法”取得了治愈的经验之后，回浚县又遇到1头驴、1头牛也有一时性失明的病例，也用“五日疗法”取得了良好疗效。

（2）本病例用点眼药，内服“清肝明目散”共7天治疗未能达到复明的预期疗效，失明第8～12天，采用“五日疗法”获得痊愈，认为是一个特例。

（3）“五日疗法”的药理作用与组合思路是：

①硝酸士的宁可兴奋神经系统，改善视网膜、视神经的调节机能，是本疗法的主药。

②热藏鸡胚组织液或胎胚组织液是人用产品，它是根据苏联眼科权威费拉托夫教授提出的“组织疗法”，可使瘢痕组织软化、促进组织恢复常态有良好作用。

③碘化钾：是一种变质剂，可将不健康的组织变为常态组织。

④氢化可的松：是肾上腺皮质酮制剂的一种，有抗炎、抗过敏、抗渗出等作用，可改善神经代谢功能、促进神经机能的恢复。

八、*驴怀骡产前厌食症*

1. 病例基本情况

郑州牧业工程高等专科学校动物医院收治了1头母驴，身怀骡驹已3个多月，已经3日拒食，体温正常，精神委靡，口色淡红、大便量少而干小，饮水较少、心音亢进、不喘不咳嗽、胃肠音减弱、运步不认异常。初诊为消化不良症，每天输液1次，内服健胃药坚持3天毫无效果，奇怪的是腹围加大，在剑状软骨后方做腹腔穿刺放出腹水为漏出液，清澈透明，直肠检查，胎儿无异常变化，无结粪阻塞，认为是腹水症，注射强心利尿剂如10%樟脑磺酸钠，继续内服健胃剂3天仍然无效，院长就邀作者会诊，初诊为驴怀骡产前厌食症。

2. 病例诊疗经过

（1）临床检查：体温正常、营养欠佳、胃肠音弱、心率62次/分，呼吸系统不认异常，查检已怀孕3个月，胎儿尚存活，便干，卧多立少，精神不振，尚能自主运动，就是不吃少饮，口色淡红，口舌滑利，舌面有白色薄苔。

（2）治疗方案：

①每日内服“芩芍散”1次，处方如下：黄芩25克，白芍25克，当归35克，党参30克，土白术30克，陈皮30克，厚朴25克，砂仁20克，青皮15克，广木香25克，茯神30克，山楂40克，神曲35克，柴胡15克，龙胆草25克，泽泻20克，甘草10克，水煎后待温，经鼻投服，连用4天。

②50%高渗葡萄糖液500毫升静脉输液，每日1次，连用4天。

③每日牵遛运动，不少于3小时。

疗效观察：第一天想吃食，但不进食。第二天开始少量采食，饮水增加。第三天采食量为正常量的30%，精神好转，粪便不干成软粪球状。第四天采食、饮水，精神及全身体检基本恢复常态，疗效显著。第五天停药观察。第六天基本痊愈出院。

3. 病例剖析与体会

（1）驴怀骡产前厌食症在河南省曾一度流行。据群众反映，骡子比驴个体大、寿命长、干活有力，采食消耗量比马驴少，但不会繁殖（通常繁殖率在1～2头/万头）。就是驴怀骡产前厌食症较多，原因不详，而马怀骡发病率很低。作者在浚县诊疗本病中摸索出自配的“芩芍散”，输高渗糖液，每日牵遛运动方案大大提高了治愈率。

（2）本病的病因探讨：中西兽医都有相似看法。

①有的中兽医认为是一种“胎气”之症，主要是由于本地母驴个体小，性格温顺，不如马的活动力强，人工配种的精液来源于优良种公马，个体大，活力强，按“杂交优势”理论，胎儿生长发育快，个体大，胎儿急需大量营养物质，但母驴的日采食量本来就少于马，导致母驴消耗自身的营养来供应胎儿生长发育的需要，导致肝气不舒，胃肠功能低下呈现厌食症状。

②有的西兽医认为是一种“妊娠毒血症”的表现，与品种遗传性、种间杂交等变态反应性有关。即胎儿常因杂交优势、代谢旺盛，代谢产物如某些有毒物质被血液吸收，导致胃肠功能紊乱所致。

（3）通常人们认为骡子好，一旦驴怀了骡驹，就让其多吃精料。按中兽医古训认为“料大生热、热大生毒”、“毒大伤仔”。西兽医一看不吃，就怕流产，为保证母驴的营养所需，每日1次输液补养，如果还不吃草，就改为每日2～3次，以保证骡驹不出问题，其结果是输液供养量越大，母驴自身的营养需求一旦达到满足，就更加不会采食，加上饲养人员认为几天不食，怕运动后会消耗体能，怕骡驹减少了营养供应量而早产或流产，就将其拴在木桩上，不让其活动，这样，胃肠机能更加虚弱、低下，即使用健胃药，胃肠内很少有食物，又谈何助消化呢？久而久之，胎儿及母体营养状况呈恶性循环的不良状态，最后母驴病危，骡驹提前产出或体弱或死亡。作者治病方案可克服上述的不良后果，故疗效快而显著，自认为是有一定道理的。

九、骡急性出血性结肠炎

1. 病例基本情况

某县兽医收治了农科所一头骡子，突然高热，出汗，疝痛，屙血便，不知道是什么病，因为在当时全国某些省市和河南北部都发生了这种奇怪的疾病。此病发病快，死亡率几乎高达100%。中国农业大学、解放军某大学、各省有关科研人员及基层兽医对本病发生原因都非常重视并进行了探讨，其中有报道说，采用24小时连续不停地输液（滴注），配合2%普鲁卡因50毫升静脉封闭疗法等药物治疗有一定疗效。

2. 病例诊疗经过

（1）主诉及现在症状已如上述。

（2）治疗：5%葡萄糖氯化钠液24小时连续滴注，40滴/分，配合输入维生素C、肌酐、抗生素、安钠咖；安络血20毫升肌内注射，每日2次，连用3天；口服复方新诺明25片，加等量碳酸氢钠片，2次/日，连用5天。疝痛时于输液中加入2%普鲁卡因50毫升静脉注射。经过5天抢救治疗获得了痊愈。

3. 病例剖析与体会

（1）本病的病因，各地说法甚多。最后统一为大肠杆菌菌系紊乱所致。

（2）作者见过不少这种疾病，凡死亡的马骡均进行剖检，特点是结肠中有某1段或几段肠管明显呈现弥漫性水肿、出血，肠腔内充满血水，但出血段两端的肠管则无出血的病理学变化。由于出血性结肠炎，故生前呈现疝痛剧烈，出大汗，体温升高，一过性血便等症状，甚至因突然发病，有的仅1～2个小时就死亡，来不及治疗的情况很多。

（3）近年来，由于农业机械化程度提高，马骡数量剧减，役力减轻，饲养条件及营养水平已大大改善。故此病当今极少见到。

十、马后肠系膜动脉瘤引起疝痛

1. 病例基本情况

滑县兽医院主治兽医尚某给作者打电话称，有一匹病马，因不食，慢性疝痛治疗两天毫无效果。当时初诊为便秘疝。采用油剂、大承气汤加减灌服，能排便，不干燥，也不肚胀。在不能确诊的情况下请作者会诊治疗。

2. 病例诊疗经过

（1）临床检查：体温正常，呼吸系统不认异常，疝痛时拒食，不痛时少食，可视黏膜充血、口干舌燥，胃肠音时高时低，不腹胀。大便呈球形，附有黏液，尿少而黄，心跳78次/分，心律不齐。

（2）直肠检查：未发现结粪阻塞肠管现象，内脏及子宫、膀胱触诊无病变，当手掌向背后上方触摸大动脉时摸到一个拳头大小的后肠系膜动脉瘤，瘤体有波动，波动频率与脉搏频率一致，找到了发生疝痛的根源。

（3）本病在兽医学上为不治之症，建议淘汰，如果按人医的先进技术，可进行动脉瘤摘除手术疗法，所花手术治疗费远远超过病马本身的经济价值。

3. 病例剖析与体会

（1）病例进行放血急宰后检查，证实为后肠系膜动脉瘤，并发现有两处与小肠连接供血的肠系膜小血管被虫体阻塞，导致患肠段缺血，失去正常的蠕动。同时在大结肠内发现许多线虫，长 2 ~ 3 厘米，呈白色，经寄生虫鉴定为戴拉丰线虫。其他脏器与组织未发现明显病灶。

（2）本病引起疝痛的主要原因是肠系膜小动脉梗死，导致某小肠段缺血，不能正常蠕动，而患肠上段的正常肠段则痉挛性收缩，可导致疝痛症状。

（3）本病的真正发生根源是大结肠内寄生的多量戴拉丰线虫，它是成虫，其幼虫阶段于血循环中，并钻入血管壁内寄生，引起动脉壁增厚。由于动脉壁弹性减退，在动脉压作用下，血管壁扩大，慢慢形成了一个动脉瘤。本病例的大动脉瘤发生在后肠系膜动脉上。此外由于小动脉细小，被虫体幼虫阻塞或寄生在管壁组织内形成血流不畅，肠管缺血，引起肠痉挛导致疝痛的发生。本病必须与常见的痉挛疝或便秘疝鉴别，痉挛疝常发生于受凉或空肠饮冷水过多引起小肠痉挛性收缩所致。注射止痛剂或阿托品可立即停止疝痛而痊愈，便秘疝以草结阻塞肠管导致排气困难，肠臌气引起气胀疝痛，灌服泻剂，大便通畅，疝痛立即停止。本病例很少见，也是用药物治不好的病。

（4）动脉瘤摘除术，必须具有一台“体外血液循环机”，手术前必须把动物瘤两端的血管闭锁，血液通过体外循环，造成动脉瘤段的动脉无血液通过，再摘除动脉瘤，缝闭破裂的血管创口。术毕，解除血管瘤两端暂时夹闭的动脉，使血流正常运行。不过此项手术复杂，手术费高昂，动物价值低，无实际采试意义。

十一、马广泛性大结肠阻塞

1. 病例基本情况

河南省浚县新镇镇一匹老年黑马，患广泛性大结肠便秘疝，中兽医称“满肠结”，在该镇兽医站服泻药，输液，打止痛针 3 天不排粪，轻度肠胀气，畜主想转院到县兽医院治疗，路过卫贤乡兽医站又肚痛不食，又灌服油类泻剂、打止痛针 1 天仍不排粪，路经巨桥乡兽医站又服泻药、输液、打止痛针还不排粪，最后勉强牵到了县城，由作者主治。

2. 病例诊疗经过

（1）临床检查体温正常，结膜树枝状充血，口色淡红，口津液少而黏腻，舌燥有薄苔，慢性腹痛，肠管虚胀，胃肠音消失。直肠检查，整个大结肠及盲肠内充满坚硬结粪。

（2）治疗：考虑到用一般治便秘疝的方法已服泻药及油剂 3 次，一直不排粪，作者即采取了直肠内隔肠引针注射 25% 硫酸镁多点注入大结肠内，共用药液两洗脸盆，药量约 8 千克，计划在容积性泻剂——硫酸镁直接作用于大结肠的粪结块内，然后在直肠内入手到小结肠，隔肠按压结粪处。希望结粪能排出体外，可等待 1 天后此法又失败了。最后开腹切开大结肠，慢慢取出结粪达 15 千克之多，术毕，坚持7天支持疗法，补养补水，抗菌消炎获得了痊愈。

3. 病例剖析与体会

（1）广泛性大结肠便秘疝比较少见，结粪阻塞面积大，长度长，用常规疗法通常疗效不显著，作者常用直肠内引针粪球注射法，也无效时必须开腹取结。

（2）直肠内引针粪球注射法对治疗大、小结肠便秘疝的结粪都是一种有效的破结治疗方案。操作方法如下：

①针具准备：取硬质胶管80～90厘米长，与听诊器胶管一样的粗细度，管的一端用16或14号针头1枚、针座插入胶管口内，外用缝合线缠绕固定针座，另一端除去针杆，将针座插入胶管口内，针座口朝外，也用缝合线缠绕固定针座。

②以右手持针具，将针头隐藏在拇、食、中三指间，按直肠检查方法，将针隔小结肠刺入大结肠内向结粪块注药，然后抽出针头及胶管，以右手再进入直肠至小结肠内，隔肠按摩大结肠内的结粪块。

（3）开腹取结术按常规方法于左右侧腹部各切1个腹壁切口，打开腹腔再分别切开大结肠阻塞部，取出结粪后，再按常规操作程序关闭腹腔。

十二、骡慢性脑室积水症

1. 病例基本情况

浚县城关乡某村1头红褐色大骡，因食欲减少、精神沉郁前来浚县兽医院门诊部就诊，邀作者给予诊治。

2. 病例诊疗经过

（1）临床检查：精神不振，眼无精神，半闭半睁，似睡眠状。对周围环境似不辨认，对熟习的呼叫也缺少反应。头低下，行动与知觉紊乱，给其吃草就嚼上几口，立即停止，草挂在口角外，给一桶水让其自饮，一头伸入桶底，由于鼻孔进水又马上抬头，表现无意识状。站立时，前肢互相交叉，长久不知变换，作者有意将其右前蹄放在左前蹄上，维持此种不正确姿势甚久，耳的活动与平时不一样，倾听声音，不能用耳调动，而用头转动或两耳的运动左右不等。牵引行走时，则不顾障碍物，常绊于其上或不正确地超越障碍物。四肢运动呈涉水样，体位姿势不自然。用手摸前额、鼻端上部，或用脚踩踏蹄冠部时，患骡毫不介意。瞳孔缩小或有时散大，对光线刺激也不发生反应。脉搏减少，每分钟20～30次，且不整齐。呼吸缓慢，每分钟7～9次。肠蠕动音弱，便秘。体温正常。确诊为慢性脑室积水症。

（2）治疗：本病过去治疗疗效较差，呈缓慢恢复过程，后改进施用中药升麻汤加减方，配合西药疗法，对本病的疗效甚好，现介绍如下：

①中药处方：升麻18克，桔梗、菊花、蝉蜕、金银花各30克，茯苓、车前

子、川芎、苍术、猪苓、泽泻、竹叶各 24 克，清半夏 18 克，白芷、薄荷各 15 克，天麻 12 克，灯心草 9 克，细末灌服或水煎经鼻胃导管投入食管内内服，隔日 1 次，连用 3～5 次。

②20% 甘露醇 750 毫升（每瓶 250 毫升），缓慢静脉注射，每天 1 次，连用 2～3 次。

③静脉注射 10% 磺胺嘧啶钠注射液每次 120 毫升，每日 1 次，连用 5 天。

④40% 乌洛托品 80 毫升，一次静脉注射，每日 1 次，连用 3 天。

⑤便秘时，投入盐类泻剂如大黄苏打片加硫酸钠或芦荟制剂。

⑥给予易消化的青绿饲草，饮小米汤，加强专人护理工作，防止跌倒损伤。

3. 病例剖析与体会

（1）方中的升麻、菊花、白芷、茯苓为治疗本病的要药，不可缺少。若无天麻时，可以不加，对疗效影响不大。

（2）慢性脑室积水又名慢性脑水肿，或称眩晕症，是一种脑的慢性无热性疾病，多发生于马、骡，其他家畜很少见。

（3）发病原因较复杂，但有一个共同的病理学变化，即大脑的枕叶异常膨隆，压迫四叠体，使脑导水管（中脑导水管）狭窄，在大脑侧室中积留大量脑脊髓液。此种现象多发生在精神兴奋、剧烈劳役、呼吸困难以及外界温度突然增高等情况下。也有由急性脑炎、脑充血、脑肿瘤、脑外伤或脑寄生虫继发的。近几十年来由于骡马饲养头数锐减，本病发生率明显降低。

（4）在鉴别诊断上，传染性脑炎麻痹型，体温升高，有传染性，肢体瘫痪者较多见。中暑时为突然发病，体温升高，出大汗则与本病症状大不一样。此外本病的发生原因，常由于继发因素引起的疾病较多，故应找出病因，才能根治本病。

十三、新生马驹溶血病

1. 病例基本情况

浚县城关乡某村一匹母马产下 1 匹马驹，枣红色，3 日龄时突然不吃奶，精神不振，怕冷。邀作者出诊治疗。

2. 病例诊疗经过

（1）临床检查：体温正常，精神委顿，两眼无神，畏寒，嗜眠状，一受声响则惊厥或角弓反张，黏膜苍白，黄染，尿色发红，尿量减少，黏稠似豆油状。初诊为新生马驹溶血病。

（2）治疗：停止喂母乳，找另一头哺乳的母马做“干娘”或人工哺乳来供应营养需求，并立即输血。输血方法如下：

①血型鉴定：由于马的血型及亚型有几十个，故购不到标准血型抗原，同时

测定程序也较复杂，按经验及资料介绍，马不做血型鉴定也可以，为防止输血反应，作者以同种健马给病马输血一般未发生意外情况，为了使其更保险，作者在输血时，采用生物学试验法，即先少量缓慢将供马血少量、缓慢滴注后，观察有无肌颤、增温等轻度输血反应，如果有反应可立即停止输血，很快会恢复常态，不会危及生命。如果无反应可按常规完成输血任务。马驹的 1 次性输血量为 100 ~ 200 毫升。

②抗凝剂的使用：通常按 3.8% 的比例使用枸橼酸钠（柠檬酸钠）3.8 克，鲜血 100 毫升配制，也可使用5%氯化钙注射液 100 毫升加鲜血 400 毫升比例配制即可。

③采血方法：首先用一个经消毒过的 500 毫升输液瓶，加入少量抗凝血剂，使瓶内各部位都含有抗凝血剂附着后，将多余的冲洗药液倒掉，防止因采血时，因低渗的原瓶内的水液将红细胞膨胀，破裂。然后再用放血针头于供血马颈静脉上穿刺放出血液，将输液瓶倾斜 30°角，慢慢接血于玻璃瓶口内沿壁下流至装有抗凝剂的玻璃瓶内，同时手拿玻瓶边接血边轻轻摇动，使血与抗凝剂充分混合，不会因血流直入瓶底或过于摇动导致血中含有气泡。采血结束后，盖住瓶盖备用。

④输血方法：可使用一次性静脉输液器，但由于配备的针头太细，接管也细，开始输血时比较顺利，停不了多时，红细胞积压一起易发生针头阻塞，血不进入受血动物的静脉内，故提前将细针头改换 1 个粗针头，则血流通畅，不会阻塞。

3. 病例剖析与体会

（1）本病在临床上时有发生。主要见于初生幼驹喂初乳后数日间发病，这种病是以黄疸和血红蛋白尿为主要特征的免疫溶血性疾病。其病因主要是遗传因素造成的。

（2）根据症状可做出初步诊断，也可辅以红细胞凝集反应阳性加以确诊。

（3）以后母马再次发情配种时应更换另一头种公马，可能有预防本病发生的作用。因为本病可能与种公马的遗传基因有着密切关联。

十四、驴破伤风针刺疗法

1. 病例基本情况

浚县城关乡某村 1 头怀孕 3 个月的母驴，因采食时发出猪吃食时的“吧喳”声响，行步时全身发紧，运动不自如。来浚县兽医院就诊，由作者主治。

2. 病例诊疗经过

（1）临床检查：牙关很紧，口开二指宽，闪骨生瘀、耳竖尾直、腰背强硬、关节不太灵活，后肢有一伤疤未愈。确诊为破伤风。

（2）治疗：作者听说有位老兽医用祖传的针刺疗法，不用任何药物共治疗马骡破伤风 11 头，治好 10 头，其针刺方法被滑县部分兽医学到后也治疗过马、骡破伤风 3 头，治愈 2 头。作者为了证实针刺疗法是否真有效即与畜主协商进行针刺疗法，医疗费全免，经同意后开始治病。其具体方法是：

①将病驴拴在六柱栏内。只准备 1 枚小刀针。小刀针可以采用一根缝麻包的缝针将针尖烧红，打成小刀状，然后磨光粗糙面，使刀刃锋利；再回炉烧红，迅速放入冷水中使其具有钢性。

②第 1 天：用小刀针刺透所扎的每个穴位，以挑破皮肤即可。不论出血与否，两体侧分别为左侧 75 针，右侧 75 针，共计 150 针。

首先在耳根前、后、左、右共扎 4 针，从耳根后顺序扎伏兔穴及九委穴（共 9 针，即前前委、前中委、前后委；中前委、中中委、中后委；后前委、后中委、后后委），再沿颈、胸、腹的最长肌下缘皮下每隔 4 指扎 1 针（具体部位可用手掌，横放于脊背最高处向下一正一反两手掌处即是扎针部位），再扎后肢邪气、汗沟、仰瓦、千蹬 4 穴以及百会、巴山、大胯、后蹄穴。最后扎前肢抢风、胸膛、前蹄穴。

第 2 天：再按第一天的线路和程序扎针，不过入针点必须在第一天的入针点向后错位一指远的距离。

第 3 天：停止扎针 1 天。

第 4 天：与 1～2 天一样，只是入针点改为第二天向后错位一指远的距离。

另一侧也以上述方法同时进行扎针，故第 1 天共扎 150 针，第 2 天及第 4 天也每日共扎 150 针。

（3）扎针后的饲养管理措施：

①用棉花将患驴 2 个外耳孔塞住，减少外界声响的刺激（因本病怕受惊恐）。

②用毛巾或黑布将患驴双眼遮盖住（因本病怕光）。

③每日喂谷草，吃炒黑豆（可活血、减少口黏滑利现象），食后任其自饮温水。

④在单间屋内，中央钉 1 个带环的铁桩，将拴驴的缰绳与铁环连接一起，饲养员专职观看病驴是否一直在做转圈行走活动（便于提高关节灵活性，防止肌肉僵硬）。

（4）疗效观察，1～12 天，除第 1、2、4 天 3 次扎针外，均按特定的饲养管理要求进行护理，未用任何中西药物。第 13 天后已基本恢复健康状态，口开四指（最大五指），为了帮助消化，第 14～16 天灌服 3 剂健脾活胃中药，第 18 天彻底痊愈出院。出院后相隔 7 个月追访，生下一头健康的小驴骡，畜主和群众特别高兴。

3. 病例剖析与体会

（1）针刺疗法的治病原理：按针刺穴位是舒筋活络，调和气血，气推动血，血带动气，经络通畅，百病能消。也可以说，“治风先活血、血活风自灭”这自古以来医者都公认的科学道理。作者还专访了那位老兽医，问针刺疗法为什么能治病。他说可能是每天150针，3天共450针必然要出不少血液，他认为是放出毒血，然后体内会产生新鲜血液，故换血去毒而治愈。不管上述理论是否正确，作者认为都有一定道理，今后可以试用更多的病例和进一步用科学的方法加以深入探讨和研究是十分必要的。因为破伤风病是一种由破伤风梭菌引起的难医的传染病之一，死亡率较高，用“精破抗”等中西药物治疗花医药费太多，如果仅以针刺疗法能治好本病真是一件大好事，又可进一步地发掘祖国中兽医的宝贵遗产。

（2）作者曾将病例治愈的体会转告河南农业大学兽医同行，该院兽医也采用此法，治疗1头骡子疗效甚好。

（3）河南省清丰县某主治兽医按本法曾给猪、羊破伤风病畜做过“针刺疗法”，也认为有较好疗效，同道们可以共同探讨，加以推广。

十五、孕母马“胸结肿”

1. 病例基本情况

浚县卫贤乡某村，一匹孕母马已怀胎3个月，该患马因胸前肿大非常坚硬，肿部发热，体温稍高、少食，经当地兽医采用对症疗法，注射10%复方氨基比林20毫升，每日肌内注射油制青霉素1支（300万单位1支），胸前肿胀处涂抹鱼石脂软膏，1次/日，坚持15天毫无疗效，不知是什么病。他们不敢确诊，故邀作者会诊。

2. 病例诊疗经过

（1）临床检查：体温39.6℃，结膜黄染，口色也黄染，胸前硬肿明显，肿块大小为30厘米×25厘米×15厘米，很坚硬，触之发热，无明显痛感，腹下及腿部轻度水肿，采食、饮水少量，直肠检查未发现脏器及肠管、膀胱有异常变化，子宫内有胎儿约3个月。初诊“胸结肿”。

（2）治疗：由于真正病因不清楚，只能对症治疗，因为此病名在中兽医有关资料中已有记载，如山西省名中兽医裴耀卿老先生曾出版的《中兽医经验集》一书中有专治“胸结肿”的中药经验处方，作者借用该方共口服3次（1次/隔日），并没有用任何西药，获得了痊愈。此方称“昆布海藻散”，据书中介绍，此方有一定毒性，孕畜使用可能要引起流产，故投药前作者向畜主说明用药意图，因为已使用过抗生素等药物已15天不效，只能用中药治疗，但有流产的可能。由于畜主认为只要能保证大母马的生命，即使不能保护胎儿，发生流产与医者无关。同意开方抓药处理。

昆布海藻散处方如下：

昆布 30 克，海藻 30 克，金银花 30 克，连翘 30 克，蒲公英 30 克，酒黄连 15 克，酒黄芩 18 克，酒黄柏 30 克，酒知母 30 克，酒栀子 30 克，桔梗 15 克，木通 15 克，醋香附 30 克，广木香 15 克，苍术 15 克，炮甲珠 30 克，皂刺 30 克，荆芥 15 克，防风 15 克，甘草 15 克。水煎后，童便（5 岁以内小孩的尿）1 碗为引，待温后内服，如细末灌服时，皂刺必须水煎后混合内服，每隔日服药 1 次，共 3 次可以痊愈。

疗效观察：服第一剂中药后，第 2 天孕母马流产，服完 3 剂中药后，胸前肿硬块全部消失，体温正常，体表轻度水肿消失，结膜黄染消失，采食、饮水接近常态而基本痊愈，建议再休养半个月，如再发情可以配种。

3. 病例剖析与体会

（1）本病只见过这一例，至今还不真正明了其发病原因，按中兽医定的病名称"胸结肿"，但并未阐述其发生病因及机制。作者仅按中兽医"疮癀论"所述，气血不足易生疮、气血过盛易生癀，癀可分为易致命的癀，如腰肾癀、心癀、胸前癀、肠癀等，特点是在体表或体内呈现发热的硬肿块及体温升高等全身症状。而非致命的如肚底癀等，即西医称谓的皮下水肿等。那么从西兽医角度去分析，很像炭疽痈，如为炭疽病，为什么只有这一个病例呢？为什么没有肠管炭疽痈呢？为什么用青霉素不能治好细菌性引起的炭疽疾病呢？上述问题有待专家和同道们帮助分析。

（2）"昆布海藻散"是山西最有名的中兽医总结的经验方。作者采用之后，的确达到预期的治愈目的。

十六、新生骡驹膀胱破裂症

1. 病例基本情况

河南省扶沟县兽医院 1 头新生公骡驹，5 日龄内一直不见排尿，治疗无效，邀请作者会诊治疗。

2. 病例诊疗经过

（1）主诉：产后 5 天内，新生骡驹一直未见排尿，每日能吸吮母乳、胎粪已排尽，精神一般，腹围稍大，行动迟慢，曾施用利尿剂、消炎剂多次，无效。

（2）临床检查：体温 38.9 ℃，心跳 72 次/分，呼吸 28 次/分，腹围增大，从脐部向外流滴液体，嗅之有尿腥味，用导尿管导尿时因插管有困难，未导出尿液，以食指指检直肠底部，未发现异常变化，粪便稀软，无脓血和黏液。无尿路结石症状，故与畜主协商，进行剖腹探查。

（3）手术操作程序：仰卧保定、全身浅麻配合术区浸润麻醉，皮肤切口选定在脐下与耻骨联合前方 4 厘米处的腹直肌旁（避开包皮囊），长度 10 厘米。钝性分离各层腹肌，切开腹膜，暴露腹腔。随即发现约 2 500 毫升的腹水向体外流出，嗅之有尿腥味，再触诊膀胱，腔内空虚无尿，尽量用力牵拉膀胱，发现膀胱中下部有一个细香头大小的破圆孔，直径约 0.25 厘米。按常规处理方法应将膀胱破孔进行缝闭，但考虑到产后骡驹不正常排尿，说明尿路不通，故必须采取其他方法加以处置。

作者灵机一动，想出了一个解决问题的办法，即令畜主到自行车修理铺，购回 1.5 米长的自行车气门芯胶管，将胶管一端用手术剪剪成“十”字形，分成四瓣胶皮片，向膀胱破孔内插入腔内，术者右手拇指、食指夹住穿有 7 号缝合线的圆刃直针刺入圆破口外 1 厘米处，使针进入膀胱腔内，并使针头调转 180°，并向膀胱外穿出，注意膀胱内的缝线，必须压紧某一个胶管 1/4 的皮瓣，其他 3 个皮瓣，也用上述缝合方法，将各个皮瓣压紧，最后由术者左手食指在原破孔四周触诊，确定 4 个皮瓣确实被压紧后，再分别进行结扎，剪除多余的线头，保证膀胱内的 4 个胶皮瓣牢固固定在膀胱内，使尿液流向胶管内，并同时将人工膀胱切口，先进行连续缝合，再作内翻缝合，确定原破孔与人为破孔不再渗尿液于腹腔中，并小心将游离于腹腔内的胶管引入皮肤切口外，再将腹膜，各层腹肌与皮肤分别进行结节缝合，但必须保证胶管不被周围组织挤压，保证从膀胱内新产生的尿液能顺利经胶管排出体外。如果皮肤外保留的胶管过长，可适时保留 2～3 厘米的长度。

（4）疗效观察：由于采用气门芯胶管作为体外引尿的工具是作者首次初创，其疗效如何当时把握不大。故在临走前要求该兽医院加强饲养管理，术后肌内注射抗菌消炎剂 7 天，肌内注射“精破抗”预防破伤风，术后每日涂碘酊，防止术部感染，卧铺保持清洁、卫生。以后时隔 11 天，该县兽医院给作者来长途电话，说术后每日能从胶管外排除尿液，全身情况日渐恢复健康状态，奇怪的是术后 11 天开始，发现尿液不从胶管排出，而是从正常尿路排出，提出是否要拆除胶管。作者提议再观察 2 个月，如无异常变化，可终生保留，此后共追踪观察半年并无大碍，说明这项初创手术是成功、有疗效的。

3. 病例剖析与体会

（1）本病例由于导尿工作遇到困难，又未发现有尿路结石症的体征，故至今未能确切诊断为什么产后尿路不通。其膀胱破裂则可解释为膀胱积尿、充盈、扩张，最后导致破裂。

（2）本手术适合大猪、大羊等大动物膀胱破裂时使用，因为膀胱与体表间距较远。

（3）如果因为膀胱或尿道结石导致不能排尿，又伴发膀胱破裂时，可开腹缝闭膀胱裂口，同时在肛门下方阴茎 S 状弯曲处进行尿结石摘除术，这样才能根治排尿问题。

（4）在临床上小猪因尿道结石伴发膀胱破裂者较为多见，我们免去了尿结石摘除术，仅开腹将膀胱裂口周围组织与皮肤切口组织进行圆周形连续或结节缝合后，使尿液从膀胱破裂孔直接排除体外。原因是小猪的膀胱距腹壁较近。

（5）按病理生理学知识可以解释为什么 4 片胶管皮瓣在术后能长期在膀胱内固定不动，主要是机体对体外植入的缝线与皮瓣进行细胞浸润反应，被结缔组织细胞包埋之故。

（6）为什么术后 11 天突然尿路畅通，腹下胶管又停止排尿呢？其推理如下：①可能因为病骡驹生长发育将胶管压扁或尿内矿物质在细小的胶管内过多存积，均会使胶管闭塞不通，使尿液又蓄积膀胱内，在膀胱内压增大时将原来阻塞的尿道栓子冲出体外，使尿路恢复常态。②由于病骡驹发育良好，尿路管腔比产初发育扩大，可能使原来的尿道填塞栓子松动排出体外后，使尿路又恢复了正常畅通的状态。

（7）如果母畜发生膀胱破裂，因为母畜的尿道外口在阴道前庭部，离阴门很近，导尿管较容易插入膀胱内有利于确立诊断，操作方便。如有尿结石常可被冲击后促使结石外排，如并发膀胱破裂，也应同时做开腹缝闭膀胱破裂孔，以使病畜彻底恢复健康。

十七、马属动物患血液微丝蚴病

1. 病例基本情况

淮阳县兽医院主治兽医潘春台和作者一起带领郑州牧业工程高等专科学校 12 名实习生实习，从疑似马传贫作血检吞铁细胞的高热病畜血液中，从跛行或风湿样病畜中抽检 88 头病畜，分别检验出血液微丝蚴和伊氏锥虫共 17 头，约占 19.3%。这就提醒我们，将不明原因的高热病和吞铁细胞阳性的病畜都定为马传染性贫血以及按传统的方法治疗跛行，风湿病，而不考虑血液寄生虫病，将会造成一些错误的判断和误治现象。我们针对这种易误诊的情况开展了临床观察和研究。

2. 病例诊疗经过

采用大剂量的敌百虫静脉注射治疗血液微丝蚴病获得了满意的效果。现将收治的 12 头病例介绍如下：

（1）检验方法：采用集虫法。此法操作方便，检出率高，而且只需一次采血，既可检验微丝蚴，又可检验马传贫的吞铁细胞，还能测定血沉值。即采患畜的静脉血 10 毫升于六五型血沉管内（管内加草酸钠 0.04 克），沉降 1 小时（每隔 15 分钟先测出血沉降刻度值），随即将血浆倒入离心管内，以 1 000 转/分的速度离心 1 分钟后弃去上清液，用白金耳环取 1 滴白细胞粥放于载玻片中央，再加盖玻片 1 张，用低倍镜暗视野镜检。当见到活动的虫体时，要注意是血液微丝蚴还是伊氏锥虫。前者的形态特点是虫体纤细，头尾两端均尖，不停地卷曲运动；后者的形态特点是比微丝蚴粗长，一端尖，另一端钝圆，做泥鳅样的游动。

（2）检验结果：对88例发热及风湿样疾病或跛行的马、骡、驴进行血液检验的结果如下：

检验头数	其中	微丝蚴	伊氏锥虫	吞铁细胞阳性	吞铁细胞与血寄生虫并存者	吞铁细胞与血寄生虫均阴性
88	头数	12	5	45	11	15
	占%	13.6	5.68	51.1	12.5	16.82

注：12头有微丝蚴的病畜中，马10匹，驴2头。

（3）临床症状：马血液中的微丝蚴是丝状线虫的幼虫，如果幼虫通过淋巴或血流进入脑脊髓硬脑膜下或实质中的病畜则病状较为严重。本病的主要症状是后躯或后肢运动失调。早期症状较轻，呈一侧或两侧后肢跛行，提举不充分，蹄尖轻度拖地，后躯无力，尾力减退，精神沉郁，凹腰反应迟钝，走上、下坡困难，不能负重。严重时意识障碍，不能行走，若强迫行走则后躯摇摆，或横行，蹄拖地前进（可能是腓神经麻痹）。有的神经呈兴奋状态，表现前冲、串槽，很少后退，或者犬坐姿势或以臀部依墙站立，有的卧多立少或消瘦无力。食欲不振，少食或拒食，少数病例体温稍高，可视黏膜苍白，略黄染，血中均可检出微丝蚴。

（4）治疗：采用贝尼尔、海群生、敌百虫三种对微丝蚴有杀灭作用的药物进行对比治疗试验，从中选出了敌百虫杀虫率最高，药价最低，疗效可靠，并能一并驱除胃肠道内的寄生虫（有1例同时驱出蛔虫20余条）等优点。

具体用药配方如下：

含糖盐水500毫升、10%樟脑磺酸钠20毫升（先静脉输入）；0.9%生理盐水500毫升，精制敌百虫5~6克（混匀后连续静脉输入），每日1次，连用5天为1个疗程。

疗效观察：通常1个疗程即可治愈，个别严重者，可停药2天后口服海群生，每日1次，每次150~200片，连服3~4天，然后再用上述敌百虫处方治疗1个疗程即愈，如有继发感染者可配合抗生素疗法，运动功能肌无力者也可配合肌内注射硝酸士的宁，每日1次，每次8~10毫升，连用3~5天。最后共治疗12头，治愈9头，其中马7匹，驴2头，治愈率高达75%。

3. 病例剖析与体会

（1）血液微丝蚴病是丝状线虫的幼虫引起的，寄生在血液和脑脊髓硬膜下和实质中。丝状线虫的成虫寄生在病畜腹腔中，虫体较大而长，肉眼一看便知。当微丝蚴侵入血液时症状轻微，一旦侵入脑脊髓中可出现明显的腰背强硬，后肢无力等症状，故本病又称腰萎病或摇摆病。

（2）在我国已发现的脑脊髓丝虫病的病原体是牛指形丝状线虫的幼虫，其中成虫在牛腹腔中，雌虫产出微丝蚴，蚊子（中华按蚊和雷氏库蚊）吸血时进入蚊体内，发育为感染性幼虫。带虫蚊吸牛血时就可感染健康牛，幼虫在牛体内发育为成虫。如果带虫蚊吸马血时就可感染马，幼虫进入马脑脊髓中生长发育，后停留在童虫阶段，即可引起马的脑脊髓丝虫病。本病有明显的季节性，多发于夏末秋初，一般为 7 ~ 9 月。

（3）预防本病应灭蚊，它是本病的传播媒介，对新生的马驹和引进的马，可用 20% 海群生水溶液肌内注射 50 毫升，每月 1 次，连用 4 个月，也可按 0. 1 克/千克体重的敌百虫口服驱虫或用海群生片，按 50 ~ 100 毫克/千克体重 1 次内服。当今可试用伊维菌素，按 0. 2 毫克/千克体重预防或治疗，每周 1 次肌内注射，共 123 次，有特效。

十八、马骡皮样囊肿

1. 病例基本情况

作者带领实习生赴淮阳县兽医院实习期间，收治了皮样囊肿病畜 2 头。一例为该县白楼乡朱庄村红公骡，1 年龄；另一例为大连乡大连村红母马，年龄 15 岁。这两头骡马均由外地购入，主诉：除皮肤上有肿块外，其他无全身不良反应。

2. 病例诊疗经过

（1）临床检查：肩前、颈侧等部位的皮肤上有大小不等呈串珠状的小结节，多为对称性，其他各项检查未见明显变化。结节以肩前、颈侧最多，腋窝、肘部也有发现。结节直径为 0. 3 ~ 2. 5 厘米。数量各部位不等，少则 1 个，多则 200 多个。形态多为球形或卵圆形，常排列成串珠状。结节表面有红色短而稀的被毛。触诊无热无痛。结节中央柔软触压有波动感，边缘则坚硬。切开结节呈囊状，其内容物为白色黏稠状物：内混杂有大量毛发，有时形成紧密硬结的毛球。

（2）治疗：进行外科手术摘除结节。

①术部剃毛消毒后做结节周围皮下 0. 5% 普鲁卡因浸润麻醉。

②于结节周围切开皮肤，钝性分离结节下的皮下组织，摘除了结节，皮肤对端缝合，术部涂碘酊。术后 7 天拆线，第一期愈合。

（3）返校后与病理教研组合作，做病理切片，并到河南医科大学做电子显微镜检查，确诊为皮样囊肿。其病理切片观察如下：结节为密闭的囊状物，由包膜、囊壁、囊腔和内容物所构成。包膜由结缔组织性的膜构成，囊壁与皮肤结构相似，即有类似表皮，真皮的正常组织结构，但层次不分明，角质层较明显。囊壁内可见到毛囊、毛发、皮脂腺和汗腺。囊内容物毛发很多，其构造不完整。囊内容物还可见到变性脱落的上皮细胞、胆固醇结晶和不定型的细胞分解产物。

3. 病例剖析与体会

本病例比较少见，仅见《中国兽医》杂志1965年第二期山东潍坊畜牧兽医学校兽医院谢宝玺撰写的“马皮样囊病1例”报告，但无发病机制及病理切片与电镜方面的资料论述。又据洛阳、周口地区有兽医反映，曾见过这种疾病，说明河南省有此病存在。

十九、大驴驾辕时不断用后蹄踢架子车

1. 病例基本情况

浚县巨桥乡某村刘某经常用驴驾辕，来回到县城拉架子车运货，但毛驴因病死亡，他在牲口交易会上又买了一头大驴，装好货后开始拉架子车，驴就以后蹄踢架子车，邀作者诊治，看看后肢发生了什么病。

2. 病例诊疗经过

经过全身检查，特别是两后肢及后蹄详细检查后，未发现任何异常变化，是不是蹄部有钉伤或有蹄漏病灶，又用检蹄器按压蹄底及蹄壁无疼痛现象，又排除了蹄病的可能性。是否有好踢人或踢物的坏习惯，即群众所谓的大牲口有“踢套撂包”、扒人、后踢等不良行为。作者随即令驴停止拉车，站立不动，不见后蹄踢动现象。最后作者明白了踢架子车的原因，是由于大驴个体大而身长，当驾辕前将驴倒退行步进入架子车两辕杆之间而后退至车箱木棍前，大驴很安静，不蹶踢，而运货前行后，两后肢碰到车箱前的车帮木棍上驴受到刺激后就用蹄后踢木棍所致。

解决方法：将两根辕杆加长，使后躯不触碰车帮木棍，彻底消除了后踢现象。

3. 病例剖析与体会

（1）作者在诊疗病畜过程中，如果全身检查没有发现可疑的病象后，首先应考虑饲养管理不善和使役用具不适宜，环境条件的突然改变常常会引起异常行为，必须耐心细致地寻找原因才能解决问题。

例如，门诊部来了一匹拉架子车的小型马，畜主告诉医者，马外出干活时都戴上铁笼嘴，马就不停地流口涎，看看是否口腔有病。经检查口腔一切正常，原来是笼嘴的铁丝网紧贴马的双唇，不断刺激唇部引起食欲感，口液增多而流涎，又经询问在家时因不戴笼嘴并无流涎现象，解决办法是将笼嘴加长，铁丝网不与马的双唇接触，流涎现象就消失了。还遇到一匹马，左前肢不停地抬腿、落腿，当地兽医检查患腿并没有发现异常现象。作者询问畜主，有无前肢扒人的坏习惯，他说经常有这种坏毛病，曾经请了一位调教人员，经处理后不扒人了，但又出现抬腿落腿的现象。作者将左前肢腕关节上方的长毛丛分开后，以手触诊皮肤，发现一圈用拉二胡的弦线勒紧前肢，将弦线剪断后上述症状消失了。还有一匹马因耆甲溃烂肿胀，经过消炎，换药治愈后，又去驾辕拉车，又发生同部位的溃烂肿胀，说明护包或马鞍太松，经常在干活时摩擦皮肤，导致创伤，经配备合

适的护包与马鞍后，再不发生此病。

（2）过去兽医看病不太注意应激反应对动物的影响，现今由于集约化饲养，已出现不少应激性疾病，如果不消除应激因素，不是看不好病，就是经常反复发作，例如运输应激病。大量用汽车装运家畜，长途运输，密度过大，一路缺水、站立不能休息，加上天气突然变热或骤冷，发生了应激性疾病，如果在运输汽车上装有饮水装置，注射一些镇静剂则发病、死亡率可大大减少。饲料应激病，如突然由软草改为硬草，胃肠调节机能失调而发病，应逐渐改变，使其慢慢适应新的变化。有些动物怕光、怕噪声，可将双眼用布掩盖住，双耳用棉花塞住外耳孔，以减少惊恐等应激性疾病的发生。

二十、骡大结肠骨盆曲结石

1. 病例基本情况

郑州市张兽医将一头患骡初诊为肠“便秘疝”，治疗2天无效，一直疝痛、不排粪，转入郑州牧业工程高等专科学校兽医院治疗。据张兽医介绍，第一天灌服泻药、石蜡油，打止痛针不见排粪，仍然疝痛，肚虚胀，不食。第二天不见疗效，又加灌“巴豆、二丑”等泻剂还不排粪。转入校兽医院检查心跳80次/分，呼吸30次/分，体温38.6 ℃，口色暗红、口干舌燥，有薄黄苔，胃肠音消失，肠轻度臌气，直肠检查未发现肠道有结粪点，先注射止痛剂、输液、灌服大承气汤泻药，仍无排粪，就邀请校多位名教授、系主任会诊，共3人进行过直肠检查，均未触及秘结的粪球，心跳加快，100次/分，病情严重，又灌服泻药1次，第3天还是不排粪，最后才邀作者会诊（因有事，第1次会诊未参加）。

2. 病例诊疗经过

临床检查：体温39.2 ℃，呼吸38次/分，心跳140次/分，口色暗红带紫，精神高度沉郁，呈病危状态，还有腹痛起卧症状；直肠检查发现在左侧后下腹部有一个乒乓球大小的圆形物，质地坚硬，用伸入直肠内的右手隔肠将阻塞物推移至左肷部，在助手协助下用封闭长针头向左肷部刺探坚硬物体，不能刺入阻塞物内部，在外可听到“当当”的金属碰撞音，确诊为大结肠骨盆曲结石。随即开腹取出骨盆曲内的结石，称重为465克。术后每日抗菌消炎，输液、强心、术部消毒处理，仍然不采食、少量饮水，并用吊马器使骡站在六柱栏内调养与治疗，第6天因吊马器的关系，患骡后肢无力，不能坚持站立，故解除保定，躺卧地上铺有厚厚的铺草上面，坚持到第7天才开始吃草，第8天开始排粪，能自立，慢慢牵遛行步，第11天术部拆线，创口一期愈合，第15天痊愈出院。

3. 病例剖析与体会

（1）为什么多人多次进行过直肠检查未找到肠阻塞的秘结点，而作者很快就找到呢？原因是由于结石看来虽小，但却有465克的重量，使其秘结的肠管下垂，如按常规入手触摸，通常不易摸到，原来作者有一个经验体会，如果为结石，可用手上下晃动肠管，好像一个人肩挑扁担，前后各一个水桶，只要肩不动，水桶不动，如果肩上下活动，则两个水桶就七上八下移动，当结石向上移动时，碰到作者直检时的右手，即可迅速隔肠拢住结石，解决了确诊的任务。

（2）确诊肠结石必须开腹取结，用其他内服下泻药、捶结术、粪结穿刺注药术等任何方法不会解除结石的排石难题。

（3）肠结石又称“马宝”，是名贵的中药材，作者曾遇到过同类结石病，手术取石后，小的250克，最大的2.2千克，马宝配朱砂有镇痉治癫痫等病的功效，据说每克马宝药价接近1克黄金，本例取出的结石，作为标本，放在病理实验室供学生实习观摩之用。

二十一、马大结肠沙石疝

1. 病例基本情况

浚县城关乡某村一匹马，据饲养员说，这几个月青草茂盛，喂青草，省干草又省料，马也爱吃，他们村为沙地，用手一拔，连根带沙土的青草饲喂很方便。近日来采食量减少，经常慢起卧，肚痛，当地兽医认为是消化不良，内服干酵母片，“胃肠活”等开脾活胃药，5天不见效，故邀作者诊治。

2. 病例诊疗经过

（1）临床检查：体温正常，胃肠音时高时低，口色淡红、口舌稍干，肚虚胀，直肠检查，发现大结肠下沉、肠内有气体，触诊大结肠内容物上下硬度明显不同，下端紧密发硬，疑似沙石疝。

（2）治疗：先用泻药试治，观察排粪情况，将粪便收集起来，经过每次称重，并从粪便中筛出含沙量达5%～10%。确诊为大结肠沙石疝，由于既往经验，内服多次容积性泻药，油类泻剂是不可能将大结肠内的积沙全部排完，故决定开腹取沙。以全身麻醉，常规程序进行，术部在左、右腹壁各开1个切口长35厘米。右侧暴露右下大结肠，肠切口长度为15厘米，用右手先取出右下大结肠宿粪及沙土，再向左上方通过盲结口，取出盲肠内的宿粪及沙土，再向右前方取出胸骨曲右侧的宿粪和沙土后，缝闭肠切口，再将右上大结肠与膈曲右侧注入25%硫酸镁液2 000毫升。注药后用手按压使宿粪与药液充分接触，最后缝闭腹壁切口；左侧腹壁切口在左下大结肠处，肠切口长15厘米，取出左下大结肠的宿粪及沙土，再向右后方取出骨盆曲及左上大结肠部分宿粪及沙土，向前方取出胸骨曲左侧的宿粪及沙土后，将肠切口缝合关闭。然后向左上大结肠及左侧膈曲注入25%硫酸镁液2 000毫升，注药后用手按压，使宿粪与药液充分接触，再将腹壁缝合关闭。

（3）手术后抗菌消炎、输液补养，补电解质、维生素 B_1、维生素 C，加入强心剂。每日 2 次，坚持 7 ~ 8 天。疗效观察：术后第 1 ~ 2 天，给予小米汤经胃导管投服。第 3 天开始排粪，无疝痛症状，第 6 天有食欲，吃几把草，能自饮小米汤，排粪由稀变软。第 8 ~ 10 天全身症状日见明显好转，第 13 天，术部腹壁皮肤第一期愈合，拆线。第 15 天痊愈出院。

3. 病例剖析与体会

（1）本病例必须以开腹取出大结肠内沙土或细石才能彻底解决沙石疝疾病。作者设计的腹侧两个切口，主要是因为积沙在右下和左下大结肠内较多。同时可解决前后取沙及宿粪的有效手术通路，操作比较方便，对膈曲，右上大结肠不可能直接取出少量沙石或宿粪，又可采取注入 25% 硫酸镁泻剂，加上直接按压肠管内的宿粪，为术后自动排出体外创造了良好条件。从疗效观察，只开 2 个 15 厘米的大结肠切口，对大结肠组织创伤较轻，有利于术后迅速恢复机体健康。

（2）郑州牧业工程高等专科学校曾有 1 匹阿尔登种公马，也发生拔青草长期饲喂发生了沙石疝疾病，但由于当时误诊，最后死亡。剖检发现大结肠内约有沙子重达 15 千克。

（3）诊断本病应根据直肠检查中发现大结肠内有紧密较硬的积沙感觉和排出的粪便中含沙量为 10% 以上者可以确诊。

二十二、骡马被大火烧伤

1. 病例基本情况

浚县巨桥乡某村饲养骡马 12 头，由 1 名老饲养员专职喂养，某年冬季，天寒地冻，在厩舍内烧柴火取暖，某一天，火星未全扑灭，饲养员关门回家吃午饭。谁知火星引着堆放在取暖旁的一堆干草，引发大火，当门窗有烟火时，才被过路的群众发现，但由于门上了锁开不开门，火越来越大无法救火。当饲养员打开厩舍大门后，因骡马都拴在木桩上，满屋烟火看不清楚，解开几根缰绳后，骡马在屋内乱跑不知道从哪里逃出门外，最后用镰刀割断缰绳，将后墙推倒，牲口总算全部逃出屋外。当时兽医立即抢救病畜，同时邀作者赶快前往相助。经现场检查，骡马鼻部及体表被毛不同程度地被烧掉，咳嗽，发喘，惊恐万状。其中三度烧伤 1 头，二度烧伤 10 头，一度烧伤 1 头。

2. 病例诊疗经过

（1）根据烧伤面积及损伤情况，将体表部分炭化的皮毛除去，首先用自配的烧伤特效药（冰片 1 份，黄丹 1 份，消炎粉 2 份加香油 6 份充分混匀）抹在患畜全身皮肤及鼻腔黏膜、口唇，先起到止痛、消炎、防止起泡的作用。

（2）输液：每头用 5% 葡萄糖氯化钠液 2 500 毫升，青霉素 300 万单位、链霉素 200 万单位、5% 碳酸氢钠 200 毫升（防止酸中毒），10% 安钠咖 15 毫升静脉输入，每日 1 ~ 2 次，连用 5 天。

（3）精制破伤风抗毒素，每头5万单位肌内注射，预防破伤风病。

疗效观察：第3天5头骡马开始采食、饮水，第5天又有6头骡、马采食，饮水。只有1匹马为三度烧伤，低热，不吃不喝，口鼻烧伤严重、鼻溃烂、流鼻涕，皮肤被毛80%烧光，皮肤炭化剥脱面积达50%。暴露出来的皮下组织及肌肉溃烂严重，经过协商后加以淘汰，停止治疗。下余的11头病骡、马通过精心医护，15天后基本痊愈的2头，20天后痊愈的4头，其余的30天以上才达到痊愈。

3. 病例剖析与体会

（1）烧伤发生原因是饲养员的失职，离厩舍前必须把火星全部扑灭才能离开，特别是火堆旁边放有柴草更不应该。

（2）特效烧伤药，古方中早有冰片加广黄丹之方，作者外加消炎粉是为了更好地防止皮肤及黏膜感染。此方配香油最好，其他植物油、猪油也可以，如果有獾油或新生乳鼠油都是治烧伤的良药。平时作者就将烧伤药存于大瓶内备用，一旦发生烧伤事故，特别是大批动物烧伤，可立即取药用油一拌，可迅速获得治疗。

二十三、骡大面积皮下淋巴外渗

1. 病例基本情况

滑县兽医院曾接收1头驾辕大骡，左侧腹壁因翻车受过外伤，皮下肿胀面积达整个左侧腹壁的1/2大小，高出于皮肤表面。采用三棱针不按穴位乱刺皮下，使皮下渗出液向外滴流，并在肿区涂2.5%碘酊，肌内注射抗生素，治疗7天毫无疗效。邀作者会诊。

2. 病例诊疗经过

（1）诊断：抽取皮下液体涂片，瑞氏染色，镜检，发现有多量淋巴球，诊断为淋巴外渗，而不是皮下水肿（无淋巴球），也不是皮下炎性肿胀血肿（有红细胞），也不是脓肿或皮下蜂窝织炎（有脓细胞）。本病是由于翻车，皮肤钝伤，但无破裂，导致皮下淋巴毛细管破裂引起淋巴液随皮下疏松结缔组织蔓延导致大面积皮下肿胀。

（2）治疗：本病用一般外科处理，抗菌消炎不可能解决问题，如果淋巴外渗面积小，可用纯酒精注入皮下或切开皮下组织填塞纯酒精引流条，使毛细淋巴管管口凝固，停止外渗，尚有一定疗效。但本病例面积太大怎么处理？作者想了一个治疗方案，即在全麻的情况下，一次性将肿区向前向后将皮肤切开，长约60厘米，然后钝性分离出皮瓣，充分暴露出皮下组织，见到蜂窝样的含多量的淋巴液体流出，并按中兽医方法，将大烙铁烧红，突然烧烙皮下组织，淋巴积液迅速外流，每次烧2~3秒，就拿起烙铁，再烧红烙铁又1次烧烙，这样以2个大烙铁轮流操作，直到整个肿区的皮下组织达到炭化、发黄、干燥而不再外流淋巴液为止。术部开放疗法，每日涂碘酊1次，连涂3天，以后撒布消炎粉。较大的皮瓣，用缝合线作皮肤宽距离地对端缝合，打活结，便于换药，经过治疗后创面干燥不再外滴淋巴液，在消炎粉作用下，烧灼的皮下组织慢慢脱落，并生长了新的红色的肉芽组织，治疗 2 个月，原大面积的皮肤与新生肉芽组织逐日吻接，最后病变处修复常态而痊愈出院。

3. 病例剖析与体会

（1）这样大面积的皮下淋巴外渗，作者只见过这 1 例，采取烧烙法，经过 2 个月才痊愈，是一种中西兽医结合的疗法之一。

（2）淋巴外渗引起的皮下肿胀，与皮下水肿、炎肿、血肿、脓肿治法不同，应注意鉴别诊断，以纯酒精凝固法，对小面积的病例有效，大面积的病例可用烧烙法，非常有效。

二十四、种公马嵌闭性阴囊疝

1. 病例基本情况

濮阳县兽医院接收 1 匹县配种站优良种公马，因疝痛起卧入院诊治。经检查初诊为便秘疝（中兽医称结症），打止痛针 30% 安乃近 30 毫升，口服泻剂大承气汤加减中药，仍然不排粪。翌日又直肠检查，未触及秘结点和结粪球，随即邀请全县各兽医站主治兽医大会诊，仍然认为是便秘疝，又服泻药加石蜡油 1 000 毫升。第 3 天，疝痛症状不见好转。邀作者前往现场会诊。

2. 病例诊疗经过

当作者到达院内，得知患马已死亡 20 分钟。作者检查尸体，一眼就看到左侧阴囊比右侧大 1 倍多，用手触摸，左侧精索部位发硬，变粗，用手术刀切开后发现小肠坠入总鞘膜囊内，小肠高度瘀血，水肿，呈紫黑色，确诊为嵌闭性阴囊疝。

尸体剖检：全身各脏器与组织未发现异常病变，只见到一段小肠误入左侧腹股沟腹环，经过腹股沟管进入阴囊总鞘膜腔内，致使左侧阴囊增大。

3. 病例剖析与体会

（1）阴囊增大的原因是由于小肠段因误入阴囊内导致肿大，同时由于小肠扭曲，血液循环障碍，故出现小肠瘀血、水肿，呈紫黑色（均因组织缺氧所致），再者小肠被扭曲，导致排气不通，食物不能下行，食物发酵产生气体引起疝痛（肠胀气而腹痛），加上小肠坠入阴囊内也引起坠痛，故病马腹痛剧烈，打止痛针解决不了问题，内服泻药，肠内食物不能下行，存于胃和小肠内又增加胃肠容积而呈现扩张性疼痛。

（2）本病纯属误诊误治而导致死亡。如果及早确诊，立即手术尚有康复的希望。

（3）阴囊疝的发生是因为耻骨联合两侧各有一个先天性腹股沟腹环，它是胎儿降生前半个月左右时间睾丸从腹腔内下降到阴囊内必须经过的天然孔道。有的天然孔先天性扩大或后天性扩大（如老年动物或老年人组织松驰所致），导致腹腔内的小肠突然误入腹股沟腹环内，使小肠坠入阴囊，使阴囊肿大，称为阴囊疝，此病很常见。阴囊疝分为两种情况，一种是将后躯抬高，小肠自动返回到腹腔内，阴囊立即缩小，称为可还纳性阴囊疝，对畜体健康影响不大，仅有阴囊下坠感。另一种称为不可还纳性阴囊疝，它又分两种情况，一种是由于去势睾丸时创口感染，导致阴囊内的小肠与其周围组织粘连一起，不能回纳腹腔内，但食物可以正常通过，对生命无影响；另一种是由于在阴囊内的小肠发生扭曲，导致小肠阻塞，食物及气体不能正常下移，即引起疝痛，危及生命，称为嵌闭性阴囊疝，本病例就属于这种少见的病理状态。

（4）小肠突然掉到阴囊内的原因如下：

①在分娩前睾丸必须下降到阴囊内，如果不下降，可能一侧或两侧睾丸仍保留在腹腔肾脏的后下方，此时阴囊内没有睾丸或有 1 个睾丸，称为隐睾症，去势睾丸时，必须开腹摘取。如果睾丸下降，必须要通过腹股沟腹环形成的天然孔道，同时也将腹膜带入阴囊内，此腹膜改名为总鞘膜，呈管囊状，称为鞘膜腔。如果天然孔道扩大了，小肠或大网膜等器官或组织就突然坠入鞘膜囊腔内，使阴囊体积增大，故称为阴囊疝。

②雌性也有腹股沟腹环，没有阴囊结构，如果小肠等器官或组织坠入其中，在股内侧可发生局部肿大，称为股疝。

（5）治疗阴囊疝，用吃药、打针方法不行，必须做阴囊疝修补术，即切开阴囊皮肤。切口要大，并进行钝性分离，充分暴露出总鞘膜囊，可见到囊腔内有小肠，如果是可还纳性阴囊疝，只要将后躯抬高，小肠可返回腹腔内，然后用针线将扩大的腹股沟腹环部分缝合闭锁（只保留精索可以通过此环），则小肠不能再进入阴囊内则达到治愈目的；如果是不可还纳性阴囊疝，要根据病情来处理。如果小肠健康，仅与阴囊总鞘膜粘连者，切开总鞘膜，进行钝性分离，使小肠返回到腹腔内，再缝闭扩大的腹股沟腹环即可治愈。如果小肠因扭曲、肠管瘀血、发黑坏死，必须将坏死的小肠切除，进行肠吻合术后，再将小肠返回到腹腔并缝闭扩大的腹股沟腹环，才能治好嵌闭性阴囊疝。

二十五、种公马双侧髂窝部大面积腹壁疝

1. 病例基本情况

滑县配种站 1 匹种公马到河对面给某村几头母马进行自然交配，过河必须渡船，河岸有一根 1 米长的粗圆柱状的木桩，直径约 20 多厘米，当上船时，马害怕，一屁股坐在圆粗的木桩上，由于个体大，身重，找来一根圆木长棍，当抬起后，突然木棍断裂，种马又从左髂窝部向右移动到右髂窝部突然卧下，导致两次钝性损伤，皮肤不破裂，但腹肌及股筋膜张肌破裂，导致左右两侧小肠坠入皮下，肿大区域最低处与双膝关节平齐。由于病情严重，滑县兽医院特邀作者协助

做腹壁疝修补术。

2. 病例诊疗经过

本病必须进行手术，将肠管送回腹腔内，并缝闭疝孔（腹肌破裂孔）及皮肤，才能彻底根治。手术方法与步骤如下：

（1）全身麻醉，配合局麻，仰卧保定，按常规进行剪毛、消毒、切开皮肤。

（2）发现疝孔太大，直径为20多厘米，在左、右髂窝处共2个疝孔，全部小肠均坠入皮下，当送入腹腔时，送左侧小肠，小肠又从右侧外溢，反之亦然，作者就采用一磅纱布，令助手阻挡一侧疝孔，保证另一侧将疝孔对端缝闭，可是难度很大，一则因股内侧腹肌被撕裂，只能将筋膜勉强与腹肌缝在一起，由于疝孔太大，不能全部闭锁，有5厘米疝孔不能对端缝合一起。作者灵机一想，用缝合丝线在未闭锁的疝孔处织网覆盖。因为作者学过如何织渔网，又在《国外医学》杂志上也见有类似报道，就以织网的方式将疝孔遮盖住，能防止小肠突入皮下，做完一例疝孔修补术后，又以同样方法缝闭了另一侧疝孔。最后将切口皮肤对端结节缝合，手术告终。

（3）术后治疗：每日输液中加入补养，补电解质、抗生素、强心剂、维生素C等药物，每日2次，连用5～7天；肌内注射青霉素、链霉素；“精破抗”预防破伤风；用吊马器在六柱栏内站立保定；每日多餐少食。经过7天治疗，种公马开始自己采食、饮水，术部生长良好，停止输液，再用数天抗生素肌内注射，术后第15天拆线，以后2个月，每日牵遛运动，术部留下一个香头粗细的小瘘管，只见配种时，由于腹压加大，从瘘管内流出几滴化脓性黄色较稠的分泌物，不配种则不见分泌物外滴。此后要求每隔日或数日可进行配种工作，其他一切如常。

3. 病例剖析与体会

（1）创伤性腹壁疝非常多见，但本病例比较特殊，疝孔2个，很大，均在髂窝部，同时做疝修补术时遇到了不能闭合的困难，最后采取渔网方式关闭疝孔，此法在术后能达到保持种公马的生命，仍然可以进行自然交配活动，仅留下很小的瘘管，已是最好的疗效。这种网式缝闭疝孔的补救办法可算是一种国内的创新方法，为同道们提供了一种处理难题的参考资料。

（2）在动物渡船时要注意防止类似事件的发生，以免动物遭受这样大的痛苦和人力、物力与财力的损失。

二十六、驴小结肠阻塞严重臌气

1. 病例基本情况

某村1头毛驴因疝痛、不排粪，经当地兽医诊断为便秘疝（结症），先注射止痛针，后灌服泻药及石蜡油，第二天症状更严重，两肷部高度肠臌气，不排粪，兽医想做直肠检查，手不能伸入直肠深部，无法检查。邀作者去现场会诊。

2. 病例诊疗经过

首先用放气针将右肷部的盲肠积气放完，然后做直肠检查，但不能深入直肠深部及小结肠，因为肠臌气太严重，只能采取直肠内引针穿刺放气法使气体放出一部分，此时右手可以通过“女玉关”（小结肠与直肠交界处）伸入到小结肠内，并隔肠摸到了小结肠被干硬的结粪阻塞。为了做“捶结术”将患驴进行仰卧保定，在肠管内的右手隔肠托住结粪，左手在腹部相应结粪处的皮肤外用拳头捶击小结肠内的结粪，当结粪被击碎一部分时，在直肠内的右手感觉到阻塞部前面的肠内气体向后窜动，说明捶结成功。作者立即将右手退出体外，令 11 位保定患驴的农民除 1 人保护驴的头部外，均可离开患驴去休息，当时他们说，这样不行，因为捶结前，患驴特别不安，全身因高度气胀疝痛，怕松手不按压患驴会出意外，作者说不会再肚痛、肚胀了。当他们松手放弃按压保定之后，患驴卧地不动，也不起立，非常安定。为了让其站立，作者用脚踩压尾尖部，患驴突然自已起立，抖身 3 次，放了 3 个响屁，又站立不动，随即输液、强心，半小时后小结肠阻塞的结粪被排出体外。

3. 病例剖析与体会

小结肠便秘疝比大结肠便秘疝因肠气胀严重，腹痛剧烈、全身出汗，如不及时解决结粪点，可引起肠破裂、全身血循环障碍，导致死亡。西兽医在服泻药多次无效时多开腹取结，而中兽医自古以来采用“捶结术”、“掏结术”解决了大问题。河南省许昌、驻马店市，河北省定州地区对这种技术已有延续几百年的实践经验，说明祖国中兽医留下的宝贵遗产我们应加以发扬广大。

二十七、新生骡驹先天性小结肠闭锁及无肛症

1. 病例基本情况

浚县城关乡某村一匹母马生下一头骡驹，因为没有肛门，不能排出胎粪，邀作者做一个人造肛门，解决排粪问题。

2. 病例诊疗经过

（1）临床检查：产后第二天检查全身仅见会阴部没有肛门，患驹不断努责，在肛门部位见到先天性掩盖的皮肤不断扇动。确诊为无肛症。

（2）人造肛门术：具体操作方法，请参见本书羊病十四“新生羔羊无肛症”人造肛门的手术方法。

但是手术后未见到胎粪排出，这是什么原因呢？肯定有一段腹内肠管不通畅所引起。故与畜主协商，再进行开腹探查，找寻阻塞的真正原因。在畜主同意下打开腹腔，发现小结肠后段有一处先天性闭锁，好像两小根香肠连接处的地方狭窄、闭锁的形状，使胎粪不能后移，又进行了小结肠吻合术。术后令畜主每日给骡驹多次饮母乳，每日注射抗生素（青霉素、链霉素）2 次（由该村兽医注射），

连续 7 天后复诊。主诉：回村后当时排出少量胎粪，自饮母乳 2 次，每次 5 分钟左右，以后日渐饮乳量增加，身体发育缓慢，给予乳酶生，协助消化，并将人造肛门的结节缝合线拆去60%，仍保留上下左右各 2 针的结节缝合线暂不拆除，并用 2.5% 碘酊消毒，防止感染。半个月后来电话告知，已痊愈。

3. 病例剖析与体会

（1）通常多见于先天性无肛症，这一头病骡驹尚有小结肠隔断闭锁无法排粪的情况，实属罕见。

（2）本病例属先天性遗传性疾病，是一种畸形证候，经调查，该母马为自然交配，公驴为同槽的饲养牲口，为什么生下的杂种呈现无肛，小结肠后段有一处突然狭窄不通应该与遗传基因变异有关，是否有其他原因，有待进一步探讨。

二十八、马驹脐疝并发粪瘘

1. 病例基本情况

河南省浚县城关乡东长村一匹 1 年龄的褐灰色马驹，因分娩后就有很小的脐疝，随着月龄增长，其生长发育与正常马驹一样，仅脐疝日渐增大到碗口大小，明显垂于脐下，畜主怕这个肿物今后是否对马驹健康有妨碍，先请该村兽医诊断是何疾病，由于该兽医只经过半年的专业培训，理论与实践水平较低，他认为这个肿物不是脓肿，就用未消毒的针头多点刺入肿物，未见脓液及其他液体流出，就涂抹碘酊消毒。谁知翌日肿物比前更肿大，又注射抗生素，数天后肿块皮肤溃烂，流出脓液及粪水，肿物消肿一些，但不断从脐部排粪，邀作者诊治。

2. 病例诊疗经过

（1）诊断：根据主诉及该村兽医的诊疗情况分析：确诊为脐疝并发粪瘘。

（2）手术：经畜主同意，决定进行手术疗法。手术步骤均按常规的疝修补术的方法进行，首先做好术前准备工作，采用全身麻醉与局麻结合，右侧横卧保定，切开皮肤、钝性分离皮肤后，又切开疝囊，发现疝内容物是小肠，并有一小肠溃烂破口，粪从破口流出体外，在疝内容物中的小肠与疝囊多处发生粘连，随即钝性分离出小肠，肠管已有多处溃烂，决定切除病变的全部小肠段，进行肠吻合术，并将疝环扩创，将疝内容物还纳腹腔内，缝闭疝环，使小肠与腹壁隔离，再修剪多余的疝囊及皮肤组织，剪成梭形状。最后将皮肤对端结节缝合，使皮肤平整，术毕。创部皮肤涂碘酊消毒，装结系绷带。肌内注射抗生素，每日 2 次，连用 7 天，肌内注射“精破抗” 1 次（5 万单位），预防破伤风。术后病情明显好转，术部生长良好，第 12 天术部拆线，为第一期愈合。一年后追访此马已能驾辕拉车了。

3. 病例剖析与体会

（1）凡是脐疝，绝不能用针头或三棱针穿刺，一旦感染化脓，疝内容物易与疝囊发生粘连，更严重者，穿刺时针尖刺入小肠腔，粪水一旦进入疝囊内，加上微生物的作用，则引起小肠溃烂，粪水多量进入疝囊内，疝体增大，皮肤发炎溃烂，导致破皮、粪从破口外出。久而久之疝局部结缔组织包埋小肠破口周围组织，形成粪瘘，长期不愈。

（2）发生粪瘘，如果不治疗一时无生命危险，粪便从肛门排出外，还能在脐部排粪，如果一旦脐部两次感染或食物进入疝内容物——小肠内，由于运行及蠕动迟缓，常因粪便干燥，引起小肠阻塞，则继发疝痛，排气不畅，其病状比腹腔内肠阻塞更难治疗，甚至有生命危险。

（3）粪瘘必须进行肠吻合术。如果只将破裂的肠孔加以缝闭并还纳腹腔内，常导致因小肠腔狭窄而继发肠梗阻，故不如在做肠粪瘘手术时切除病肠，进行健肠段对端吻合术比较安全，不留后遗症。

二十九、内烟包闭锁缝合法治愈马骡口颊部透疮

1. 病例基本情况

马骡的口颊部透疮在临床诊疗时比较多见。几十年来作者曾治愈 28 例，其中马 16 例、骡 8 例、驴 2 例、牛 2 例。这些病例中，有 70% 的病例由乡兽医治经过治疗无效后邀作者诊治。

2. 病例诊疗经过

（1）发病原因及症状分析：本病发病原因可归纳为由外界暴力（车祸、咬伤等）直接引起，间或锐性小铁器或麦芒刺等异物先刺伤口颊部黏膜或皮肤，然后发炎、肿胀、化脓，进而溃烂并发穿透疮。本病难医，主要是由于口颊部在采食活动中运动频繁，局部组织较薄且柔软，当发生穿透疮后，病畜食入口中的草料残渣，特别是饮水时可经透口向口外排出，致使透口进一步感染扩大，长期治疗不愈。过去作者曾多次采用常规方法，即透口冲洗，上药和填塞引流条，往往疗效不佳，特别是透口直径 2 厘米以上者更是无效。后经作者自创的内烟包闭锁缝合法治疗 28 例患畜，均缩短疗程，获得痊愈。

（2）内烟包闭锁缝合法分以下几个步骤进行：

①用 0.1% 高锰酸钾液彻底冲洗净口腔内外的残存草料和污物。

②将透口内外的坏死或老化组织进行搔刮处理，造成一个新鲜创面，然后涂 3% 紫药水，上消炎粉。

③用大号三棱弯形缝合针和 18 号粗缝合线，在持针器的帮助下，距透口四周 1 ~3 厘米处的口颊部皮肤上，根据透口和形状，选择 4 ~8 个入针点，采用方形、梭形或圆形内烟包缝合 1 周后，拉紧线头，打结，使透口闭锁。

④术后每日用 5% 碘酊涂术部皮肤 1 次，并根据透口的情况可禁食草料 3 ~7 天，每天给予经鼻投服面汤或小米汤或粉碎的青草或干草粉 2 ~3 次，每次 5 ~10

千克。对体弱病畜可适当补充糖液静注。抗生素可适当运用或不用。

3. 病例剖析与体会

（1）烟包缝合又称荷包缝合，书本上介绍的方法是接近被褥缝合方法，有 1/2 缝合线暴露在皮肤外，容易被感染，临床上多用于直肠脱、阴道脱，在整复后为了防止再脱出，都采用烟包缝合。作者称它为外烟包缝合法，而作者自己命名的内烟包缝合法与外烟包缝合法最大的区别是在皮肤上看不到缝线，可避免露出皮外的缝合线易感染的缺点。内烟包缝合法对口颊部透疮或腮腺导管瘘最为适用。

具体方法是：用大号三棱弯针 1 枚，18 号粗缝合线约长 50 厘米，在圆孔周围 1 ~ 3 厘米处，根据透口的大小和形状采取 4 ~ 8 个入针点，譬如取 4 个点，先将弯针刺入 A 点皮下，从 B 点出针，再从 B 点入针，C 点出针，再从 C 点入针，D 点出针，最后从 D 点入针，A 点出针，缝合结束后，将 A 点的两个线头用力向外拉线，直至透口闭锁后，将两个线头进行打结（平结或外科结均可），将结头外的多余线头剪掉，同时用双手捏住结头两侧的皮肤用力向外牵拉，使结头进入皮下。这种经过内烟包缝合后在皮肤外看不到缝线和结头，可防止缝线感染，为透口迅速生长、吻合，创造了有利条件。

（2）内烟包缝合法，具有设备少、操作简易、不易感染、疗效好、花钱少等许多优点。

三十、马骡顽固性骨瘘三例治验

1. 病例基本情况

马骡是农村的重要畜力。在耕地、驾辕拉车、上下山运货等作业活动中常因翻车，突然猝倒，骨科疾病、暴力外伤易发生骨折、骨瘘等难医之症，大多为慢性经过，这些病例使乡兽医站和个人行医者感到头痛，顽固性骨瘘常邀作者诊治。

2. 病例诊疗经过

（1）病例一：骡左下颌骨——口腔骨瘘。

主诉：1 头黄骡，一年前患部有骨折史，未能根治。检查：左下颌 1 ~ 2 前臼齿有活动性，同侧下颌骨胀似拳头大小，其底宽，颈窄（约 3 厘米），骨胀底部有一瘘口，探针试探骨瘘感觉顶端触及活动的牙根，并鲜血直流，采用一般疗法无效。根据骨胀部的骨组织尚未坚固定型，采取手术切骨疗法。

治疗方法：输血后全麻，用刀（军用短刀）、斧沿正常下颌底缘方向将多余的骨胀组织切除，拔除左下前 1 ~ 2 臼齿（骨胀内部的骨腔中发现两片如小指尖大小的骨片交叉地嵌入坏死的骨组织中）。术后开放疗法，上生肌散，最初 5 天禁食饲料，自饮或灌服面汤（可用胃导管，接上灌肠器加压输入）。5 天后创腔缩小，每隔日用 0.1% 高锰酸钾液冲洗创口后上生肌散，经 25 天，创腔直径仅有 3 毫米，瘘管深 1.5 厘米，用 4 股羊肠线将其一端缠结扣状，然后将另一端羊肠线从口腔内瘘口向外瘘口穿出，使口腔内的羊肠线缠结堵塞内瘘口，并将外瘘口的羊肠线头经多次缠结也打成纽扣状，其目的致使瘘管闭塞，防止口内异物进入。此法观察10天后，由于羊肠线本身具有7～10天可以慢慢自溶、吸收或排出的特性，故瘘管被增生的组织所填充，直至骨瘘被完全堵塞。本病例共治疗、观察32天才痊愈出院。

（2）病例二：骡下颌骨盲瘘。

1头病骡，左下颌前中部有一直径8毫米，深度2厘米的骨性盲瘘，曾治疗半年无效。检查：患畜吃喝正常，为盲性骨瘘，瘘内壁发黑，少有脓汁，周围组织已消肿。治疗方法：采用与瘘管直径相仿的铁钉，用手钳夹住钉尖后于火焰上将钉烧红，随即以钉帽一端迅速插入瘘管底部并来回活动烧烙管壁，经反复操作多次，直至骨瘘壁的坏死组织被破坏为止。然后每隔日用碘酊棉签涂擦骨瘘1次，当遇到骨壁出现新生组织后，即改上生肌散或象皮散促其生长，此法共经过23天，患畜痊愈。

（3）病例三：骡右下颌骨——口腔骨瘘。

1头黄骡，右下颌前部不完全骨折，治疗半年后留下一个骨瘘。检查：下颌右前颏部骨胀轻微，见口腔右犬齿前侧方3毫米处有一直径4毫米的瘘管内口，在下颌前颏部中下方有一瘘管外口，直径5毫米。治疗方法：将0.1%高锰酸钾液从瘘管内口向骨瘘内注入，水即从瘘管外口流出，再用金属细探针探查，未能通过整个瘘管，瘘外口仅有少量腥臭的脓汁，推测瘘管内有异物，并有瘘管弯曲现象。为此，作者采用塑料细电线插通弯曲的瘘管，然后另选80厘米长、1/2宽度的小纱布绷带，先用碘酊蘸湿纱条，后将其一端与口腔内的电线中的细铜丝缠结一起，在瘘管外口的塑料电线牵引下，将引流纱条拉出瘘管外口，并利用纱条在管内来回移动，检查纱条，发现纱条上带有大米粒大小的脱落的坏死骨粒3粒，如此操作2次后，将瘘管外面的两头纱条在口外打结。第3天抽出瘘管中的纱条，用紫药水冲洗瘘管1次，当瘘管内无骨粒、无脓液时，以熔化的蜜蜡借助注射器向瘘管内注入（堵住一头瘘口），使蜜蜡在瘘管内凝固，由于蜜蜡有热敷、杀菌作用，1周后又会自溶消失吸收，经过27天的治疗、观察，骨瘘被生骨细胞填充、封闭而治愈。

3. 病例剖析与体会

（1）上述三例骨瘘，病史长，基层兽医千方百计按常规治疗方法均未治愈，关键是骨瘘内有骨片、骨粒等异物存在，导致长期感染化脓而不愈，想要治愈，必须用手术或非手术方法能将异物彻底清除，才能为治愈创造条件。

（2）为了防止瘘管内再次进入异物，必须采取填充法，常用填充物又要求能够自溶、吸收、消散的物质，如羊肠线、蜜蜡等。

（3）用紫药水冲洗，既起冲洗作用，又使药液染附于管壁上，起到杀菌、消炎的双重作用。

（4）如果用金属探针不能通过瘘管弯曲部分，可用塑料电线通过，才能使瘘管装置纱布引流条，有利于除去坏死骨粒及脓液，又能以纱条蘸碘酊，可杀菌、消炎，促进坏死组织脱落，达到治愈封瘘的目的。

三十一、马骡腮腺导管瘘内烟包缝合术

1. 病例基本情况

大家畜腮腺导管瘘比较多见，特别是马骡患此病更不易根治，过去作者采用书本上介绍的方法有分离瘘管口周围皮肤及皮下组织，将腮腺导管进行结扎，然后缝合创口皮肤。此法对牛的腮腺导管瘘疗效较好，因为牛的导管壁比马骡的导管壁厚，结扎处因唾液继续分泌，由于液压增高，不易使管壁扩大而破裂，时间一长，腮腺分泌细胞被抑制活动、腮腺萎缩而治愈，但马骡的导管壁很薄，虽然结扎后数日内看来有效，但过一段时间因唾液不断分泌，液压增大，使薄纸一般的导管壁又一次破裂，导管瘘又复发，唾液从皮肤口外流于体外。如果将腮腺彻底摘除也可根治本病，但手术复杂，花医药费很多，作者只做过 5 例，虽能治好，但太麻烦，风险很大。

2. 病例诊疗经过

（1）发病原因：多因颜面部外伤或颊部脓肿皮肤切开排脓时不慎将腮腺导管切断，引起发病。

（2）临床症状：仅在颊部、耳下三角区或下颌骨后部皮肤上有一个筷子粗细的腮腺导管瘘口不断有唾液流出，特别是采食时流量更大。病畜能采食，但唾液流失过多，影响消化，故形体比正常消瘦。

（3）内烟包闭锁缝合法治疗过鹤壁市骡 1 头，浚县马骡各 1 头，均缝闭 1 次，痊愈。

3. 病例剖析与体会

（1）腮腺在耳下，又称耳下腺，是三种唾液腺最大的一个腺体（其他两个腺体为颌下腺及舌下腺）。腮腺分泌的唾液，经过腮腺导管沿途经过下颌骨三角区内侧，经下颌切迹，向上沿颊部皮下直至上颌第四臼齿处开口。每昼夜马骡的腮腺可分泌唾液 30 千克。

（2）内烟包缝闭腮腺导管瘘只需要大号三棱弯形针 1 枚及 18 号医用缝合线 50 ~ 60 厘米长 1 根，设备简单，门诊部可及时缝合处理，收费 2 ~ 5 元，花钱很少，操作简易、快捷，不损伤任何组织，缝 1 次痊愈，缝线包埋在皮下，不易感染，达到痊愈之目的，更不必住院治疗，真是一举多得的好方法。

（3）此法不适宜于化脓性瘘管的治疗，因为管内有脓液，如将管口封闭，反而加重病情，必须切记。

（4）内烟包缝合法请参阅本章“二十九”所述内容。

三十二、白骡转移性黑色素肿瘤

1. 病例基本情况

鹤壁市某矿区购入两头白色大骡，两年前一头白骡在尾根下“后海穴”处皮肤上长有一个拳大的黑色肿瘤，当地兽医进行手术切除，但一直止血困难，最后用烙铁烧烙止血。创口一直不愈，最后死亡。两年后本病例又在右肩胛前呈现一个鸡蛋大小的皮下肿物，针刺出血，切开皮肤，发现黑色的肿瘤，当摘除肿瘤时止不住出血，只好用烙铁烧烙止血。十多天后，黑色肿瘤生长迅速，有碗口大小，表面溃烂，食欲减少，日渐消瘦，治疗无效，先邀请某县名中兽医会诊，每日用青霉素、链霉素各10瓶撒在创口上，服中药，内含人参等补气药物，坚持5天黑色肿瘤比原来更大，每日只吃30%的草量，呼吸困难，但体温不高，体重下降明显。又特邀作者前往，看能否切除肿瘤。

2. 病例诊疗经过

（1）临床检查：右肩前肿瘤似婴儿头大小，肿瘤呈黑色，在右背侧还发现一个鸽蛋大小的皮下肿瘤，在右侧胸壁第五肋间，胸外静脉上方做胸膜腔穿刺，抽出胸水1.5千克。胃肠音弱，大小便不认异常。直肠检查，腹膜、肠系膜上，肾脏表面，大约有数百个坚硬的肿瘤样结节，小的似纽扣状，最大的似鸡蛋大小，作者确诊为黑色素肿瘤，为恶性肿瘤的一种疾病，根据检查，已转移扩散到全身脏器，建议淘汰，因为本病为不治之症。经矿区领导研究，决定在市内现场急宰剖检，看看是否真是不治之症。

（2）尸体剖检：除体表有肿瘤外，两肺表面有纽扣状大小的黑色素肿瘤约500个，胸腔内有少量胸水，腹膜上也有300多个纽扣状大小的黑色素肿瘤，肠系膜及肾脏表面也有黑色素肿瘤，最大的一个拳头大小，也有鸡蛋或鸽蛋大小的数个黑色素肿瘤。在现场的市、区兽医及矿领导25人，都感到惊讶。

3. 病例剖析与体会

（1）按组织种类鉴别，黑色素肿瘤属上皮组织一类的肿瘤。

（2）黑色素肿瘤属于恶性肿瘤。本病例完全符合恶性肿瘤的特点。

①外观：表面不整，高低不平，无被膜，与周围组织无明显界限，常溃烂不洁。

②质地：不一致，软硬不一。

③痛感：有剧痛。

④大小：一般不会长很大。

⑤生长速度：速度快，易转移。

⑥细胞形态：细胞未分化成熟，大小形态不规则，染色体着色深浓。

⑦对全身危害：呈恶病质，多有全身反应。

⑧手术效果：多转移，手术易促进转移。

（3）本病不应穿刺或切开肿瘤，因为转移了恶性肿瘤细胞会危及生命。再者如果早期做直肠检查，可早期确诊，不至于拖延如此长久的病程，白白花了很多医疗费。

三十三、马颜面部千余个上皮乳头状瘤

1. 病例基本情况

浚县新镇某村一匹枣红马，全身除头部、颜面及耳内外皮肤上有千余个大米粒样大小的突出物外，无其他病状。

2. 病例诊疗经过

（1）临床检查：体温正常，采食、饮水、大小便、呼吸等生理指标均为正常状态，仅见头部，特别是颜面部和耳朵内外皮肤上有千余个米粒样大小的上皮乳头状瘤，每个瘤有一个蒂与皮肤连接，不痛、不痒。

（2）肿瘤摘除术：按常规方法，都是采用瘤体周围皮下局麻，分离皮下组织，一个个地摘除，有人用鸭胆子中药煎剂涂在瘤蒂处，慢慢使蒂萎缩，导致肿瘤脱落。作者考虑到头面部有那么多肿瘤，体表还有数十个小肿瘤，工作量很大，花钱也多。根据既往的自创经验，用剪刀剪去瘤蒂，用高锰酸钾粒以化学烧灼止血。防止再生肿瘤。此法虽好，但千余个肿瘤如何安全快速解决问题呢？作者考虑到每切除1个肿瘤它的蒂部必有一根细小的血管供其营养，虽然会出血，但又会在短时间内可以自凝止血。故决定用一根钢锯条，像刮胡须一样很快刮断瘤蒂，使肿瘤脱落，由于速度快捷，稍见出血马上用紫药水涂抹，不到1分钟，就自凝止血，加上紫药水可拔干、杀菌、消炎，通过20分钟时间，一次性地清除了千余个上皮乳头状瘤。术后，观察1个月，没有发生肿瘤再生的现象，取得了一次性痊愈的疗效。

3. 病例剖析与体会

（1）由于上皮乳头状瘤仅米粒大小，不会大量失血，可用钢锯条刮除。方法简单，快速、安全。

（2）如果肿瘤数量少，或个体大，可用剪刀一次性剪掉瘤蒂，迅速用高锰酸钾颗粒按压出血点，几秒即达到化学烧灼止血的目的。为了便于操作，保护医者皮肤，可用薄层干药棉一小块，将高锰酸钾颗粒放在棉花中央即可按压出血点。也可将高锰酸钾粉配成80%的高浓度用一次性注射器的针栓栓头蘸药液点在出血点处即可止血，也方便、安全、有效。

三十四、马去势术并发大出血及精索瘤

1. 病例基本情况

某村1匹白色老公马，曾由阉割手采用精索针刺法，想通过精索瘀血，导致

睾丸缺血，营养不良，慢慢萎缩以达到慢性去势的目的。谁知针刺后引起睾丸及精索发炎、肿胀，与阴囊皮肤组织发生粘连。此时，正好又来了一位滑县老阉割手，他说在这种情况下可以阉割，当他用刀切开阴囊皮肤时，因皮肤与鞘膜、睾丸及精索粘连，就用刀进行锐性分离，出血较多，当分离至精索时，精索粗肿比拇指还要粗大，并与皮肤粘连紧密分离精索困难，就用细麻绳分别将两侧精索结扎后切断睾丸前方的精索，摘取出两侧睾丸。术后站立时，从阴囊切口处不断向外流血，阉割手见势不妙，就将阴囊切口用针钱（麻绳）缝闭，1 小时后两侧阴囊慢慢积血增大似大碗样。由于大量失血，口色及眼结膜发白。

2. 病例诊疗经过

（1）临床检查：体温 37.9 ℃，眼结膜高度贫血，心跳 96 次/分，两侧阴囊比正常大 3 倍，积血较多，卧地不动，呈半休克状态。

（2）治疗：立即输血 1 500 毫升，注射止血剂；翌日大有好转，将阴囊内的积血块取出，阴囊内涂 2.5% 碘酊，肌内注射“精破抗”5 万单位预防破伤风，注射抗生素抗菌消炎，并向当地兽医提出下步治疗方案。时隔半个月，由于兽医发现精索断端生长到阴囊切口外约 1.5 厘米长，决定手术治疗。

考虑到病马年老体弱，贫血，决定分两次进行阴囊内精索切除术，每隔半个月手术 1 次。每次切除一侧粗大的精索。术前先输血 1 500 毫升，在全麻下手术。当分离到近心端的粗大精索时，发现被麻绳勒紧，为了分离精索与周围组织粘连的部分，怕引起出血，一面分离一面用凉水冲术部，使毛细血管收缩，加快分离速度，直至分离到未粘连的精索上段的正常组织后用缝合线进行贯穿缝合结扎。术后按常规外科处理。经过两次清除有病变的精索后，病马日渐好转，经过 45 天治疗、观察后痊愈。

3. 病例剖析与体会

（1）马属动物公畜去势术的方法很多，有开放性及非开放性两种。对于老年的马骡驴，特别是驴的精索较脆，推搡精索时不要用力过大，否则会出现精索突然断裂，导致精索动脉、静脉因断裂发生大出血。结扎精索最好用贯穿结扎法可避免结扎线滑脱而引起出血。本病例是由于阴囊组织及精索有慢性非化脓性炎症，发生粘连肿大，分离困难，而那位阉割手犯了两个错误。一则强行分离，二则不注意消毒灭菌工作，导致大失血和术部感染，差一点危及生命。

（2）所谓“精索癌”是指精索感染、恶性肉芽组织增生所引起。如果不切除全部病变的精索，除去异物——结扎的细麻绳，绝不可能根治痊愈。同时由于年老体弱和贫血，术前必须输血并将手术分两个阶段进行，对患马稳健地有效康复至关重要。

三十五、孕马食管穿孔

1. 病例基本情况

清丰县兽医院收治 1 匹病马，已怀孕 3 个月，由于实习学员技术不熟练，动作粗暴，在插胃导管时，将食管穿破，导致颈部皮下肿胀，皮肤溃烂，部分食物及饮水从食管破孔，经过颈部皮下，并从溃烂的皮肤破孔向体外喷出。该院主治兽医未做过食管手术，故邀请该县人民医院外科大夫主刀手术。术后第 2 天采食、饮水时，食管扩张，破孔又因线断复破了，颈侧皮肤又积有食物和液体，故邀作者去该县做二次手术。

2. 病例诊疗经过

将颈部进行创口彻底消毒冲洗清理后，令病马自饮 0.1% 高锰酸钾液，发现饮入的药液从皮肤破孔向外猛烈喷出约 1 米远的距离，食管扩张度比正常不采食、饮水时大 3 倍以上。然后进行全身麻醉，按原手术切口分离暴露出穿孔的食管，破孔直径 2.5 厘米，发现上次手术使用的缝合丝线为“4 号”线，对人的管状器官破裂是可以采用的，但对马则很细，其张力为 0.4 千克，故改为“10 号”线，其张力为 1.5 千克，可承受食管扩张时的张力。手术按常规程序进行。术毕，抗菌消炎，外科常规处理颈侧皮肤及其深层组织。半个月后一切正常，获得了痊愈。

3. 病例剖析与体会

（1）食管破裂在临床上有时会发生，多因插入胃导管动作粗暴，导管过硬（新管）或插管前导管未抹润滑油或导管陈旧表面粗糙不平；或异物损伤、食管炎症、食管阻塞等直接或间接因素引起急性或慢性破裂（疾病因素多见）所致。

（2）由于大家畜的采食量大，食团下咽时的体积也大，故食管的扩张度必然很大。本次手术的经验教训是采用的缝合线太细，故缝合线选择应根据不同动物的情况来灵活决定所需要的号数，大家畜可用“10～13 号”的医用缝合丝线为好。

三十六、马急性膈肌破裂

1. 病例基本情况

某村饲养马骡 4 头、牛 3 头，当时正值夏秋之季，地里大片玉米植株一人高度，饲养员将马、骡、牛喂饱后回家吃晚饭，饭后一看少了一匹马，随即寻找一夜未找到。此马脱缰后窜入玉米地里，由于天暗刮大风，加上逃窜时马来回撞动玉米植株发出哗啦啦的声响，马就整整逃跑一夜。正好邻村每日油房打油的村民在院外乘凉，听见路边玉米地里有拉锯的声响，前去一看，发现一匹马全身出大汗，惊恐状，呼吸高度困难，站立不动。此时已是后半夜 1 点半钟左右，村民将马牵到院内树上拴紧，待外村找来时还给他们。打油人开始睡觉了，翌日早晨，失马人打听到油坊里昨夜拾到1匹马，失马村的3人走到院内一看，是一匹死马，全身湿淋淋的，便责问打油人，向公安局报案，要求调查赔偿损失，公安局即邀请作者协助他们破案。经作者尸检，可视黏膜发绀，全身潮湿，腹围增大，随即请失马村的人先打开腹腔（四肢朝上仰卧式）约66厘米切口长度，发现有红色的腹水及血块，找一个手电筒，向膈肌方向照明，见到膈肌已破裂、裂孔约有大盘子大小，确诊为急性膈肌破裂而死亡。打油人得到了失马村人的道歉，将死马拉回了家。

2. 病例剖析与体会

（1）本病发病的原因：当马饱餐后脱缰，正好天气又热又闷，盲目在玉米地里乱跑，由于地里各村都种玉米，天黑了，马撞击玉米秆发出的唰唰声，加上马天生就胆小，越跑响声越大，出大汗，一直高度喘息，直到充满食物的胃及消化道、加上腹肌频繁地紧张收缩，腹压增大和呼吸困难、膈肌收缩、弛缓间歇缩短，导致膈肌突然破裂，发出“膈肌破裂的典型症状”即呈现拉锯的声响。由于剧烈疼痛，全身出大汗，血液循环障碍，缺氧，故可视黏膜发绀呈紫黑色。

（2）诸如此类的事件，作者不少协助公安人员破解牲畜突然死亡，打官司的案件，作者有一个经验，就是剖检尸体时，必须由原告人进行剖检尸体，因为下刀剖检时，由于不慎，人为导致了脏器或组织破裂或损伤，而该处又与破案相关联。譬如，有一起案件，外村一头小牛跑到本村麦地里偷吃麦苗，本村放羊的小孩们用小砖头抛赶牛犊，不巧坠入旱沟里就一叫呜呼了，两村打了官司，作者尸检时，因瘤胃高度臌气，故剖检前先放一点瘤胃气体，叫大家看到有气胀现象，当仰卧剖检时，刀子切开腹部皮肤，刀尖将瘤胃刺破了一个刀伤约长3厘米，剥皮人是死牛村的人，当暴露瘤胃时，死牛村的人大叫，你们看，小孩用砖头将瘤胃打了一个大洞，牛怎么会不死呢？后经作者解释，这大洞是死后由刀伤引起的，一则剖检前放了气，如果死前破裂又怎能放出气体呢？二则刀口周围为白色无瘀血变化，三则刀口整齐，不呈锯齿状，从这三点看出这个伤口不是生前发生的，如果剖检剥皮人员是本村的人，将瘤胃刺破，死牛的村上人就会说：“你看！这是你们小孩用砖头打击后发生的瘤胃破裂而致死。”故建议剖检人为原告比较合适，可减少争吵的麻烦。

三十七、马断腱、骨折用石膏绷带铁支架固定

1. 病例基本情况

马骡肌腱断裂或骨折比较常见，过去均采用手术接腱，骨折整复后用石膏绷带固定，术后多以六柱栏内吊马器保定，通常人们会说“伤筋动骨”需要治疗、休养100天才能痊愈。为了便于活动自如，改变长期站立保定的局面，作者和同事潘表台同志采取研制的铁支架加强固定的方法，达到了预期目的。

2. 病例诊疗经过

（1）环形支架的制备。

①支体长度比患肢短 10 厘米，厚度 1 厘米，宽为 3 厘米，弯度形状基本与患肢形状相符，支架底部呈蹄铁形，蹄铁两尾端分别用两根细钢筋与支体相连，构成蹄尾支架，也可将支架底部做成蹄底形铁片。

②腰箍的厚度为 0.3 厘米，宽为 4 厘米，长度短于打成石膏绷带后的周长 10 厘米。腰箍的中点与支体内侧焊接在一起，腰箍的两端各打一小孔，两道腰箍的距离分别在跗关节（或腕关节）上下方适当位置。

（2）治疗和操作方法：采用 2% 普鲁卡因 20 ~ 30 毫升腰荐部硬膜外腔麻醉或 10% 水合氯醛 300 ~ 500 毫升静脉注射全身麻醉。横卧保定，患肢在上。按常规操作方法分三个过程进行。

①患部处理：清洗创面后，根据腱断裂的时间长短和感染情况分别做断腱对端吻合术（或开放治疗），骨折者进行整复，纱布绷带包扎固定。

②患肢处理：助手将患肢尽量伸直并向腱断侧弯曲，使腱断端靠近；骨折时，将肢体拉直，断端对齐。术者分别用药棉均匀地包裹患肢约 2 厘米厚，外缠纱布绷带加以固定，然后打上 15 层左右的石膏绷带直至凝固坚硬（冬天可用 500 支光大灯泡 1 ~ 2 个放在石膏绷带附近加温）并将患部做成石膏窗，有利于术后换药。

③环形铁支架的安装方法：将预置的铁支架套在患肢上，使支架底部放置于蹄底下方 1 厘米处。支体紧贴患肢石膏绷带外层。用铁丝或螺丝紧紧固定两腰箍于患肢跗关节（或腕关节）上下两端石膏绷带上。

3. 病例剖析与体会

（1）由于蹄底部与蹄铁保持一定的距离，故当患肢运步或驻立时，蹄不负重，减少了筋腱的张力，有利于创部早期愈合。

（2）在术后治疗期间，患畜可自由行走、站立或起卧，给饲管和医护工作提供了方便。

（3）本法亦适用于蹄壳脱落、球关节透创、蹄叶炎或严重的蹄部感染。

（4）患肢缠绕药棉、纱布绷带和石膏绷带，一定要均匀紧密，环形铁支架要装牢固，以防松动造成皮肤损伤影响疗效。

（5）使用本方法一般不发生患肢的健康组织受到擦压伤害。

（6）当伸腱断裂和球关节透创时，需将蹄底与铁支架紧密结合并用蹄钉固定，当蹄壳脱落，蹄叶炎和严重的蹄部感染时，需用带蹄尾支架的环形铁支架，起保护作用；腱断裂，骨折时，需用蹄底形铁支架。有利于创部愈合。

三十八、骡骨折愈合后畸形重折术

1. 病例基本情况

大家畜四肢骨折后由于不正确的整复和固定，致使折断部错位，骨痂形成，肢体变形，蹄不着地，失去役力。对于经济价值较高的病畜，可采用此法——重折手术疗法获得满意效果。现举1例，某村黑色公骡1头，已5年龄，体重400千克，诊疗前75天因出车不慎致前右肢蹄关节下20厘米处的距离骨折，由于不正确的整复和固定，引起患肢变形，向外展40°，蹄底离地15厘米，运步时三肢跳行，失去劳动役力。骨折部位骨痂粗大，皮肤完整，没有创口，测量患部骨折愈后粗大部的周长为52厘米。全身情况良好。

2. 病例诊疗经过

（1）骨折愈合后畸形重折术。

①麻醉和保定：10%水合氯醛液500毫升，一次静脉注射全身麻醉。右侧横卧保定。术部在原骨折愈合区中央，按术区常规操作法处理皮毛及消毒，0.5%普鲁卡因肾上腺素150毫升作皮下环状局部浸润麻醉。

②手术步骤：先将患部外侧皮肤作一个沿肢体方向的纵形切口，长约10厘米，然后紧贴骨痂，向切口四周以手术刀锐性或钝性分离皮肤，使骨痂充分暴露于术口，再由助手在切口对侧的患部皮下垫一只木凳子，凳子上放棉垫1个，术者用铁凿对准骨痂，以锤子打凿子，直至原骨折部重新被凿成横断面骨折，但在凿打过程中，为了防止铁凿误伤切口对侧的皮肤，将骡翻身，患肢转成180°，使切口朝下，以上述同样的方法在患部另外一侧的对口皮肤沿肢体方向作1个5厘米的纵形切口，并用凿子凿透整个骨折横断面。最后用灭菌生理盐水充分冲洗掉被凿下的细碎骨质和骨末，创部撒布消炎粉，连续缝合患部外侧及对侧的皮肤切口，进行肢体重新整复，用石膏绷带固定蹄部至胫腓部3个关节，待石膏绷带干燥坚硬后将病马移到六柱栏内，以吊马器保定，进行日常饲管与医护。

（2）术后情况：术后半个月内，肌内注射青霉素、链霉素，每日2~3次，注射“精破抗”1次，防破伤风，保持圈内干燥、通风、清洁。术部观察：于术后第1~3天，发现术部外面的石膏绷带红染，其面积扩大到手掌大小后就停止了，但仍然保持了石膏干燥、坚硬。体温变化仅术后第1天为39.0℃，第2天后一直正常，食欲开始稍减，6天后恢复正常。术后20天患肢肢形端正，蹄底着地。术后26天发现跟腱部外面的石膏绷带轻度软化，患肢抬举频繁，用手插入上部石膏绷带与皮肤间有少量黄色脓液粘污手指，经会诊后拆除石膏绷带，发现术部两处皮肤切口已一期愈合，脓液出自跟腱部皮下至跟腱部皮肤，因皮肤与石膏绷带摩擦、溃破，感染所致，按常规外科处理后，坚持吊马器保定，术后50天，术部及跟腱部皮肤全部愈合，将患骡牵到室外慢慢行走，观察肢形端正，可轻度负重，能自己起卧，患部粗大情况与术前差不多，术后 75 天基本痊愈出院。建议回村后 2 个月休息再使役，追踪观察 1 年多，可以正常劳役。

3. 病例剖析与体会

（1）过去因骨折治疗后发生肢体畸形，无法劳役，三脚行步，多以淘汰告终，其实较好的马骡，年轻有体力，可以做重折术，证明手术后获得了劳役能力。如果是优良的雌性马匹不影响繁殖，又可自由行动。

（2）骨折愈后畸形重折术，在人医经常做这种手术，但兽医为首次报道。

三十九、骡裂嘴、吐草团牙尖过高症

1. 病例基本情况

浚县巨桥乡某村 1 头 12 岁龄的老骡子，近 1 个多月来，饲养员发现该骡经常裂嘴，吃草中经常吐草团，正好作者在巨桥乡搞畜牧业生产调查，当地兽医就乘作者休息时邀请去看看这个奇怪的病骡。因为当地兽医认为是“胃寒吐草症”，多次打针、服药无效。

2. 病例诊疗经过

（1）临床检查：患骡个体较大，原体重 500 多千克，近 1 个月来日渐消瘦。体检全身不认异常，仅见吃草时经常裂嘴，吐草团。站立保定后，作者一手拉出舌头并翻转观察口腔内有无病变，结果只发现左下最后大臼齿特别高而尖，对比右侧后臼齿高出 1．5 厘米，确认为牙尖过高症，牙尖在咀嚼饲草时碰撞上腭或舌头引起疼痛而裂嘴或吐草团，如果咀嚼嫩草或短草，吞咽正常，饮水也很顺利。

（2）治疗：必须打掉牙尖。如果在县兽医院，作者可用牙科手术器械——齿铇，先将口腔用开口器打开口腔，助手将舌头向口角外牵拉。将齿铇前的保护套圈套住高出的牙尖，套圈的后方有一个锋利的刀片，它与口外的连体钢锤吻合，即用锤向前锤击时，钢刀片即捶切牙尖，牙尖即被截断。取出齿铇后再用齿锉将不平整的齿面锉平。可是这突如其来的病号，在无齿铇、齿锉的情况下怎么打掉牙尖呢？作者想了一个土办法，即多人用木棍压住骡颈部，用绳系住四肢，两个助手，每人用一根麻绳分别拴住上下颌向两侧拉紧使口腔开大，另 1 助手的手捉住舌头向左侧口角翻转 90°，充分暴露左下颌最后的臼齿——牙尖齿。作者右手握住木匠用的三分铁凿，左手握住铁锤，将凿刀顶在牙尖前方，随即用锤震击 1 次，由于牙齿质硬而脆，打击 1～2 次即可被截断，没有齿锉，就改用钢锉锉去不平的齿面，手术告终。术后患骡采食不再裂嘴和吐草团了。

3. 病例剖析与体会

（1）牙尖的发生，是由于排牙先天性不整所致，即使换过牙也会呈现上下臼齿对合不齐，随着年龄增长，每日咀嚼饲草和精料颗粒（豆、玉米粒等）使上下臼齿接触部分磨损，非接触部分牙齿反而因生长高于臼齿的接触部分，有的年龄过大，上臼齿或下臼齿有一个先松脱，留下一个牙尖，更易自由生长而导致牙尖过高症。如不截除牙尖过高的部分，则咀嚼时，牙尖撞着舌头或硬腭，突然产生剧痛，会将草团吐出并表现裂嘴症状。

（2）土法打牙尖，非常危险，技术不过硬者千万不要盲目操作，如果用锤使力不当，易发生铁凿离牙尖，此时凿刃就向咽部方向突然前冲，损伤咽喉或食管，将造成大祸。

四十、骡肛周11点钟处慢性瘘管半年不愈

1. 病例基本情况

驻马店兽医院王某邀作者会诊1头病骡，因为此骡发病已半年，隔日治疗1次，已历时4个月，全身正常，只是肛门旁11点钟处有一个瘘管，管深1~2厘米，每日有几滴脓液外溢，用探针探测瘘管未发现异物，瘘管口很小，直径0.3厘米。院内兽医每隔日用0.1%高锰酸钾液冲洗后填入碘酊引流条，就是治不好这个小毛病。

2. 病例诊疗经过

临床诊断：按作者经验，用探针探不到瘘管内有异物，不一定没有异物，只要将瘘管口用手术刀切开狭小管口，进行扩创术后用食指伸入瘘管内才能真正探出管底有无异物，如纱条、棉球、骨片、缝合线头、木屑等多样异物。本病例十分特殊，瘘管内根本没有异物。但作者以手指加力向管内深部组织触诊时感觉软组织内有一个发硬的东西顶住手指，然后用止血钳插入软组织内，并撑开止血钳，钳住这个顶手指的硬物。当取出来一看原来是一小片尖头的木片，最宽度为1厘米，长4厘米。然后按外科常规处理，10天后痊愈。

3. 病例剖析与体会

（1）进入肛门口旁11点钟处的皮下组织深部怎么是木片呢？经询问畜主，才知道患骡经常在木桩上因会阴部不适用屁股擦痒，而木桩已不光滑，外露出尖锐的木片、木刺，导致异物刺入患部。由于结缔组织的包埋，故瘘管内用探针探不到异物。

（2）作者经常被兽医单位请去会诊慢性瘘管长期治疗不愈的情况很多，作者均采取扩创术，以食指伸入瘘管底部触诊，才触及异物的存在。为什么很简单的问题变得复杂化了呢？根本原因是瘘口太小，有的不敢动刀扩创，用探针只能感到瘘管的深浅度，感觉不到异物，更不能取出异物，此经验在临床诊断、治疗久治不愈的瘘管时十分有效。

四十一、马骡直肠穿孔体外单手牵引直视缝合术

1. 病例基本情况

大家畜，特别是马属动物的直肠破裂比较多见，是一种难医之症，也是死亡率很高的疾病之一，发病原因多为直肠检查内脏疾病及妊娠检查时技术不熟练，动作粗暴，不按操作规程办事或对正常器官及组织的解剖结构与位置不太了解，也有的在自然交配中，公畜的阴茎误入直肠内等因素导致直肠破裂。常引起粪便落入腹腔内或引起微生物感染，导致急性腹膜炎，体温升高，全身出大汗，血循环障碍，肌颤、呼吸困难等严重危及生命的多种症状。当今直肠破裂必须进行手术缝闭破裂孔，用任何保守疗法往往是徒劳无功的。手术方法很多，如单手直肠内缝合术，单手持特殊器械直肠内缝合术，通过肛门旁切口钝性分离深部组织，将直肠后移进行缝合术，以及开腹缝合术等方法。作者试创直肠破裂体外单手牵引直视缝合术，治疗马骡 6 头，成功 5 头，实验动物人工损伤直肠破裂用此法手术治疗 8 头，成功 7 头，成功率为 80% ~90% 。

2. 病例诊疗经过

（1）直肠破裂体外单手牵引直视缝合术方法介绍。

1）药械准备：长 15 厘米的针头 1 枚，100 毫升注射器 1 支，肠钳 1 把，剪刀 1 把，圆刃缝合大针 1 枚，10 号医用缝合线 1 卷，2% 普鲁卡因 100 毫升，消炎粉 1 包，酒精棉球若干。

2）手术步骤：

①保定和消毒：六柱栏内站立保定，肛门周围及后海穴（在尾根与肛门之间的软组织中央）处先用肥皂水洗去油污及粪便（包括排尽或入手取出直肠内的蓄粪），清水冲洗后，擦干，皮肤用 2.5% 碘酊消毒，75% 酒精脱碘，令 1 名保定人员将尾巴向前上方翻压固定。

②麻醉方法：用 2% 普鲁卡因 70 ~100 毫升，吸入 100 毫升注射器内，先将封闭针头在后海穴稍偏前上方全针刺入软组织中，接上注射器，一面推药一面分期分批地注入后海穴内，药注完，正好拔针外出。半小时后，可麻醉直肠中、后神经及其末梢，可使直肠及其周围组织松弛，止痛。

③直肠破裂孔体外暴露法：术者按直检规程准备后，以右手伸进直肠内找到破孔位置，再用食指插入破孔内（已进入腹腔内）勾住破孔后缘，并在拇指和中指的配合下，三指撮捏住破孔后缘的直肠组织，当直肠因麻醉的作用，组织已松软的情况下，向后缓慢用力，感到破孔已牵引到肛门口或接近肛门口的时候暂停不动。

④破孔缝合闭锁方法：助手或术者（左手）从破孔前端一直到后缘进行连续或结节缝合闭锁破裂孔，如果直肠破孔处向体内回缩的张力较大时，缝闭破孔的

最后1～2针应先穿针，缝线不拉紧，待术者将右手食指从破孔中抽出的一瞬间，助手再拉紧已穿好的最后1～2针的缝合线将破裂孔全部缝闭，并打结。术部涂10%磺胺软膏或紫药水消毒，手术完毕。

（2）术后处理，术后可口服磺胺嘧啶片或磺胺咪片，每日2次，每次30片，配合等量小苏打片，连服3～5天，术后禁食1～2天，饮水或饮小米汤。不必住院，如果粪便蓄积在破裂孔缝合区，同时又排不出粪便时，可用手伸入直肠内小心取出。并向直肠内每日注入紫药水1次，每次10毫升。连用7～10天，经15～20天排粪正常，饮食恢复常态，证明手术成功达到痊愈目的。

3. 病例剖析与体会

（1）作者通过多次实验和病例手术使直肠破裂80%～90%的患畜获得治愈，证明本手术方法简易、省时、省钱，不破坏健康组织，可供同道们参考试用。

（2）如果已发生急性腹膜炎症状或破孔太大或在小结肠后段的破孔靠前，其手术成功率欠佳。

（3）后海穴2%普鲁卡因的一次用量应在70～100毫升。如用量超过150毫升，会出现后躯无力、出汗、阴茎下垂等副作用，停药后2小时则恢复正常，故应掌握好用量，如低于40毫升也达不到预期麻醉效果。

四十二、马驹胃蝇蛆病误诊为大脑炎

1. 病例基本情况

浚县新镇镇粮食局某年夏末饲养的一匹马驹半年龄，体重约60千克，膘满肉肥，患驹不食，勾头，肌肉痉挛，发喘。

2. 病例诊疗经过

（1）临床检查：体温40.1℃，视力减退，出汗，可视黏膜潮红，肌颤，呼吸紧迫，呈惊恐状，当时该县人、马、猪正流行病毒性大脑炎。多为幼年小孩，小幼畜。初诊为大脑炎。

（2）抢救治疗：①肌内注射10%复方氨基比林15毫升，10%安钠咖8毫升；青霉素、链霉素，利巴韦林分别肌内注射。②先放大血200毫升，静脉注射25%甘露醇150毫升，输液中加入含糖盐水1 000毫升，维生素C 2毫升×5支。但病情太严重，于当日23时死亡。

（3）尸体剖检：患驹特别肥胖，剥皮后皮下脂肪层很厚。全身脏器充血。但无出血性病灶，打开胃脏，胃黏膜上全部有红褐色的马胃蝇蛆密布，虫体叮咬在胃黏膜上，共装满一大平锨。除去虫体，胃黏膜上有许多凹窝浅坑，其他脏器和组织无典型病理学变化，大脑轻度充血外，一般正常。确诊为马胃蝇蛆病引起剧烈胃痛，导致出大汗、脱水、血循环障碍、心力衰竭而死亡。

3. 病例剖析与体会

（1）本病从临床上观察很像大脑炎或中暑，因为当时也是大脑炎流行季节：猪、马驹均流行这种疾病，为什么死后排除了大脑炎的诊断呢？因当时夏季炎热，一路绳子拴腿，故体温很高，出汗，呼吸紧迫，当时初诊还疑似患了日射病，根本不会考虑有这样严重的马胃蝇蛆病，因为这种寄生虫病在医生脑海里有一个印象，由于寄生虫大量消耗机体营养，必然消瘦，体重减轻、黏膜贫血等消耗性症状，而本病例膘满肉肥营养特等，又怎么会寄生这么多的寄生虫呢？后来根据畜主反映，小马驹不戴笼嘴，粮食局常晒粮食，随便让马驹采食，特别是喜欢喝油，最多 1 次可喝 1 千克油。这与本病介绍的情况和症状表现不同，也是误诊的原因之二。

（2）马胃蝇蛆是马胃蝇成虫的幼虫，马胃蝇比苍蝇小一些，也是一种吸血昆虫。马胃蝇蛆病以蒙古马发病率最高。浚县每年都进口蒙古马几十匹，作为役用马。用敌百虫可驱虫治疗，每千克体重 0.1 克施药。

（3）发病马驹由于胃内长满了寄生虫——马胃蝇蛆，有时可引起胃黏膜大面积损伤，甚至发生胃穿孔而导致急性发病或死亡。本病例症状严重实属罕见。

四十三、母马前庭大腺囊肿

1. 病例基本情况

浚县城关乡前毛村 1 匹母马站立时阴道口外如平时一样，当卧地时从阴道内向口外显露出一个软包囊如鸭蛋大小。此马为基本母马，尚未怀孕。邀作者诊治。

2. 病例诊疗经过

（1）临床检查：全身体检无异常病理性变化，仅见患马卧地时阴门口外露出一个鸭蛋大的囊包，囊壁很薄似一张稿纸厚度，呈透明白色，形态为卵圆形，无蒂，触诊无热无痛，有波动感，囊内全是透明液体状物，当患马起立后此囊状物消失，可进入阴道腔内，确诊为阴道前庭大腺囊肿。

（2）治疗：手术摘除术。方法如下：

①横卧保定，显露出囊包后，用 75% 酒精涂囊包进行消毒。

②用 100 毫升注射器刺入囊包内抽出透明清澈的囊液 70 毫升，此时在囊壁根部做贯穿缝合结扎，用手术剪在结处剪除全部包囊组织，结扎处涂紫药水，手术告终，手术期间不必麻醉。

③术后观察：卧地时、站立时与正常马一样，追踪观察 3 个月，没有复发，彻底痊愈。

3. 病例剖析与体会

（1）正常母畜的阴道腔分两部分，前 2/3 的阴道称阴道穹隆部，有许多黏膜皱襞，后1/3的阴道称为阴道前庭部，此部前端有1个尿道外口，尿道外口后方有一个前庭大腺。大腺四周有数个前庭小腺。在平时可分泌出具有润滑性的液体，当发情或配种时分泌滑液，有利于配种时使阴道滑利。当前庭大腺分泌的液体，因排出管口阻塞后，腺体积液，使腺腔扩大形成薄壁的囊状物。

（2）本病特别罕见，在鉴别诊断时应与阴道脱出相区别，阴道脱（部分脱出时）出物的囊壁厚无液体波动感。同时也呈现站立时脱出物消失，卧地时又显露出拳头大的形似囊状物。

四十四、骡生骡

1. 病例基本情况

浚县黄某喂了一头公驴、一头母骡，发现公驴不断爬胯母骡一天交配了3次。当时人们认为，骡天生不会有生殖能力，谁知3个月后，见母骡肚子大了起来，请作者来确定一下是否怀孕。

2. 病例诊疗经过

临床检查：母骡体况一切正常，以直肠检查法，确定母骡已怀孕3个月了。当时群众不相信。又过了3个月后，作者又一次进行检查，确定已怀孕6个月了，胎儿已有胎动，说明成活、健康。当怀孕9个月时作者又去追访1次，在外观上腹围增大，在观察右侧腹壁已有明显胎动现象，并告诉饲养员，当骡分娩时，一定给作者打电话告知。后生下1头褐色的小母骡驹。当时作者在现场观察，等待小骡驹在吃母骡奶汁时迅速照了一张相片，以证明确是真事，不是空穴来风。同时对幼驹进行了全身测量。初生、10日龄和30日龄共三次测量结果如下表：

项目 / 日龄	体重（千克）	体高（厘米）	体长（厘米）	胸围（厘米）	管围（厘米）
初生	19.0	80.00	50.00	70.00	12.06
10	21.5	—	—	—	—
30	27.50	82.50	65.00	76.00	12.30

注：该骡驹与正常骡驹（驴骡驹）大小、长相一样，仅见右耳稍偏斜，其他体检正常。1年龄时又进行了观察，生长发育良好，右耳斜歪明显。

3. 病例剖析与体会

据有关资料报道，骡生骡实属罕见，繁殖率一般占1~2/万。为什么繁殖率如此低呢？可能有以下原因：

（1）生殖器官发育不健全。

（2）子宫内温度偏高对精子活力有影响。

（3）卵巢发育畸形，卵泡发育不健全，卵子质量偏低，不易受精。

四十五、老孕马突然倒地6 根肋骨骨折

1. 病例基本情况

滑县兽医院特邀作者去会诊该县畜牧场一匹老口母马，突然倒地病危，那时正值夏天炎热之际，畜主介绍说上午喂食后将孕马（离分娩期尚差半个月）拴在凉棚木桩上，10 点多钟，听见此马突然倒地，全身出汗，就请县兽医院诊治，体温 41 ℃，呼吸高度困难，口色发绀，全身大汗淋漓，初诊为中暑，立即肌内注射 30% 安乃近和抗生素以清热，同时输液，打强心针。但无任何疗效。

2. 病例诊疗经过

临床检查：病状同前所述，为什么按中暑治疗不但无效，反而病情加重？当时患马是右侧横卧，左侧朝上，作者建议将其体位翻转，突然发现右侧胸壁塌陷形似一个锅底样浅坑，用手触诊肋骨摸到数条肋骨广泛性骨折。诊断确立后，会诊认为，患马为不治之症，决定淘汰。现场剖检时，发现右侧胸部肋骨断了 6 根，其中 1 根有 3 处断裂，分成 4 小块肋骨，有 2 根有 2 处断裂，分成 3 小块骨头，其他 3 根肋骨仅有 1 处断裂，分成两段肋骨。

3. 病例剖析与体会

（1）本病例这样严重的广泛性大面积肋骨骨折很少见到，其发生原因主要是患马已 17 岁龄（通常马最多活到 25 岁左右），原来患有老年性骨质疏松症，又加上身怀六甲，妊娠后期胎儿较大，身沉起卧不太灵活，正好在卧地时突然倒地，右侧胸廓受到强力的震动，引起骨折、病危而被淘汰。

（2）按中兽医理论，观察症状时应有整体观念，即上下、左右、前后、里外都应该检查到，作者在检查诊断疾病时总是遵循这个原则，故将本病马翻身一检查才确诊无疑。这个教训应该吸取。

四十六、母马阴道一直肠瘘

1. 病例基本情况

淇县兽医院收治了一匹患病马，主诉：该马是生产公司从外地牧场购入，买回来后才发现粪便从肛门与阴门两处排出。因为母马发情，到配种站去配种。经配种技术员检查，发现阴道与直肠相通，建议先看好病再来配种。为解决这个外科手术难题，先邀请安阳郭兽医直肠内将破孔作了一次性全层连续缝合，使阴道与直肠分隔开来。术后前几天疗效不错，粪便只从直肠内向外排出。但术后第 7 天，由于缝线感染和线头脱落，又呈现术前阴门口与肛门口同时排粪的症状。故又邀请作者做第二次缝合闭锁瘘口的手术。

2. 病例诊疗经过

根据上述情况作者同意再次手术。同时将上次手术失败的原因分析如下：

(1) 不能走老路，不能简单地将直肠与阴道瘘口做一次性对端连续缝合，必须将直肠组织与阴道组织分离后再分别缝合，同时又将直肠黏膜层与黏膜下层进行锐性分离，只缝合直肠黏膜下层组织不缝合直肠黏膜层，有利于黏膜迅速生长，愈合，并可减少缝线感染，可防止旧病复发。

(2) 站立保定只能以直肠内单手缝合以闭锁破裂瘘口，不可能进行瘘口周围的组织分离。作者以横卧保定，手术在阴道内进行缝合术，可能比直肠内缝合要好，因为直肠内操作，容易接触粪便、粪水，缝线感染的机会比阴道操作的机会多。

(3) 手术操作步骤：首先将阴道及直肠腔用 0.1% 高锰酸钾液清洗、消毒后，用 10% 水合氯醛液 350 毫升静脉注射做全身浅麻，15 分钟后进入麻醉状态。先在阴道内将直肠组织的黏膜层与黏膜下层作锐性分离，并在阴道内先将直肠组织的黏膜下层、肌层、浆膜层进行对端连续缝合，使直肠瘘口闭锁（直肠黏膜层不必缝合）。最后再将阴道瘘口的黏膜层、肌层、浆膜层全层进行对端一次连续缝合使阴道瘘口闭锁。手术结束后，向阴道及直肠腔内分别注入紫药水。术后观察 30 天，未复发而痊愈。

3. 病例剖析与体会

(1) 阴道—直肠瘘比较少见，多发生于难产助产时胎势不正，强行牵拉，被肢蹄横行撑破直肠所致。人医《产科手术学》一书中也有类似记载。

(2) 阴道—直肠瘘修补术。必须将瘘口的直肠黏膜组织层与黏膜下层之间进行锐性分离，然后分层进行手术缝合，使瘘口闭锁。为什么不缝合直肠黏膜层呢？因为黏膜层组织生长愈合速度很快，据有关资料介绍，在 8 小时以上即可愈合，加上黏膜层本身呈皱襞状，可保护黏膜下层被缝合的缝线不易被感染，有利于组织生长愈合。此外，缝线结头在阴道腔内也可减少感染机会，又可加强阴道—直肠瘘口闭锁，这是手术成功的关键技术。

(3) 阴道—直肠瘘的手术通路应从阴道内下手操作，比直肠内操作方便、快捷，但必须全身麻醉进行横卧保定。有时为了缝合方便可临时转体改为仰卧保定，使手术达到快捷效果，而不像第一次手术时，以站立保定，单手直肠内缝合，术者不可能直视操作，常具有盲目性或达不到完全无缝隙的闭锁效果。

四十七、老马脊背部80厘米长距离瘘管

1. 病例基本情况

浚县城关镇南关外一匹老口黑马，左侧脊背部皮下与胸、腹最长肌之间有一个 80 厘米长相通联的慢性瘘管。经当地兽医治疗半年不愈，瘘管口直径 0.8 厘米，每日流滴少量脓液。患马已皮包骨头，下等膘情。

2. 病例诊疗经过

（1）临床检查：全身体况仅见形体消瘦，未发现其他异常变化。用一根 1 米多长的铁丝从瘘管前口插入瘘管后口拔出，瘘管壁较厚。

（2）治疗：如果进行瘘管切除术或瘘管切开术，手术涉及的面积大，组织损害严重，加上患马营养不良，故以保守疗法治疗。

①首先用 100 毫升注射器抽吸 0.1% 高锰酸钾液将药液从瘘口一端直接注入瘘管内反复冲洗 3 次。

②在胸、腹瘘管中段，手术切开瘘管，然后将蘸有“红昇丹”的中药纱布细引流条，通过细铁丝的引导，分两次进入瘘管内，隔 1 天后取出引流条，目的是“红昇丹”具有腐蚀瘘管壁的作用。使管壁的老化结缔组织被腐蚀脱落，最后每日用紫药水灌注瘘管 1 次，直到瘘管全部治愈封口为止。治愈时间长达 17 天。

3. 病例剖析与体会

（1）这样长距离的慢性瘘管比较少见，其发病根源是脊背部感染生疮，脓汁排流不畅，脓汁顺胸、腹背最长肌部位的皮下方向从前向后蔓延而形成。为什么长期不愈呢？一则患马年老瘦弱，营养水平低下，局部组织抗病力不强；二则瘘管太长，治疗难度较大，常拒绝兽医长期治疗，任其自然发展也是导致长期不愈的原因。

（2）对本病的治疗以保守疗法较好，一则太瘦，二则手术损伤组织较多，作者采取瘘管中央切断瘘管便于引流条顺利通过。为了使瘘管壁腐蚀掉，采用“红昇丹”中成药（市售药）引流纱条只用 1 次达到腐蚀瘘管壁的目的之后，可导致瘘管成为新的创面。再用紫药水冲洗瘘管，使整个长距离瘘管内壁上都附着紫色的药液，故瘘管能在 17 天处理后获得闭口痊愈。

四十八、军马前肢瘘管两年不愈

1. 病例基本情况

安阳军分区某负责军马的一位军兽医邀作者去安阳为一匹军马左前肢慢性瘘管两年治疗不愈进行会诊。

2. 病例诊疗经过

（1）临床检查：左前肢有轻度跛行，肩胛软骨上部皮下有一个瘘管，管深 10 厘米，管口直径 0.6 厘米，用金属探针未感觉管内有异物，站立时管口无分泌物，运动时从瘘管口向外溢出几滴脓液。其他全身部位体检后不认异常。

（2）扩创手术：根据既往经验，估计瘘管内有异物存在。将瘘管口作一横行切口，再以右手食指消毒后戴指套，伸到瘘管底部，发现一个形似玻璃弹子大小的柔软、滑利的异物，随即用长止血钳插入管底，钳夹异物，取出一个棉花球。然后用碘酊引流纱布条放入瘘管底部，翌日取出，生理盐水冲洗后，用 1∶4 碘伤，消炎粉填入瘘管内，促使肉芽组织生长，7 天后瘘管封口痊愈。

3. 病例剖析和体会

（1）几十年来我省部分地区邀作者会诊长期不愈的慢性瘘管，总结经验，绝大多数瘘管内必有异物存在，如棉球、纱布条、缝合线感染未拆除、木屑、细树杈、碎骨片等。由于异物不断刺激，瘘管无法闭合，由于微生物感染，不断从瘘管口向外溢出少量脓液。另一种情况是原来创伤口大而深，在微生物开始侵入时，医者过于性急，给创口上消炎粉促使上皮组织生长，由于皮肤生长速度较快，皮下创腔周围组织生长速度较慢，异物在管腔内排不出来，故瘘管长期不愈。

（2）采取扩创术，用食指代替探针才能感触到异物的大小，形状及硬软度，此法十分有效。

第七章 兔及其他经济动物病例

一、兔螨病

1. 病例基本情况

兔螨病是常见的一种慢性寄生虫病，也是螨虫侵害皮肤最严重的疾病。本病可致皮炎、剧痒、脱毛等症状，严重时可造成瘦弱死亡，故对养兔业危害极大。兔螨病分为兔疥螨病和痒螨病。兔疥螨病的病原是疥螨或背肛螨所引起的，而兔痒螨的病原为痒螨。前者在临床上最多见，后者较少见。

2. 病例诊疗经过

（1）症状表现：

①兔疥螨病：螨虫在兔体上挖掘隧道或穿刺皮肤，使皮肤神经末梢受刺激而发痒，先由嘴、鼻周围和脚爪发病，出现剧痒，病兔十分不安，用脚搔嘴和鼻部解痒，继而引起皮炎，在皮肤表面发生疱疹、结痂、脱毛、皮肤增厚、龟裂等一系列病变。此外，由于病兔奇痒影响正常的休息和采食，特别是全身多处患病，症状严重者，致使营养不良，迅速消瘦，贫血，最后病兔因营养耗竭而死亡。

②兔痒螨病：兔患病的部位主要在外耳道内，可引起严重的外耳道炎，盯聍（俗称耳屎）分泌过盛，干涸成痂，厚厚地嵌于耳道内如纸卷样，甚至完全堵塞耳朵；耳变重下垂，病变部发痒，病兔摇头，搔耳解痒，病变可延至筛部及脑部，引起癫痫病样发作。

（2）诊断方法：兔疥螨病与痒螨病的诊断方法相同。即根据流行病学资料、症状及从病兔患部检查到疥螨虫或痒螨虫即可确诊。检查虫体可选择患病皮肤与健康皮肤交界处，剪毛消毒，用蘸有少量50%甘油水溶液的外科刀刮取皮屑，直到皮肤轻微出血为止。刮取的皮屑可放在培养皿内或黑纸上，在日光下暴晒，或用热水或微火对皿底或黑纸底面加温至40～50 ℃，经30～40分钟，移去皮屑，在黑色背景下，肉眼可见到白色的虫体爬动。然后常用显微镜低倍镜头以400倍放大可明显地看到虫体结构及在载玻片上爬动的情景。各种动物的螨虫在显微镜中观察呈现率以兔螨虫最高。特别是耳朵，内外刮取的标本，检出率几乎达100%。

（3）防治方法：请参见本书“犬猫病例”螨病所介绍的各种防治方法。

3. 病例剖析与体会

（1）各种兔螨虫的形态、结构及大小如下：

①兔疥螨虫：外观呈龟形，浅黄白色，背面隆起，腹面扁平。雌螨体长0.33～0.45毫米，宽0.25～0.35毫米；雄螨体长0.2～0.23毫米，宽0.14～0.19毫米。躯体的前方为口器，又称假头，由1对螯肢和1对须肢组成。

②兔背肛螨虫：虫体小，雄虫的大小为（0.2～0.45）毫米×（0.16～0.4）毫米。雄虫的第三对足无吸盘；雌虫的第三、四对足无吸盘，有长发状刚毛。因常寄生于兔的头部和耳部，故也称之为兔耳疥螨病。

③兔痒螨虫：呈长椭圆形，体长0.5～0.9毫米，肉眼可见。口器长，呈圆锥形，螯肢细长，两趾上有三角形齿，须肢亦细长。躯体背面表皮有细皱纹。足较长，特别是前两对。

（2）根据作者既往经验，用一般常规药物治疗兔螨虫比较麻烦，必须坚持每天用药涂患部或全身，不少兔场的饲养量很大，工作量就更大，花费不少气力，死亡率也不低，因为兽医很忙，饲养人员也很忙，耐心坚持治疗、长期治疗的情况较少，特别是一般家兔，经济价值低，对本病重视欠佳。有些优良品种兔其经济价值高会被重视，或个别养兔爱好者，把兔作为宠物对待，不管多少钱也要求用好药、贵药治疗。譬如，郑州市某离休干部，带来3只德国长毛成年大兔，用常规方法治疗5天，疗效不太显著，作者就试用进口的依维菌素按说明书用量的10倍皮下注射，每周1次，连用2次很快治愈。因为大剂量用药在治疗兔螨虫病已获得显著疗效，又未发生过中毒和副作用，如按此药品说明书上只规定用于反刍动物，而未指犬、兔的用量，规定0.01～0.02毫升/千克体重，而作者增加了10倍量应为0.1～0.2毫升/千克体重。这是一项试验，仅供读者参考试用，不负法律责任。另外一般家兔，收购价每只以1.15～2.5千克体重计算，可卖15～20元人民币，如果用进口依维菌素治疗，药费比其兔本身价值还高，肯定遭到拒绝，畜主常用市售的“畜卫佳”（含阿维菌素）拌饲料中内服，按规定每小包药可预防50只兔的螨虫病，但养兔户反映用后无明显效果。作者又进行了加10倍量试治，即每小包喂成年兔5只，每周喂1次，2～3次可治愈兔螨病，未发现意外事故，这种试验成果也仅供读者参考试用，作者也不负法律责任。

（3）由于杀螨虫的任何药物，只能杀死成虫和幼虫，杀不死虫卵，因兔螨的发育周期需 8 天以上，故在使用上述杀螨药后 1 周，应重复使用，每隔 1 周 1 次，就可将上周未被杀死的虫卵经过 7 天后孵化为幼虫阶段可立即被杀死。只有每周反复用药 1 次才能根治，通常 2～3 次可基本恢复健康。个别严重者，有时经过 4～5 次才能痊愈，故治疗本病必须遵循这个法则，不能半途而废。

二、兔球虫病

1. 病例基本情况

兔球虫病是家兔最常见的一种寄生虫病，对养兔业的危害较大，4～5 月龄的幼兔对球虫的抵抗力很弱，其感染率高达 100%；患病后的幼兔死亡率也很高，一般可达 70%。耐过的病兔长期不能康复，生长发育受到严重影响，一般可减轻体重 12%～27%。病原为艾美耳球虫。

2. 病例诊疗经过

（1）症状按球虫的种类和寄生部位的不同，可将兔球虫病的症状分为肠型、肝型和混合型，但作者临床所见则多为混合型。其典型症状是食欲减退或废绝，精神沉郁，动作迟缓，伏卧不动，眼鼻分泌物增多，口腔周围被毛潮湿，腹泻或腹泻与便秘交替。病兔由于肠道臌胀，膀胱积尿和肝肿大呈现腹围增大，肝区触诊有痛感，病兔虚弱消瘦，黏膜苍白，可视黏膜轻度黄染。在病后期，幼兔常出现神经症状，四肢痉挛、麻痹，多因极度衰弱而死亡。

（2）剖检观察：肝球虫病时，肝表面和实质有许多白色或淡黄色结节，呈圆形，如粟粒至豌豆大，沿胆小管分布。在慢性肝球虫病时，胆管周围和小叶间部分结缔组织增生，使肝细胞萎缩，肝脏体积缩小（间质性肝炎）；胆囊黏膜有卡他性炎症。肠球虫病时，肠壁血管充血，十二指肠扩张，肥厚，黏膜发生卡他性炎症。小肠充气，黏膜充血，上有溢血点。在慢性病例，肠黏膜呈淡灰色，上有许多小的白色球虫结节和小的化脓性、坏死性病灶。

（3）诊断方法：用饱和盐水漂浮法检查粪便中的卵囊，或将肠黏膜刮取物及肝脏病灶刮屑物制成涂片，镜检球虫卵囊、裂殖子或裂殖体，如在粪便中发现大量卵囊或在病灶中发现大量不同发育阶段的球虫，即可确诊为球虫病。

（4）防治措施：可使用下列药物治疗：

①磺胺六甲氧嘧啶（SMM），按 0.1% 的浓度混入饲料，连用 3～5 天，隔 1 周再用 1 个疗程。②氯苯胍，按 30 毫克/千克体重，混入饲料，连用 5 天，隔 3 天再重复 1 次。③杀球灵，又名地克珠利，按 1 毫克/千克体重，混入饲料喂服，连用 1 个月。④莫能霉素，按 40 毫克/千克体重，混入饲料喂服，连用 1 个月。⑤盐霉素，按 50 毫克/千克体重，混入饲料喂服，连用 1 个月。⑥百球清，按 25

毫克/千克体重，加水中用药，连用3~5天。

预防应着重下面几点：养兔场应处于干燥向阳处，兔舍应经常保持干燥、通风和清洁；幼兔和成年兔分笼饲养，以免感染卵囊；在流行季节内，对断奶后的仔兔可应用杀球灵、莫能霉素等药物进行预防。

3. 病例剖析与体会

（1）家兔球虫有艾美耳球虫16种。除斯氏艾美耳球虫寄生在胆管上皮细胞内之外，其余各种均寄生于肠黏膜上皮细胞内。最常见的有9种，分别是斯氏艾美耳球虫、穿孔艾美耳球虫、大型艾美耳球虫、中型艾美耳球虫、盲肠艾美耳球虫、肠艾美耳球虫及小型艾美耳球虫。其中致病性较强的是肠艾美耳球虫和斯氏艾美耳球虫。

（2）艾美耳球虫病是以卵囊形式混于兔粪便中，进行本病的散布。卵囊通过被污染的饲料、饮水，有时因健兔误食含卵囊的粪便（异食癖）进入小肠与肝脏，引起发病。观察卵囊的形态，呈卵圆形，外有一层卵囊被膜，内有许多孢子，孢子内又有许多子孢子。艾美耳球虫的发育史很复杂，通常分为有性繁殖及无性繁殖两个阶段的发育过程。当卵囊被健兔误食后，卵囊被膜被消化液消化，大量孢子与子孢子进入肠黏膜上皮细胞内寄生，通过无性繁殖，数量增多达一定程度，足以使上皮细胞崩溃，游离于细胞外的子孢子又进入健康的肠上皮细胞内，日复一日，肠上皮细胞破坏严重，呈现腹泻、少食或拒食等病症，由于毛细血管因肠黏膜上皮细织遭到破坏，累及毛细血管发生病变，导致出血，血随粪便排出体外，故称血便。艾美耳球虫侵害肝脏，引起消化障碍等症状，肝脏表面有多量白色细节状的圆形物显示，此外，作者曾业余喂过17年兔子，剖检过不少病兔，有时发现大兔由于饲料营养充足，体外检查不显异常，当杀兔观察，才见到肝脏表面有球虫病的典型病状，即肝表面有许多白色的病灶，用显微镜检查有大量卵囊集聚。

三、兔豆状囊尾蚴病

1. 病例基本情况

本病是由豆状带绦虫的中绦期幼虫——豆状囊尾蚴寄生于兔的肝脏、肠系膜和腹腔内所引起的一种绦虫蚴病。本病在临床上不易被体检发现，作者常于剖解病兔或做猪瘟兔化弱毒组织苗时剖杀大量兔子时才发现的。这是由于豆状囊尾蚴对兔的致病作用不十分严重的缘故。

2. 病例诊疗经过

（1）症状：豆状囊尾蚴只有在大量感染数目多达100~200个时则出现肝炎症状，急性发作时可骤然死亡。慢性病例主要表现为消化紊乱，食量减少，致使仔兔生长发育迟缓，逐渐消瘦，精神忧郁。成年兔因腹腔内存在大量的豆状囊尾蚴包囊而表现为腹部臌胀。病程后期病兔耳朵苍白，眼结膜发白，呈现贫血症状。

（2）剖检观察：尸体消瘦，皮下水肿，有大量淡黄色腹水。肝肿大，呈土黄色，质硬，有的表面有纤维素块。肠系膜及网膜上有不少豆状囊尾蚴包囊，如豌豆大小，常呈现一串葡萄形状，被剖检者所发现。

（3）诊断：生前诊断可用间接血凝反应，此法较为敏感、快速、简便易行。死后可根据肝脏和肠系膜、网膜上寄生虫体做出确切的诊断。

（4）防治措施：对犬定期驱虫。驱虫药物可用吡喹酮，剂量为每千克体重 5 毫克（此药每片含 200 毫克），可拌饲料内喂服。对于兔豆状囊尾蚴病，目前尚缺乏特效的治疗措施，有人试用丙硫苯咪唑或甲苯咪唑等兽药进行治疗尚有一定疗效。作者曾试用开腹摘除虫体，也有较好效果。此外，不用含豆状囊尾蚴的兔内脏喂犬，防止犬粪污染兔的饲料及饮水对本病的预防也十分重要。

3. 病例剖析与体会

豆状带绦虫寄生于犬、狐狸、野生肉食兽的小肠内，偶尔也寄生于猫体内。豆状带绦虫的幼虫称豆状囊尾蚴，虫体呈囊泡状，大小如豌豆大，故称豆状囊尾蚴病，囊内含有透明液体和 1 个小小的原头节。带状绦虫分为头节、颈节、体节和孕卵节，呈扁平带状白色的寄生虫，为雌雄同体，不断在犬的小肠内排卵或以脱落的孕卵节片（含虫卵）污染粪便与环境。成虫依靠体表活动，吸收小肠内分解的营养物质来供应虫体的生活需求。

四、兔瘟、兔巴氏杆菌病及兔魏氏梭菌病的综合防治

1. 病例基本情况

兔瘟、兔巴氏杆菌病、兔魏氏梭菌病是养兔业中导致大批死亡的主要三大传染病，给养兔业生产带来巨大经济损失。北方地区，特别是河南等省兔的饲养量较大，也是兔毛出口的重要基地。但是在预防和治疗这三种疾病的疫苗和有效中西药物存在不少急待解决的问题，作者提出一些个人的看法和建议供有关单位参考。

2. 病例诊疗经过

（1）三种传染病的主要发病原因、症状与诊断的鉴别要点：

①兔瘟：由兔出血症病毒所引起，3 月龄以上的青壮龄兔发病率和死亡率达 80% ~100%。3 月龄以下的幼兔和哺乳仔兔很少发病。多见于冬春季节，夏季少见。最急性兔瘟，突然抽搐惨叫几声而死。急性的，体温 40 ℃以上，精神忧郁，少食或拒食，数小时后体温急剧下降，呼吸急促，惊厥，蹦跳，倒地抽搐，鸣叫而死。康复兔带毒。

尸检：角弓反张，鼻孔流出鲜红色分泌物。鼻腔、气管黏膜有小点状或弥漫性出血，气管充满大量的泡沫状液体，全肺出血。心包水肿，心外膜和心内膜乳

头肌周围有小点状出血，肝淤血肿大，肾肿大，胃黏膜脱落，十二指肠和空肠黏膜有小点状出血。淋巴结肿大，有针尖大的出血点。

诊断：取病料做血清学或病毒学检验，也可用红细胞凝集抑制（HI）试验。

②兔巴氏杆菌病，病原为巴氏杆菌。它与兔瘟不同，多呈散发性流行，发病无明显年龄界限。病兔无神经症状，肝脏不肿大，有散在性白色坏死病灶，肾脏不肿大，有浆液性、黏液性或脓性鼻炎，后期下痢，1～2天死亡。从病料中可分离出革兰阴性两极性短杆菌——巴氏杆菌。用抗生素治疗有效。

③兔魏氏梭菌病：病原是魏氏梭菌。它与上述两种传染病的区别点是：以急性腹泻和盲肠浆膜有鲜红色出血斑为特征。从粪便中可分离出肠毒素。以肝病料做红细胞凝集反应，魏氏梭菌性肠炎为阴性，因其不能凝集人的“O”型红细胞。

（2）防治措施：这三种传染病的三联疫苗，市场上没有法定的生物药厂生产的产品，都是该省高等农业或畜牧兽医院校或农业科学研究院畜牧兽医研究所以集体或个人方式生产出来的，养兔户自己去采购，或由经销商采购转卖给养兔饲养场或专业户，产品质量尚好，对预防这三种病起到良好作用，但也存在有待解决的问题，也有一些单位配制了纯中草药来防治这三种传染病，也取得一定防治效果。通常治疗这三种病，使用抗生素等药对兔瘟无效，但对巴氏杆菌病及魏氏梭菌病尚有一定疗效，急性病例往往因突发死亡，药物尚未发挥药效前就倒毙，也可造成重大经济损失，如果两种或三种病混合感染，即使多方施药也往往无济于事。此外使用高免血清治疗，虽有一定效果，但市场上尚无销售产品。因此预防这三种传染病必须做好以下工作：①疫苗接种。②隔离治疗。③彻底消毒，可采用2%氢氧化钠或3%过氧乙酸。④被污染的兔皮、兔毛必须反复消毒处理后经鉴定无公害才可出售；死兔、被污染的粪便应深埋或销毁。⑤加强饲养管理：改饮凉开水，青饲料用0.5%高锰酸钾水洗涤后晾干再喂。

3. 病例剖析与体会

（1）国家生产单位应生产一些兔传染病预防性疫苗供养兔专业户或兔场提供优质产品。目前市场上只能购到预防这三种病的“三联疫苗”。据生产者说：对兔瘟的保护率为90%～100%，对巴氏杆菌病的保护率为50%，对魏氏梭菌病的保护率为25%。由于“三联疫苗”有效期较短，为3～6个月。扣除生产单位或个人存放时间外，出售时间有长有短，特别是中转存放及运输至购买产品，中间环节需要的时间也不确定，最后用户给兔子接种时，有的疫苗快失效，有的已经失效了，为了保证产品能转手卖出，生产单位或个人在瓶签上不加注明生产日期、失效日期或直接将瓶签交给经销商让他们自己去确定，其带来的后果是：有的疫苗快失效或已经失效，本不应该再卖给客户，但为了自己的经济利益，不顾客户的利益改变生产日期，延长失效日期，以欺骗客户的违法行为，导致防疫接种失败，引发兔子不断发病、流行、死亡率增加。这使养兔业遭受重大损失，更重要的是打击了养兔专业户或养兔场人员发展兔业的积极性。建议国家有关部门应加强兔疫苗的生产与监督工作，对违法行为应给予坚决打击。

（2）作者曾在原阳县等地试用中成药“清瘟败毒散”作为预防这三种病的防治药物，即平时在兔饲料中添加饲喂，其预防作用良好，治疗量为预防量的 1 倍药量，这三种传染病的发病率和死亡率有明显下降的效果，受到不少养兔户的欢迎。

五、美国小鳄龟头颈部脓肿死亡

1. 病例基本情况

美国小鳄龟，是 1990 年我国从美国引进的一种大型肉用型龟，郑州市西郊有两个村 5 个养龟专业户饲养这种少见的肉龟。他们购入 2 年以上的种用肉龟后，每只体重达 3～5 千克，其中 1 户有 1 只雄性龟体重达 16.5 千克，估计是 13 岁龄，每年 5～10 月数次产卵，每只卵在温度 31 ℃、湿度为 85% 的沙箱环境中孵化受精卵，卵 5～7 克重，经 50～60 天孵出稚龟后，停 3 天空运到广州等地培育。小稚龟出生大小似 1 元人民币硬币样。

某日某专业户带来 1 只 8 千克重的死龟，主诉开始头部肿大，有 1 小创口，可能是被其他龟咬伤，数日后颈左侧部 3/4 皮下肿胀，最后发展到肩关节内侧肿大而死亡，邀作者剖检，诊断是何疾病。

2. 病例诊疗经过

（1）尸龟剖检：在左侧颈中部纵形切开皮肤直至左肩部，皮肤水肿，钝性分离颈部皮下组织及肌肉。流出污浊、恶臭的脓汁及腐败液化的烂肉约 50 毫升，打开龟壳，检查内脏，未发现有明显的病灶，确诊为头颈部脓肿。

（2）防治意见：①龟池换水。②减少饲养密度。③在非繁殖期间雌雄分池，提倡并探讨人工授精技术，减少自然交配。④发现体表或头部表面有肿胀现象，立即用抗生素治疗，脓肿局限化时应及时切开排脓，按一般外科处理创口。

3. 病例剖析与体会

肉龟疾病较多，由于外伤或咬伤，皮肤有破口应及时采取抗菌消炎，防止化脓菌感染。目前各地饲养的观赏龟如巴西龟、绿龟的龟场相对多于肉龟场，这是个新生事物，应加强研究。

六、美国小鳄龟胃肠炎

1. 病例基本情况

郑州市西郊某肉用龟——美国小鳄龟专业户共饲养种龟 48 只，其中雄性 8 只，雌性 40 只，饲养食物以种鳖料加鲜鱼（1 千克重以上）肉为主。近几天来采食量下降 1/3，肉龟活动性差，排卵的沙屋内见有肉龟排出稀粪便，含黏液及血丝，在水池中上浮于水面不动，精神沉郁，鼻子干燥。

2. 病例诊疗经过

（1）临床观察：不采食饲料，眼结膜充血潮红，拉稀带黏液，含血丝，不愿活动，常缩头不露，鼻子干燥，初诊为胃肠炎。

（2）防治：

① 后大腿肌内注射青霉素80万单位，链霉素50万单位。每日上下午各1次，连用5天。

②庆大霉素4万单位（2毫升1支），每日2次，每次肌内注射2万单位，连用5天。

③回村后龟池换清洁水，将病龟放在塑料大箱内，箱内液体含0.025%的高锰酸钾液，将患龟放入箱中每次浸泡30分钟，每日2次，连泡5天，水中药液每日换1次。

④只喂湿润的食团，不加喂鱼肉。

观察5天，专业户来电话，第3天开始采食，不排稀粪及黏液粪便，粪中不带血丝，已成形，呈小指粗的软条状。第5天基本痊愈，病龟回龟池内，活动自如，不再漂浮于水面。

3. 病例剖析与体会

（1）肉龟胃肠炎与水质不良或因鱼肉变质有一定关系，通过龟池的换水，水中加0.025%的高锰酸钾液饮水，肌内注射抗生素，坚持3～5天很快获得好转，直至痊愈。

（2）龟一般在龟池里经常活动，池边放有食板，板四边稍高出底板3厘米，将拇指大小的饲料团放入板中，使龟采食。产卵在池边设有产卵沙铺小屋，沙铺深0.5米，沙屋与水面有一定的斜坡，便于晒龟盖休息。龟治疗以四肢腿肌内注射或腹腔内注射为主，也可夹住头部插管于食管内经口投药，使管内药物下行消化道以发挥药效，也可以水中加药令其自饮。如每立方米水中加1克高锰酸钾粉，以防治龟的胃肠炎。

七、鸵鸟林氏放线菌肿手术摘除

1. 病例基本情况

郑州西郊王兽医邀作者会诊，主诉：患病鸵鸟在颈部前段离头20厘米处有一个乒乓球大小的皮下硬肿物，胸前口食管沟最下端也有一个鸡蛋大的硬肿物，诊断为食管破裂（不吃不喝，但不呕吐）。诊断依据是：当时因穿刺肿物流出少量黄色颗粒状物，认为可能是食管已溃烂，食物进入皮下在穿刺时才呈现出玉米细粒样饲料食团内的食物，故希望做1次外科手术，修补食管破裂孔。

2. 病例诊疗经过

（1）临床检查：体温 41 ℃，不吃不喝，粪便稍干，形体消瘦，结膜淡红，贫血，羽毛蓬乱干燥，精神沉郁，不愿活动，头后约 20 多厘米颈部背侧正中偏左皮下有一卵圆形似核桃大小的硬肿物，皮肤完整，肿物不热不痛，胸口前接近左侧食管沟后段还有一个鸡蛋大的硬肿物。

（2）手术探查：用速眠灵 2 毫升轻度全身麻醉，右侧横卧保定。胸口前肿物及其四周剪毛消毒，2% 普鲁卡因环绕肿物四周皮下局部浸润麻醉。切开皮肤，钝性分离皮肤直至食管沟处，发现食管正常，排除了食管破裂的初诊。当显露于皮下的硬肿物分离到胸前口处，肿物还伸入胸口内约 3 厘米处。先切一小口，显露 胸口外的硬肿物中央流出少量似硫黄颗粒样的黄色物质，初诊为林氏放线菌肿。手术继续向胸口深部分离，将整个硬肿物完整地摘除，创腔及创口按常规上消炎粉，皮肤结节缝合。考虑病鸵鸟体质瘦弱，头后颈背侧的放线菌肿半个月后又进行手术摘除。术后抗菌消炎，防止术部感染。后将切除的肿物标本做病原学鉴定，证实为林氏放线菌。又经半个月后鸵鸟康复。

3. 病例剖析与体会

（1）放线菌有两种，一种是放线菌，主要侵害硬组织如骨质部等，另一种是林氏放线菌，主要侵害软组织，病灶多发于头颈部，呈慢性经过，时间愈长肿物愈大。

（2）鸵鸟确诊为放线菌肿，但查有关资料未发现有类似报道，此病牛多发生，而鸵鸟发生本病实属罕见。

八、牛蛙水霉病

1. 病例基本情况

郑州市北郊某村，有一户专门饲养牛蛙，分 2 个蛙池饲养。从武汉买回家饲养 10 多天后，发现蛙的体表有云雾状的白色薄膜，皮肤部分有轻度糜烂、发红，采食量减少。

2. 病例诊疗经过

（1）临床检查：症状同上述呈现的体征。

（2）防治措施：严重的病蛙进行隔离治疗，每只病蛙腿部肌内注射青霉素 20 万单位，链霉素 10 万单位（蒸馏水稀释）每日 2 次，连用 3 天。体表皮肤用紫药水涂抹共治疗 8 只，全部治愈。

预防工作：必须注意水质的卫生，每半个月保留 1/3 老水，加入 2/3 新鲜水，投放饲料应固定地方，防止落入水中，喂食做到定时、定量、定地点，每半个月清池底一次，进行彻底消毒（如采用每立方米水中加 1 克高锰酸钾粉）。

3. 病例剖析与体会

蛙和鱼类一样，水质被污染，霉菌侵害皮肤，特别是皮肤有损伤时发病率更高。

后 记

作者，陈羔献，男，生于1934年8月16日，浙江省嘉兴市人。1951年参加了抗美援朝志愿军医疗队；1955年南京铁道医学院医疗系毕业；1961年中国农业大学兽医系毕业。曾在河南省浚县省国营农场和浚县兽医院做兽医师工作19年。1979年调入郑州牧业工程高等专科学校任动物医学教授，从事教学、科研、推广工作15年，兼任过畜牧系、教育系系副主任，校学报副总编辑，校总工会文体委员，河南省“九三学社”农工委员，郑州市“三胞联谊会”理事，中国农业推广理论学术委员会理事，香港科学院顾问，也是中国畜牧兽医学会、禽病研究会、兽药研究会的成员。1994年退休后，又自办动物医院15年。诊疗动物对象包括“天上飞的，水里游的，地上跑的”各种家畜、禽类、宠物及部分野生动物，药用动物，水产动物，经济动物和观赏动物等。

作者为了开拓视野，不断提高政治与业务水平，曾赴美、日、韩、泰及欧洲十多个国家以及港、澳、台与国内十多个省参观、考察、讲学和学术研讨。广泛学习和收集国内外与兽医专业有关的新信息、新技术、新理论、新仪器、新诊疗方法及祖国中兽医学的宝贵遗产等知识。

作者在50年的实践，教学和科研工作中，始终坚持“不怕脏、不怕苦、不怕累”的艰苦朴素作风；坚持“活到老、学到老、干到老、创新到老”的理念；贯彻“完全彻底为人民服务，为三农服务”的精神，经常深入基层和兽医同行、饲养人员“同吃、同住、同学习、同劳动”互相交心、交流，还不断参与扶贫工作，为他们培训畜禽疾病防治技术。

几十年来作者共出版过书籍19本，如《牛病门诊实用技术》、《牛病快速诊治指南》、《畜禽疾病防治》、《常用英汉医学辞典》等。在国家级及省级专业刊物上发表过论文及诊疗经验85篇；科研成果8项。曾获10多次奖励，如河南省科技先进工作者称号，浚县农业甲等劳动模范，中国人民解放军三等功臣，郑州牧业工程高等专科学校先进工作者等；先后有87种名人、名典书籍将作者的业绩载入史册。

当前作者年过 77 岁，身心健康，退休后每年为郑州牧业工程高等专科学校、郑州市百牧王专修学校、智富学校担任兽医多项课程的教学工作，经常下农村去会诊、讲学，特别是 2010 年参与了农村畜牧业“阳光工程”，为养殖户或小区培训饲养人员，以提高他们的科技水平。

2011 年是我国第十二个五年规划的开局年，作者将一如既往，努力为祖国畜牧兽医事业继续做好服务工作，作出自己微薄的贡献。

2011 年 4 月于郑州